污水处理厂托管运营

夏季春 夏 天 编著

中国建筑工业出版社

图书在版编目（CIP）数据

污水处理厂托管运营/夏季春等编著. —北京：中国
建筑工业出版社，2017.10
ISBN 978-7-112-20950-7

Ⅰ.①污… Ⅱ.①夏… Ⅲ.①污水处理厂-运行-
管理 Ⅳ.①X505

中国版本图书馆CIP数据核字（2017）第162460号

　　本书共12章，主要介绍了托管运营发展、托管运营涉及的污水处理、污水处理厂托管运营尽职调查、污水处理厂托管运营方案、污水处理厂托管运营谈判、污水处理工艺模拟与优化运营、托管运营污水处理厂设备维修、衍生的污泥堆肥项目、衍生的中水回用项目、污水处理厂托管运营实施效果评估、协同海绵城市项目与黑臭水体项目、托管调试运营海滨污水处理厂案例。本书还阐述了很多关于PPP方面的内容。
　　本书可供政府相关管理人员、环境工程、环境科学、给水排水运营管理人员及大专院校师生参考。

责任编辑：于　莉　杜　洁
责任设计：李志立
责任校对：焦　乐　张　颖

污水处理厂托管运营
夏季春　夏　天　编著

*

中国建筑工业出版社出版、发行（北京海淀三里河路9号）
各地新华书店、建筑书店经销
霸州市顺浩图文科技发展有限公司制版
北京圣夫亚美印刷有限公司印刷

*

开本：787×1092毫米　1/16　印张：17　字数：423千字
2018年1月第一版　　2018年1月第一次印刷
定价：**58.00**元
ISBN 978-7-112-20950-7
（30593）

前　　言

公用事业是一个特殊的行业，而环保行业又与其密切相联。其中的污水处理厂，具有市政公用、政府垄断、投资巨额、资产庞大、技术要求高、效益微利、经济稳定等鲜明特点，如何把它管理好、运营好，是一个非常值得研究的课题。在当前 PPP 热潮一浪高过一浪的情况下，采取托管运营的模式，就是一个很好的方法。

本文作者曾带领世界 500 强顶级环境公司的团队，实际操作过多个污水处理厂的托管运营项目。在此过程中，有失败，也有成功，积累了丰富的实战经验。本书正是基于对托管中存在的普遍性问题的深层次思考，结合个案的体会总结，窥一斑而知全豹，探讨污水处理厂托管运营的经验、教训、方式、方法，以此给政府提供参谋，给托管方提供参考，给受托方提供借鉴。

随着工业文明的发展，人们对水环境的污染问题日益重视，追求人水和谐，自然一体，实现生态文明、美丽中国的目标，为此，我国政府投入了大量资金建设污水处理厂，并陆续投入运营。

在我国，由于地域辽阔，产生的污水水质不同，不同的设计院设计风格和理念不一样，针对当地实际情况，很多污水处理工艺和技术被广泛使用，处理效果参差不齐，为后续进行技术改造、节能、工艺优化等措施，展示了较多想象的空间，同时，也提供了许多可以加强污水处理运营管理和技术的平台。对污水处理来说，其资源化技术的研究与发展，重点将集中于技术集成、系统优化和降低运行成本。

在北京，政府对污水处理工作的重心已由投资转入到监管和运营效率上。然而，国内对污水处理厂运行管理的认识仍然定性研究多，定量研究少，评价标准不一。

巴尼特认为，环境污染带来的社会成本，不会构成重大社会问题，如果实施环境管制，产生的社会损失会更大。但是，现在的环境污染已快达到极限。污水量的增加，对处理要求必然会逐渐提高。而出水水质的达标要求提高，能耗的降低，自然对污水处理厂的运营管理、技术等直接产生推动作用。市场化已被我国政府在相关政策文件中正式采用，社会各界也广泛接受。于是，各地污水处理厂采取多种方式，来顺应这种形势。BOT（建设-运营-移交）、TOT（移交-运营-移交）、PPP（政府和社会资本合作）、OM（托管运营）等就是最典型的方式。其中，OM（托管运营）方式逐渐被广泛认同。

很久以前，国外如英国、德国、芬兰、荷兰等国家就对因工业革命带来的污水污染进行了治理，而日本、美国、新加坡等国也对污水处理进行了较大投资。国外通常利用计算机远程管理和闭路电视等自动化措施来提高污水处理厂的运行和管理水平。德国强调依法治水，以法律形式明确污水处理技术标准。德国的污水处理率已达到 99%，污水管理充分发挥污水行业协会和中介组织作用，协助、补充政府的监管，对处理后的水质，定期书面公布和网上发布，接受社会监督。在日本，污水设施的建设和管理由国土交通省负责，水资源机构监管。美国控制水污染的法律经历了 100 多年的发展，通过法律及其实施控制水污染，现行的《联邦水污染控制法》对水污染问题采用了多层次的管理模式，形成了以"命令控制"为主、"经济刺激"为辅、"公众参与"为补充的调控机制。

　　污水处理厂托管运营，是我国环保市政公用行业市场化改革的途径之一。北京天则研究所的市场化规制问题 PPP 研究，形成了《第四届中国公用事业市场化（PPP）论坛主题报告》；而中国环境保护投融资机制研究课题组的《创新环境保护投融资机制》则是对融资模式的研究；《环境经济探索：机制与对策》则是北京大学环境科学中心的市场化环境资源配置研究成果。萨缪尔森曾预言："在环保领域市场失灵，环境资源配置只有实行政府调节。"市场竞争典型定义是"没有沉淀成本的带有威胁性、自由进出的一种制度"。发展中国家大约 50% 污水治理由政府投资，而私人投资增加很快。发展中国家每年在基础设施上的投资大约为 2500 亿美元，其中城市污水处理占 30%，大约 750 亿美元。我国 70% 左右的污水处理是政府投资并运营，致使投资资金匮乏，效率低下。对于二级处理厂来说，要保本微利，其处理费用在 $0.6 \sim 0.8$ 元/m³。

　　污水处理厂的垄断性、地域性决定了其市场化的难度。对于托管运营的污水处理厂来说，目前行业壁垒大，系统研究还很少，主要原因是：在市场化的经济条件下，各个污水处理厂的受托方，将自身的运营经验，包括财务控制、技术方法、管理手段等，视为商业机密，不愿公开分享。

　　尽管如此，大家采取的方法毕竟大同小异，主要体现在托管运营方案的制定上，这些方案的制定也是根据各自的优势针对具体情况而言。一个合适的托管运营优化方案，在制定阶段，必然促使受托方要对该污水处理厂进行详细的尽职调查，通过判断、理解、消化，确定托管后的具体实施方法。优化方案再好，不去实施，也毫无用处。在实施的过程中，会遇到各种因素的干扰，一般很难达到预期的效果。但是，如能实现优化方案效果的 90% 以上，则应视为成功。现实情况是，有的受托方当初为了拿下该项目，制定了一个自己明显完成不了的托管运营优化方案，如此一来，在后期的操作中不断与委托方发生摩擦，达不到政府的要求，在违约的边缘地带游走、烦恼。

　　目前，污水处理厂的托管运营项目，在各地有很多，良莠不齐，大部分公司是想通过提升管理和技术水平来获取合理利润的，但有的则是为了做大公司业绩而不惜代价获取的，也有的是借此为手段向政府争取其他相关利益的。

　　值得强调的是，托管运营项目团队在跟进项目时，双方沟通需要注意这几个方面：勿违背政策；勿急躁；勿重复强调己方优势；勿只找对方高层让其团队成员反感或产生逆反对立心理；勿说的和做的不一致；勿认死理形成僵局；勿多头沟通；勿不考虑对方利益；勿设陷阱。

　　污水处理厂托管运营研究目标是，通过对托管污水处理厂的运营现状、技术、设备、维修、污泥处置、中水回用等情况的分析，建立生产性试验模型，反复模拟和拟合，找出规律，应用于生产实践，优化运营工艺，提高系统运营效率和管理技术水平。托管运营主要难点如下：

　　1. 行业无序竞争，委托方给予水价偏低，使受托方在运营期间可能亏损，完成合同约定的内容困难，导致技术和管理手段的投入打了折扣，动作不到位，步履维艰。

　　2. 由于每个污水处理厂托管运营项目皆有其特殊性，如何找到符合其实际的技术和管理路线，实现利润最大化，目前行业内尚没有一个公认的标准。

3. 如何对托管运营的污水处理厂衍生开发出污泥资源化利用项目，从污泥干化技术角度，把污泥生物干化工艺的控制模型应用到生产中，增加利润，提高减排效果，值得思考。同样，对衍生开发的中水回用项目进行管理，增加额外利润和业绩，也值得探索。还有就是协同"海绵城市"和"黑臭水体"项目，增加托管污水处理厂项目的附加值。

污水处理厂托管运营研究意义包括但不限于：

1. 对污水处理厂托管运营项目量身定做，制定并实施一套合理的管理、技术方案，作为环保公用事业污水处理行业的参考。

2. 提出生产性试验模型，调整运行参数，优化工艺流程，达到投入产出绩优效果。

3. 对委托的污水处理厂中水回用项目进行开发和管理，节能减排，增加收益。

4. 对污泥资源化利用项目进行开发和管理，比如就污泥好氧堆肥，对其中的污泥干化进行深度技术研究。统筹提高托管运营污水处理厂的水平，增加节能减排效果，提高经济效益。

目　　录

第1章 托管运营发展

1.1 公用事业托管运营

1.1.1 概念

托管运营，是指企业所有者将企业的经营管理权交由具有较强经营管理能力，并能够承担相应经营风险的法人或自然人去有偿经营，以明晰企业所有者、经营者、生产者责权利关系的一种经营方式。也就是通过契约形式，受托方有条件地接受管理和经营委托方的资产，以有效实现资产的保值、增值。动因主要有：盘活亏损企业；提高营运效率；加强可操作性；减少体制障碍等。

公用事业托管运营，通过外在于公用事业企业的经营者投入一定数量的启动资金，并把有效的经营机制、科学的管理手段、科技成果、优质品牌等引入公用事业企业，对其实施有效管理。同时，托管运营过程中受托方凭借自身的管理和资金优势获取一定的经济回报。托管运营的实质是公用事业企业的所有权与经营权分离，通过市场对公用事业企业的各种生产要素进行优化组合，提高公用事业企业的资本营运效益。公用事业托管运营有利于进一步促进企业政企分开，有利于明晰企业产权关系，有助于市场经济的实施，是公用事业企业改造的重要方式。

公用事业企业托管运营是企业产权资本经营的一种主要形式。它是指公用事业企业的资产所有者，将企业法人财产权的整体或部分以契约的形式，在一定的条件下、一定的时期内让渡出来，委托给其他的企业法人或自然人进行管理并从事经营，从而形成委托方（资产所有者）、受托方（托管运营者）、被委托方（企业资产及存在于企业或资产中的生产工作者）之间的相互利益的驱动制约关系，实现公用事业企业资产的保值增值。其行为表现形式是通过外在于企业的经营者把有效的经营机制、科学的管理手段、先进的管理方法、一定的流动资金以及诸如科研成果、优质品牌、企业商誉等无形资产引入企业，对公用事业企业实行有偿的管理和经营。

公用事业企业托管运营有三个含义：一是不改变所有者对资产拥有的所有权，而只是将包括经营权在内的法人财产权让渡给受托经营者，由受托经营者以产权资本从事经营管理；二是以契约的形式确定了委托者和受托者之间在一定的期间内的利益和法律关系；三是受托者通过其经营力的投入，实现以产权资本增值为目标的有偿经营。因此，托管运营的实质是公用事业企业的资产所有权包括经营权在内的法人财产权分离，通过托管运营把公用事业企业置身于市场经济大潮中，通过市场对公用事业企业的各种经济及生产要素进行优化组合，提高其产权资本经营的效益。

公用事业企业托管运营有四个主要特征：

（1）建立了新型的、较为科学合理的三者关系，明确了作为资产表现形式的产权所有者、企业经营管理者及生产工作者之间的责、权、利。即：投资者对公用事业企业产权拥有其资产的所有权，其中国家作为国有企业的投资者拥有其资产的所有权，进而对资本享有收益权，对公用事业企业的管理具有宏观控制和具体服务职能；托管运营者对公用事业企业产权的投资者，只承担企业资产的保值增值和上缴利税的任务，并对公用事业企业的经营管理风险承担有限责任；经营管理者及生产工作者是受雇于公用事业企业的员工，对其经营管理目标及生产工作任务负责，并接受必要的监督和管理。

（2）建立了新型的分配关系。在公用事业企业托管运营中，资产是这种新型分配关系的载体。资产所有者以资产或以资产投入形成的企业受益权获取投资回报；托管运营者以经营力的投入并以承担委托企业或资产的经营管理风险及实施经营管理职能获取投资回报；经营者个人及生产工作者以自身劳动力的投入或出卖获取回报。其中，经营管理者个人的收入可采用年薪制的分配方式、以佣金的形式从企业利益中支付，与经营管理者创造的经营效益及对企业的贡献挂钩。这种新型的分配关系，使各方的责任和利益均建立在企业或资产这个载体上，责、权、利明晰。

（3）建立了新型的公用事业企业经营管理主体。企业经营管理主体是从事公用事业企业托管运营的公司，以及具有较高经营管理水平承担风险能力的自然人。它以自身有限的财产、能力、商誉（个人为信誉）作抵押，通过经营力的投入，以科学的管理活动，帮助公用事业企业建立起全新的产权关系、分配制度、劳动组合及经营模式，同时获得回报。

（4）建立了新型的公用事业企业劳动组合。新的劳动组合以运行岗位的需要及企业成员的工作效率和劳动技能作为选择条件，以最大限度的创造性劳动为原则，以达到优质高效、低耗的生产组合为目的，在企业内部实行定岗定员的双向选择，优胜劣汰，动态组合。公用事业企业中很少有吃大锅饭的现象，没有人情岗位，各种岗位都将通过考核选择上岗。

1.1.2　内涵

1. 特点

（1）公用事业企业委托实现所有权与经营权分离。公用事业企业托管可分为所有权委托和经营权委托。所有权委托是指委托方把企业的所有权转移给受托方的委托形式。而经营权委托是指委托方仅把企业的经营权委托给受托方，而没有转移所有权的委托形式。

（2）公用事业企业委托是在资产的保值增值基础上，对其资产的经营管理，且是一种开放式的经营管理，目标是提高企业资产的运营效率，因而有利于资源的调动和公用事业企业的整改，并有利于公用事业企业的中长期发展。

（3）公用事业企业托管克服了其他方式的局限性，面向更加广阔的企业市场，由市场匹配委托、受托双方，具有广阔的选择空间。委托方和受托方处在平等的地位，加大了成交的可能性、合理性和有效性。

（4）公用事业企业托管较好地形成了企业产权市场化营运的内部利益激励机制，避免短期行为和事实上负盈不负亏，经营风险最终由委托方与受托方共同承担，起到了分散风险的作用，从而也强化了经营者的责任。

2. 目的

公用事业企业托管是不宜马上在大范围内推进企业破产和收购、兼并的情况下，针对其产权主体不清、明确产权所需的配套法规严重滞后、社会保障体系不完善、国有资产代表权责不清等问题，在不改变或暂不改变原先产权归属的条件下，直接进行公用事业企业资产等要素的重组和流动，达到资源优化配置、拓宽外资引进渠道以及资产增值三大目的，从而谋取公用事业企业资产整体价值的有效、合理的经济回报。

3. 内容

（1）接受国有资产管理部门或投资机构的委托，在一定期限内，以保证受托国有资产保值增值的一定条件为前提，决定托管公用事业企业的有关国有资产重组或处置方式。

（2）签约确定受托资产总额，并确定在受托有效期内，由受托方分段获得有关资产处置权的价格和方式，最终实现托管资产的法人主体变更。

（3）受托方按约定条件代理售出受托资产，委托方按契约条款的规定向受托方支付一定的代理费或手续费。

（4）受托方以接受受托企业全部债务和职工安置为条件，无偿受让有关企业。

（5）受托方接受债权人的债权委托，并以相应的经营手段使债权人兑现或改变权益，受托方获取一定的代理费。

4. 适用对象

（1）适用于一些经营恶化、挽救乏术、濒于倒闭的公用事业企业，比如：一些产品、技术、设备、人员老化，鲜有市场竞争力的；一些债务负担沉重甚至资不抵债而又告贷无门的；一些经过多次和多方式整顿而无效的公用事业企业等。

（2）适用于一些暂时能够维持运转但已明显感到经营管理力不从心的公用事业企业。公用事业企业的原始产权主体既无力自我经营，又不愿放弃或不愿轻易放弃企业所有权，托管就可能成为最佳的重组方式。

（3）当运用其他方式（如兼并、收购、破产等）进行公用事业企业重组存在体制性障碍时，可考虑托管方式。为回避某些体制性障碍，可通过托管方式暂缓原始产权的转让，而先将法人产权让渡出去，一方面先努力救活企业，另一方面设法给受托方更优惠的经营条件，以满足受托方的利益要求。

（4）当使用其他方式进行企业重组存在资金投入过大的障碍时，可考虑托管办法。此时，托管可有效地缓解买方主体的资金压力，因而它可暂不进行原始产权的变更，进而可暂时免交购买这项产权的费用。

（5）当买方主体一时说不准购买目标公用事业企业的未来前景，亦或本不想购买其原始产权时，可通过托管方式在一定程度上减小这项投资的风险。

5. 托管的主体客体

（1）公用事业企业托管的主体

一般地，公用事业企业托管中的受托方，必须是具备接受企业资产托管运营管理能力和权力的独立企业法人。可以是按现代企业制度模式建立的企业委托公司、国有资产管理部门，也可以是中外合资或外商独资企业。其职责在于直接以实现公用事业企业资产的保值、增值为目标，按约定条件，在规定期限内，通过经营、管理、运作受托资产，取得显著的经济回报，使公用事业企业获得新的生命力。

（2）公用事业企业托管的客体

托管标的公用事业企业可以按实际发展需要，以多种对象为选择，可以是经营不善的亏损企业、资不抵债濒于破产的或者是经营较好的企业。以前者为对象，是一种公认的选择，理由是这种企业的托管有利于借助外来力量的支持，使原先已经或正在失去活力的公用事业企业重新获得生机，符合政府急于改造大批亏损、经营不善的公用事业企业的迫切愿望，在实际中具有相当大的市场。而以后者为对象，则需要观念的突破，从某种角度来看，其意义更为深远，托管不仅有利于这些公用事业企业通过资产重组和再配置获得更好、更大的绩效，而且有利于满足国际标准的现代企业迅速形成。

6. 经营模式

（1）企业产权的托管运营

托管运营以公用事业企业产权为标的物，委托方当事人依据一定的法律法规和政策，通过与受托方签订合同，以一定的条件为前提，以一定的代价作为补偿，将公用事业企业的全部财产权让渡给受托方处置。公用事业企业产权的托管运营，实质上是一种非公开市场的企业产权交易。在产权市场没有得到健全与完善的条件下，这成为产权流通的一种变通方式。

（2）国有资产的托管运营

该种托管是指政府授权的国有资产管理部门，以国有资产所有者代表的身份，将国有企业和公司制企业的国有资产，通过合同形式委托给受托方当事人。由于所有制性质决定，在这种托管运营中，托管的标的物只能是公用事业企业的经营权，而不是财产权。这是一种以短期产出为运作目标的经济行为，受托方当事人只能在合同约定的范围内，通过对托管公用事业企业经营机制的转换，以及采取其他手段，使国有资产保值和增值。

（3）国有企业的托管运营

该种模式是由特定的部门或者机构，将一部分亏损的国有中小公用事业企业接管，通过全面的改造，改变原有的企业结构和资产结构，从而实现资源的再配置，受托方对委托企业是全面的接受，包括企业的全部财产、全部职员和债务。严格地讲，托管运营是指公用事业企业法人财产权主体（委托人）通过信托协议，将企业资产或者企业法人财产（整体或者部分）的经营权和处分权让渡于具有较强经营管理能力、并能够承担相应经营风险的法人（受托人），由受托人对受托资产进行管理和处理，保证企业资产保值增值的一种经营方式。公用事业企业委托的实质是，在明确企业资产所有者和经营者之间责权利的关系中，引入符合市场经济规律的信托机制。公用事业企业委托实质上源于信托。

1.1.3　托管形式

1. 整体托管运营

微利或亏损的中小型公用事业企业一般可以实行整体托管运营，即将整个企业交给受托方进行经营。

2. 分层托管运营

大型公用事业企业可以对其下属的分厂或车间化整为零、分而治之，实行分层式托管运营。

3. 部分托管运营

可从公用事业企业中划出几条生产线、几个生产车间，对其实行托管运营。

4. 专项托管运营

对公用事业企业中的某项业务，如产品生产组织或产品销售、产品设计等单个环节实行托管运营。

5. 债务

公用事业企业的债务、债权委托。

1.1.4　法律关系

托管运营在委托方与受托方当事人之间形成委托的法律关系，委托方和受托方以及委托公用事业企业都以此享有一定的权利和义务。

1. 委托方的权利和义务

（1）委托方主要享有以下权利：

1）委托行为的决定权和签约权。委托方有权选择受托方，有权决定是否签订委托协议。

2）按照合同的约定收取托管运营收益。这是托管运营中委托方享有的一项主要权利。由于托管运营通常是有偿委托，受托方基于其委托行为享有获得报酬的权利，委托方当然也应当有权对被委托公用事业企业的经济收益进行再分配，因为托管运营并没有改变企业的所有权主体。

3）对受托方的经营状况进行考察。委托方有权对受托方就被委托公用事业企业的经营状况进行考察，以保证被正当经营。

4）在受托方提供担保的情况下，委托方当事人可以对抵押物的权属等问题进行核查。

5）当受托方未能按照合同的约定完成托管任务时，委托方可以处置受托方提供的担保物或者要求受托方给予赔偿。

（2）委托方的义务：

1）按照合同的约定向受托方支付报酬。当受托方按照合同的约定完成委托任务时，受托方有权获得报酬。

2）指示的义务。托管行为通常需要委托方当事人给予受托方当事人明确的指示，当受托方当事人要求委托方给予指示时，委托方应当及时进行指示，否则因此而给被委托公用事业企业造成的损失，不得要求受托方赔偿。

3）配合受托方当事人进行托管运营的义务。委托方当事人应当及时地向受托方提供有关的资料等，不得随意非法干预受托方的经营。

2. 受托方的权利和义务

（1）受托方在托管运营中享有以下权利：

1）使用、支配被委托企业的资产。由于受托方在委托法律关系中是被委托企业财产的实际占有者，根据委托合同的本质，受托方有权对企业财产进行使用和支配，当然，这种使用和支配应当以保证被委托企业的正当经营为目的。

2）决定被托管公用事业企业的一些基本经营政策、方针。受托方可以根据实际需要，自行决定被委托企业的机构设置，按照国家有关政策规定自行决定被委托企业的劳动用工制度、工资奖金制度，自行决定和实施企业的生产经营和管理。

3）获得报酬的权利。

（2）受托方的义务：

1）保管被委托公用事业企业财产的安全，保障其合法权益不受侵犯。由于被委托公用事业企业实际上被受托方占有和支配，自然应当由受托方承担保管义务。受托方未尽合理注意义务而给被委托企业财产造成损失的，受托方当事人应当负赔偿责任。

2）积极完成托管任务的义务。这是受托方的基本义务。受托方应当根据合同的约定和诚实信用的原则，对被委托企业进行托管运营，不得实施有损于被委托公用事业企业的行为。受托方应当按时向委托方提供被委托企业的资产负债表、损益表、收益分配表、财务状况变动表等报表，年终决算表应当经过会计师事务所审核验证。

3. 被托管公用事业企业的权利和义务

被托管公用事业企业在委托法律关系中并不是完全的客体，也可以享有一些权利和承担一定的义务。

（1）被托管公用事业企业的权利：

1）企业职工依然享有法律规定和劳动合同约定的权利，例如劳动报酬、养老保险以及其他社会保障权利。

2）可以要求受托方说明企业发展和产品结构调整等方面的重大决策内容。

（2）被委托的企业也要承担一定的义务。

1.2 污水处理厂托管运营

随着污水处理厂的大量建设，各种污水处理工艺纷纷被运用到实践当中，但是，有些运营管理水平却亟待提高。同时，政府也想摆脱既当教练员又做运动员的被动局面，由此，催生了很多托管运营污水处理厂的现象。然而，由于受托方的技术、管理等水平参差不齐，再加上托管运营的价格过低，不能保证受托方的合理利润，偷排、处理不达标等现象时有发生。有些地方甚至出现托管的污水处理厂几易其主，不断撕毁合同，对簿公堂等情况。

1.2.1 托管运营特点

1. 多元化的受托方公司

国有、民营、外资、其他类型水务或环保公司等，形成了多元化的受托方公司群体。这些公司的需求也各不一样，比如，有的国有环保、水务公司采取跑马圈地的办法，实现快速扩张的目的；有的环保民营公司先要业绩，低价中标，然后再通过各种手段达到赚钱的目的；有的外资环保、水务公司要求有较高的利润回报；其他类型公司则通过受托污水处理厂运营这一手段，从委托方那里寻求达到另外的商业目的。

2. 水价偏低

从众多托管运营的污水处理厂案例来看，污水处理吨水价格差距很大，包括的内容也不尽相同，这主要是由各自合同约定的条件不同而导致。见表 1-1 所列。

托管运营污水处理厂案例　　　　　　　　　　表 1-1

类别	水价(元/t)	盈亏状况	大修
江苏某污水处理厂	0.385	亏损	包括
四川某污水处理厂	0.89	盈利	包括
安徽某污水处理厂	0.34	微利	不包括
山东某污水处理厂	0.78	盈利	包括
天津某污水处理厂	0.48	微利	不包括
广东某污水处理厂	0.83	盈利	包括

3. 违约现象较多

在对合同的履行上，由于出现较多难以界定的模糊问题，托管双方经常扯皮，违约现象时有发生。主要表现在委托方对进水水质控制不力、付费不及时、调价拖延，受托方处理不达标排放、偷排、技术和运营管理跟不上等。

4. 提高水平

通过托管运营，让专业公司做专业化的事，对污水处理行业整体水平的提高起到了推动和促进作用。大浪淘沙，使一批本土民营和国有公司崭露头角，水平提升到一定高度，同时，作为上市公司，也能在资本市场给股东提供信心。

托管运营通过公开招标或竞争性谈判，选择运营商，在专业运营的基础上，实施精细化管理，可以降低运营成本，委托方可以将更多的精力放到监管和其他事务上。

1.2.2　我国污水处理厂发展阶段

1. 早期阶段

由政府投资建设，污水处理工艺单一，主要集中在一线、二线城市的主要城区，以市政生活污水处理厂为主。

运营以政府下属单位为主，大多为事业编制或传统的国有排水公司。

2. 中期阶段

投资分化，有政府投资、BOT 等方式。污水处理工艺多样化，主要集中在一线、二线城市的郊区或工业园区，三线城市的主城区和工业园区，县城的主城区等。运营方式较多，有政府下属单位自主运营，或采取 BOT、TOT 等方式由其他运营商运营。

3. 近后期阶段

投资多元化，有政府投资、BOT、BT、PPP 等方式。污水处理工艺多样，包括乡镇等以上城镇和工业园区的污水处理厂。目前，农村有很多地方也开始进行污水集中处理。

运营方式更多，有政府下属单位自主运营、BOT、TOT、DBO、BOO、OM 等。

从行业发展和政府认可度的逐渐提高上来看，托管运营是未来发展的一个非常重要的方向。为此，政府可以通过市场这只手来随时加以调节，提高行政效率，提升管理水平。

1.2.3　托管运营发展趋势

污水处理厂的托管运营是一个很好的商业模式，但是，目前国内外实际案例的操作，良莠不齐，仍需要从管理、技术层面进行改进。国内存在运行模式粗放，政府垄断，技术创新缺乏动力等现象。要想托管运营取得好的效果，就必须构建生产运行技术模型，对实际运行技术参数进行拟合，对工艺进行优化，科学组织设备维修等，才能取得良好的效果。

目前，国际、国内对污水处理厂托管运营进行系统研究的尚不多见，有些研究，也只是局限于某个企业内部，作为企业内部的市场开拓或经营秘籍，不愿示之于众，更少公开交流。换言之，也就是说囿于各自生产性实践，而没有对外公开，这也更加需要通过实战经验的总结，探索其意义之所在。相对来说，国外包括威立雅、苏伊士等公司，已经拥有多年的托管运营成功经验。在不同的国家，因为文化背景不同，遵守合同的信誉度不同，托管运营的效果也不一样。一般在欧美等国家运行相对稳定，风险小。近年来，在中国很多城市，政府也都有意愿把污水处理厂拿出来托管运营，但总体来说，效果不是很好，主要是有的地方政府会片面地认为，大笔资金被别人拿走了，较少考虑到专业公司带来的管理和技术水平提高方面的积极因素。

根据收集的两个实际案例来看，深圳某水务有限公司在获得常州某污水处理厂托管运营项目以后，立即派出精干的项目组人员进驻，对污水处理厂的生产工艺、设备性能、水质情况、人员结构等进行充分的分析、研究，并采取了很多有效措施，取得了明显效果。但是，由于水价较低，在托管的最初2年，亏损较大，每年达到100余万元，给受托方带来很大压力。而国外某水务公司获得的四川某污水处理厂托管运营项目，由于当初与委托方沟通充分，招标条件设置相对合理，再加上外资公司优良的技术和管理水平，项目执行良好，获取的利润较为可观。

1.2.4 托管运营目标

污水处理厂托管运营的终极目标是：实现政府职能转变，改变政企不分局面，加强监管；企业盈利；节能减排，降低消耗；管理和技术水平提高；扩大社会总体效益。

1. 政府职能转变，加强监管

政府的工作范畴需要从规划、建设、直接运营管理、监督，转变到规划、监管方面来。政府监管的性质有两种：一是行政监管，其依据为现有法律、法规；二是合同监管，其依据为项目合同。只有监管部门责任意识到位，监管手段齐备，并拥有一定数量高素质的专业人员，监管才能有效实现。

对于托管运营的污水处理厂，要解决两个问题：

（1）监管内容。主要包括：污水处理服务质量（水质达标及污泥处置到位）；劳动保护与安全生产；设施完好率；设备大修重置；对整改意见的落实；公共义务的履行等。

（2）监管办法。主要途径有：排水检测机构定期抽检；在线监测数据传输到排水管理处（污水处理办公室、环保局等）；项目公司报告制度；每半年一次的综合考核等。对项目公司每半年一次的综合考核内容包括：报表、报告；设施设备完好率；仪器仪表的按期检定；操作工、化验员及特殊工种的人员培训、持证上岗、资格年审；劳动防护、安全生产；对整改意见的落实；项目公司对社会公共义务和责任的积极履行与承担（如接受对污水处理厂的参观、学习和交流等）及其他相关工作。

2. 节能降耗减排

通过生产性试验模型的建立和拟合，进行技术改造，精细化管理，解决污水处理厂不合理耗能，降低成本。核算关键设备的运行工况，是否处于高效区，如果不是，则需要改造或调整。通过工艺调整和污泥资源化利用，增强节能减排力度。

3. 企业盈利

受托方按照项目合同约定，通过努力，能获取合理利润回报，恰恰从一个侧面反映出托管运营活动在朝着良性方向发展。否则，则是不健康的，或隐含着较大的问题及风险。

4. 管理和技术水平提高

通过财务预算和控制，以及运营管理和技术方案的实施，确保达标稳定运行，提高水平，达到预期效果。

5. 扩大社会总体效益

污水处理厂托管运营，涉及方方面面，需要实现多赢局面，实现社会总体效益水平最大化。

1.2.5　托管运营要求

顺应国家环保战略的要求，落实生态环境保护政策，提升污水处理水平，优化运营维护方案，降低成本，发挥规模运营优势，便于政府统一监管，优选在污水处理行业拥有丰富的运营和维护经验、具有先进技术和管理水平的专业化公司，托管运营污水处理厂。

1. 污水处理厂托管运营的必要性

（1）托管运营是基础设施行业市场化运作的有效途径之一，符合城市基础设施的特点，有利于政府提高运营效率。

（2）政府的主要责任在立法、监管，具体运营工作由专业的公司来完成。政府避免了自己管自己、角色重叠的问题，有效地降低了在具体事务中的责任。

（3）吸引具有先进技术、管理水平高、有专利的专业水务、环保运营公司来参与。尤其是引进国际知名度大的水务、环保公司，势必会提升城市品位，树立新形象。

（4）专业化运营，提高进入门槛，避免运营能力差、规模过小的公司参与。同时也避免了过度恶性竞争，以免中标后，待出现了问题再和政府拉锯扯皮等情况的发生。

对于具体的城市污水处理厂而言，一般由市住房和城乡建设委员会（或建设局）牵头，成立包括财政局、国资委、城投公司、污水处理厂等单位组成的专家小组，对有意向的受托目标公司进行认真考察和交流，尤其对污水处理厂托管运营后的业绩和表现需要做重点考量。

考察中，对一些疑问和问题做深入交流，其实也是这些专业公司与考察小组成员互动，用实际案例在做培训。同时，考察小组也会通过自身的政府渠道，进一步了解被考察公司的运营等情况，掌握更全面的信息。

2. 合同中约定的主要内容

（1）托管运营的资产和范围。

（2）污水处理厂的约定水量、进水水质、出水水质等。

（3）水价，包括成本变化时的调价公式和启动调价的前提条件。

（4）托管运营期间，如提标改造，工程费用、建设等问题如何处理。

（5）双方的责任，包括：处理后污水处理费用的支付，进水不达标时的处理约定，出水不达标时的责任和罚款，对于设备维修和维护的责任，紧急情况下如何处理约定等。

（6）违约责任，包括：污水进水不达标、出水不达标、延迟支付污水处理费等的责任划分和处罚。

　　3. 受托公司响应招标文件

　　（1）水价报价。选用合理报价的运营公司。让合作的运营公司获得合理行业利润，消除未来运营质量降低的隐患。

　　（2）合理的维修方案和措施。

　　（3）技术方案。

　　（4）法律方案。

　　（5）财务方案。

　　（6）人力资源和培训方案。

　　（7）托管运营期间，如提标改造，工程费用、建设、运营配合和衔接等问题如何处理。

　　（8）到期移交方案。

　　（9）对以后污泥统一处置，以及国家在环保政策方面出台新的更高标准时如何应对的约定等。

1.2.6　托管运营的设备

　　托管运营的核心问题之一，就是通过对污水处理厂的工艺设备进行详细分析，调整工况，使其处于优良的运行状态，处于高效率的区间，达到节能降耗的目的，从而产生利润。托管的污水处理厂，在日常运行中要健全成本内控制度，主要关注运行安全、成本和污染物的去除率等指标。

　　污水处理厂能耗有直接能耗和间接能耗，根据实际能耗水平、水质状况、设备支持程度等制定优化运行方案。对现有工艺的缺陷可采用建立数学模型及试验来完善。明确污水处理厂不同处理单元对能量的需求。有的专家对我国典型一级、二级污水处理厂各单元进行过能耗估算，给出了估算值。在此基础上，学者们进行了许多研究。国内常用的污泥稳定技术是厌氧消化占 38.04%，好氧消化占 2.81%，污泥堆肥占 3.45%。约 55.7% 的污水处理厂污泥未被稳定处理。还有专家总结了不同机械脱水方式的电耗情况，其中离心脱水电耗较低。格栅减少后续处理产生的浮渣，对污水处理厂设备降低能耗有着重要作用。

　　提高污水处理设备的使用效能，可从以下几方面考虑：

　　1. 整体工艺是否满足出水达标需求

　　分析污水处理厂的工艺设计、施工，复核其是否可以满足出水达标需求。如有问题，则要考虑尽量在合同约定范围内，调整工艺流程，或提出技术改造方案。

　　2. 关键设备复核

　　对关键设备，如鼓风机、污水泵、格栅机、污泥脱水机等，逐一复核，看是否耗能较大、效能低下。

　　3. 设备保养维修

　　可靠的设备保养维修，是对其使用效能的保障。保养维修，就要发生成本，怎样降低成本，使利润最大化，必须有一个科学的维修方案，使保养维修及时、合理。

1.3　PPP 模式与托管运营

　　随着项目融资的发展，PPP（Public-Private Partnership，公私合伙或合营，又称公私协力）越来越流行。该词最早由英国政府于 1982 年提出，是指政府与私营商签订长期协议，授权私营商代替政府建设、运营或管理公共基础设施并向公众提供公共服务。

1.3.1　PPP 模式

1. PPP 定义

从各国和国际组织对 PPP 的理解来看，PPP 有广义和狭义之分。广义的 PPP 泛指公共部门与私人部门为提供公共产品或服务而建立的各种合作关系，而狭义的 PPP 可以理解为一系列项目融资模式的总称，包含 BOT、TOT、DBFO 等多种模式。狭义的 PPP 更加强调合作过程中的风险分担机制和项目的物有所值（Value For Money，VFM）原则。广义上，PPP 是英文 Public-Private Partnership 的简写，中文直译为"公私合伙制"，简言之，指公共部门通过与私人部门建立伙伴关系提供公共产品或服务的一种方式。虽然私人部门参与提供公共产品或服务已有很长历史，但 PPP 术语的出现不过是近十年的事情，在此之前人们广为使用的术语是 Concession、BOT、PFI 等。PPP 本身是一个意义非常宽泛的概念，加之意识形态的不同，要想使世界各国对 PPP 的确切内涵达成共识是非常困难的。

2. 推出 PPP 背景

土地财政与融资需求。一方面，城镇化是政府在经济领域的战略性规划，据财政部测算，预计 2020 年由此带来的投资需求约 42 万亿元，且从中短期来看，在地产投资和制造业投资持续萎靡的情况下，基建投资是稳增长的重要抓手，需要投入大量资金。另一方面，地方政府财政收入主要来源于"卖地"，但人口红利将尽，地产大周期面临拐点，土地财政难以为继，调结构的目标和稳健货币政策的定调又限制信贷扩张的原有模式。通过 PPP 可撬动社会资本参与基础设施投资建设，缓解地方政府财政支出压力。

隐性债务变为显性债务。全国各级政府债务和地方政府性债务已很高，PPP 的推出有利于缓解地方政府债务压力，降低系统性风险。同时，地方政府承诺的财政补贴和税收优惠将纳入预算管理，符合预算改革提倡的公开透明化要求，与预算改革和地方债改革相得益彰，将隐性债务转变为显性债务，使各级政府能做到心中有数。

PPP 在中国的发展历程，见表 1-2 所列。

PPP 在中国的发展历程　　　　　　表 1-2

类别	政策背景	主管部门	PPP 特点	成果	典型案例
第一阶段探索阶段（20 世纪 80 年代中期~1994 年）	改革开放、外资进入	地方自发	协议简单、中央领导特批	初步了解 PPP 规则	深圳沙角 B 电厂 BOT 项目
第二阶段试点阶段（1994~2002 年）	邓小平南巡，十四大确立社会主义市场经济体制	原国家计委	国际著名咨询机构支持、运作规范	积累了 PPP 运作方法和相关知识、经验，培养了人才	原计委完成两个 BOT 试点项目——广西来宾 B 电厂项目、成都第六水厂项目；地方有上海黄浦江大桥 BOT 项目、北京第十水厂 BOT 项目、北京西红门经济适用房 PPP 项目、沈阳自来水转让项目

续表

类别	政策背景	主管部门	PPP 特点	成果	典型案例
第三阶段 推广阶段 （2003～2008 年）	十六大召开，提出市场在资源配置过程中发挥基础性作用	建设部（现住房城乡建设部）	主要城市掀起 PPP 热潮、充分竞争，后期由于意识形态和失败项目出现争议	产生了各行业 PPP 项目的大量实践经验，效率提高、溢价频发，改革初见成果	合肥王小郢污水 TOT 项目、兰州自来水股权转让项目、北京地铁四号线项目、北京亦庄燃气 BOT 项目、淮南新城项目、北京房山长阳新城项目等
第四阶段 反复阶段 （2009～2012 年）	金融危机、四万亿计划	住房城乡建设部不再主导	央企资金受到重视与地方政府对接成为主要方式，竞争机制退后，准 PPP 项目，民间份额减少	准 PPP 数量多，投资效率下降，国 36 条及配套细则不起作用	华润燃气和昆仑燃气项目都过 200 个、北控水务崛起、央企新城遍布全国、大连中心城区垃圾 PPP 项目
第五阶段 普及阶段 （2013 年至今）	十八大提出让市场在资源配置过程中发挥决定性作用	财政部主导，发改委主管	上升至国家战略的高度，各部门和各地区广泛参与，政府财力越来越难，用财政资金撬动社会资本	受到广泛重视	北京垃圾处理和污水处理项目、深圳地铁六号线

3. PPP 相关文件

（1）《国务院关于加强地方政府性债务管理的意见》国发〔2014〕43 号

（2）《关于在公共服务领域推广政府和社会资本合作模式指导意见的通知》国办发〔2015〕42 号

（3）《基础设施和公用事业特许经营管理办法》中华人民共和国国家发展和改革委员会、财政部、住房城乡建设部、交通运输部、水利部、中国人民银行第 25 号令

（4）《国家发展改革委关于开展政府和社会资本合作的指导意见》发改投资〔2014〕2724 号

（5）《政府和社会资本合作项目通用合同指南》（2014 年版）

（6）《关于推广运用政府和社会资本合作模式有关问题的通知》财金〔2014〕76 号

（7）《关于印发政府和社会资本合作模式操作指南（试行）的通知》财金〔2014〕113 号

（8）《关于规范政府和社会资本合作合同管理工作的通知》财金〔2014〕156 号

（9）《关于印发〈政府采购竞争性磋商采购方式管理暂行办法〉的通知》财库〔2014〕214 号

（10）《财政部关于印发〈政府和社会资本合作项目政府采购管理办法〉的通知》财库〔2014〕215 号

（11）《财政部关于印发〈政府和社会资本合作项目财政承受能力论证指引〉的通知》财金〔2015〕21 号

（12）《印发〈PPP 物有所值评价指引（试行）〉的通知》财金〔2015〕167 号

（13）《关于政府参与的污水、垃圾处理项目全面实施 PPP 模式的通知》财建（2017）455 号

4. PPP 政策解读

（1）政府的范围

财政部：县级（含）以上地方人民政府（财金〔2014〕113 号）。

发改委：各地可选取市场发育程度高、政府负债水平低、社会资本相对充裕的市县……（发改投资〔2014〕2724 号）。

（2）政府实施主体

财政部：政府或其指定的有关职能部门或事业单位可作为项目实施机构，负责项目准备、采购、监管和移交等工作。（财金〔2014〕113 号）

发改委：按照地方政府的相关要求，明确相应的行业管理部门、事业单位、行业运营公司或其他相关机构，作为政府授权的项目实施机构，在授权范围内负责 PPP 项目的前期评估论证、实施方案编制、合作伙伴选择、项目合同签订、项目组织实施以及合作期满移交等工作。（发改投资〔2014〕2724 号）

（3）社会资本

财政部：已建立现代企业制度的境内外企业法人，但不包括本级政府所属融资平台公司及其他控股国有企业。（财金〔2014〕113 号）

发改委：签订项目合同的社会资本主体，应是符合条件的国有企业、民营企业、外商投资企业、混合所有制企业，或其他投资、经营主体。（发改投资〔2014〕2724 号-合同指南）

（4）PPP 领域

国务院：公共服务、资源环境、生态保护、基础设施等领域（《国务院关于创新重点领域投融资机制鼓励社会投资的指导意见》国发〔2014〕60 号）。

财政部：投资规模较大、需求长期稳定、价格调整机制灵活、市场化程度较高的基础设施及公共服务类项目。（财金〔2014〕113 号）

发改委：PPP 模式主要适用于政府负有提供责任又适宜市场化运作的公共服务、基础设施类项目。燃气、供电、供水、供热、污水及垃圾处理等市政设施，公路、铁路、机场、城市轨道交通等交通设施，医疗、旅游、教育培训、健康养老等公共服务项目，以及水利、资源环境和生态保护等项目均可推行 PPP 模式。各地的新建市政工程以及新型城镇化试点项目，应优先考虑采用 PPP 模式建设。（发改投资〔2014〕2724 号）

（5）PPP 操作模式

发改委：经营性项目。对于具有明确的收费基础，并且经营收费能够完全覆盖投资成本的项目，可通过政府授予特许经营权，采用建设－运营－移交（BOT）、建设－拥有－运营－移交（BOOT）等模式推进。

准经营性项目。对于经营收费不足以覆盖投资成本、需政府补贴部分资金或资源的项目，可通过政府授予特许经营权附加部分补贴或直接投资参股等措施，采用建设－运营－移交（BOT）、建设－拥有－运营（BOO）等模式推进。要建立投资、补贴与价格的协同机制，为投资者获得合理回报积极创造条件。

非经营性项目。对于缺乏"使用者付费"基础、主要依靠"政府付费"回收投资成本

的项目，可通过政府购买服务，采用建设—拥有—运营（BOO）、托管运营等市场化模式推进。要合理确定购买内容，把有限的资金用在刀刃上，切实提高资金使用效益。（发改投资［2014］2724号）

财政部：项目运作方式主要包括托管运营、管理合同、建设—运营—移交、建设—拥有—运营、转让—运营—移交和改建—运营—移交等。

具体运作方式的选择主要由收费定价机制、项目投资收益水平、风险分配基本框架、融资需求、改扩建需求和期满处置等因素决定。（财金［2014］113号）

（6）PPP操作程序

发改委：项目储备—项目遴选—伙伴选择—合同管理—绩效评价—退出机制。（发改投资［2014］2724号）

财政部：项目识别—项目准备—项目采购—项目执行—项目移交。（财金［2014］113号）

（7）社会资本选择

发改委：实施方案审查通过后，配合行业管理部门、项目实施机构，按照《招标投标法》、《政府采购法》等法律法规，通过公开招标、邀请招标、竞争性谈判等多种方式，公平择优选择具有相应管理经验、专业能力、融资实力以及信用状况良好的社会资本作为合作伙伴。（发改投资［2014］2724号）

财政部：项目采购应根据《中华人民共和国政府采购法》及相关规章制度执行，采购方式包括公开招标、竞争性谈判、邀请招标、竞争性磋商和单一来源采购。项目实施机构应根据项目采购需求特点，依法选择适当采购方式。公开招标主要适用于核心边界条件和技术经济参数明确、完整、符合国家法律法规和政府采购政策，且采购中不作更改的项目。（财金［2014］113号）

（8）主要交易结构

财政部：交易结构主要包括项目投融资结构、回报机制和相关配套安排。（财金［2014］113号）

项目投融资结构主要说明项目资本性支出的资金来源、性质和用途，项目资产的形成和转移等。项目回报机制主要说明社会资本取得投资回报的资金来源，包括使用者付费、可行性缺口补助和政府付费等支付方式。相关配套安排主要说明由项目以外相关机构提供的土地、水、电、气和道路等配套设施和项目所需的上下游服务。

（9）合同体系

财政部：合同体系主要包括项目合同、股东合同、融资合同、工程承包合同、运营服务合同、原料供应合同、产品采购合同和保险合同等。项目合同是其中最核心的法律文件。（财金［2014］113号）

项目边界条件是项目合同的核心内容，主要包括权利义务、交易条件、履约保障和调整衔接等边界。权利义务边界主要明确项目资产权属、社会资本承担的公共责任、政府支付方式和风险分配结果等。交易条件边界主要明确项目合同期限、项目回报机制、收费定价调整机制和产出说明等。履约保障边界主要明确强制保险方案以及由投资竞争保函、建设履约保函、运营维护保函和移交维修保函组成的履约保函体系。调整衔接边界主要明确应急处置、临时接管和提前终止、合同变更、合同展期、项目新增改扩建需求等应对措施。

5. PPP 优缺点

（1）优点

共赢：在 PPP 的投融资方式下，公共部门和民营企业共同参与项目建设和运营，可以发挥各自优势，充分利用有限资源，并通过建立长期互利的合作目标来实现共赢。

弥补公共部门资金不足：PPP 项目基本上都是建设周期长、耗资巨大的工程，单靠公共部门的力量很难在短期内募集到足够的建设和运营资金，但 PPP 模式恰恰弥补了这一缺陷。

提高工作效率：由于其机制创新、管理灵活、责权明确，比传统的由政府单独建设、运营的模式更为高效，反而使政府部门的工作克服了诸如效率低下等方面的弊病。

有助于提升基础设施建设和服务水平：由于政府在公共基础设施建设中的角色得到了转换，在项目运作过程中政府有了新的合作伙伴，这样也使得政府部门工作得到了更多的监督和约束，民营企业基于利益驱动和回收成本的需要，也会更加努力地提高基础设施的建设和服务水平，从而获得更多的投资回报。

（2）缺点

风险识别难：风险的识别需要大量的数据和资料，并对大量的信息资料进行系统的分析和研究；而收集的资料是有限的。此外，如果一个 PPP 项目面临的风险不能事先识别出来的话，那么某些风险就可能在日后对项目的运作产生实质性的影响，甚至可能会影响到项目目标的最终达成。

风险分担机制要求高：如果没有一个好的、平衡的风险分担机制，那么日后会导致项目成本的提高，并且会使合作的一方或各方都难以继续并发挥他们各自的潜力。由于 PPP 模式的组织形式非常复杂，合作各方之间不可避免地会产生不同层次、类型的利益和责任上的分歧，如果这些分歧得不到有效化解，那么导致一些合作项目的夭折与失败将在所难免。

PPP 没有一个标准的应用程序参照：由于目前 PPP 还没有形成一种固定的模式，使得新上马的 PPP 项目在实践操作过程中难免会走一些前人走过的弯路，并且，从已运行项目来看，有些操作程序较乱，操作不规范的情况也屡有发生。

易产生纠纷问题：尤其目前在我国，PPP 模式还没有完整的法律配套体系，还缺乏足够的法律、法规支持，使得运作中许多依据无章可循；PPP 在利益分配、风险承担方面也容易产生很多纠纷问题，如果参与 PPP 项目的私人企业得不到有效约束，那么容易在项目设计、融资、运营、管理和维护等各阶段产生问题，发生公共产权纠纷。

投资人选择难度大：投资人的选择本身就是一件复杂、充满很大不确定性的工作，由于政府对投资人招商不熟悉，缺乏有效的投资人选择机制和经验，再加上政府普遍缺乏聘请顾问的意识，在引进投资人的过程中，往往对投资人的诚信、实力、资质、经验等方面考察不充分。政府一旦选择了不良投资商，那么他们事后违约的风险也会渐渐大起来。

1.3.2　PPP 项目运作程序

财政部于 2014 年 11 月 29 日下发的《政府和社会资本合作模式操作指南》（简称《操作指南》），可以看做是财政部《关于推广运用政府和社会资本合作模式有关问题的通知》（财金［2014］76 号）的落实和细化。《操作指南》的最大特点是覆盖了 PPP 项目的全生命周期，对 PPP 项目的设计、融资、建造、运营、维护至终止移交的各环节操作流程进行了全方位规范。如图 1-1 所示。

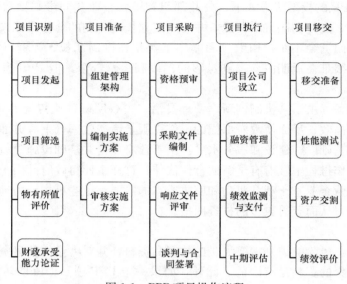

图 1-1　PPP 项目操作流程

1. 项目识别

（1）项目发起

政府发起：行业主管部门从国民经济和社会发展规划及行业专项规划中的新建改建项目或存量公共资产中遴选潜在项目向财政部门推荐。

社会资本发起：社会资本以项目建议书的方式直接向财政部门或行业主管部门推荐潜在项目。

确定开发计划：财政部门会同行业主管部门筛选项目，根据国家、地方和行业规划，结合公共服务需求的重要性和紧迫性以及项目自身的可行性和成熟度，确定年度和中长期项目开发计划。

（2）项目筛选

项目筛选，如图 1-2 所示。

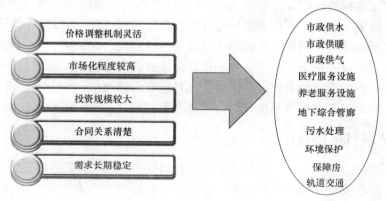

图 1-2　项目筛选参考

（3）物有所值评价

1）定性评价

基本指标：全生命周期整合程度、风险识别与分配、绩效导向与鼓励创新、潜在竞争程度、政府机构能力、可融资性。

补充指标：项目规模大小、预期使用寿命长短、主要固定资产种类、全生命周期成本测算准确性、运营收入增长潜力、行业示范性等。

权重：六项基本评价指标权重为80%，其中任一指标权重一般不超过20%；补充评价指标权重为20%，其中任一指标权重一般不超过10%。

2）定量评价

PSC 值＞PPP 值。

（4）财政承受能力论证

1）直接支出

股权投资——政府出资入股项目公司。

运营补贴——政府付费；使用者付费差额补贴。

配套投入——土地征收、整理、划拨；配套设施建设；投资补助；贷款贴息；周边土地及商业开发权授予；政府无偿或低价租赁项目资产；政府放弃所持项目公司股份的全部或部分分红权。

2）或有支出

风险承担——价格调整风险（调价机制）、最低需求风险（使用量保底）。

终止补偿——股权投入、债务成本、预期收益。

违约赔偿——损失赔偿款、违约金。

每年全部 PPP 项目从预算安排的支出责任占一般公共预算支出比例不超过10%。

2. 项目准备

（1）组建管理架构

县级以上政府成立 PPP 工作领导小组，主管领导挂帅，建立跨部门协调机制，明确牵头部门，确保分工协作。

指定项目实施机构，负责项目识别、准备、采购、执行和移交等全生命周期管理。

（2）编制实施方案

1）合作范围及期限

全生命周期：设计、建设、融资、运营、维护、移交全部或部分。

空间：单一或多个项目组合。

参考因素：政府需要的公共产品或服务供给期间；资产的技术和经济生命周期；投资回收期；融资期限；设计期和建设期的长短；财政承受能力；法定上限（最长30年）。

约定方式：建设期和运营期分别约定或一并约定。

2）运作方式

运作方式主要由项目类型、合作范围和资产权属决定。

运作方式流程，如图1-3所示。

3）风险分配框架

风险因素见表1-3。

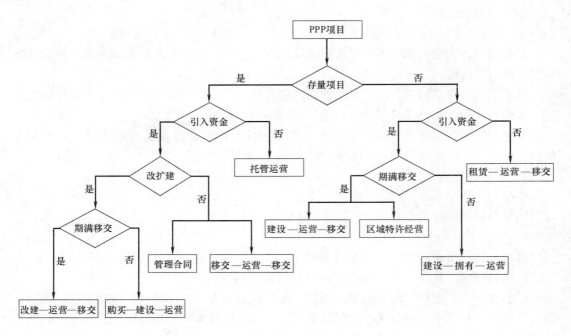

图 1-3　运作方式流程

风险因素　　　　　　　　　　　　　　　　　　　　　　　表 1-3

风险因素		政府	社会资本	共同分担
征收征用		△		
融资			△	
设计建设			△	
运营维护			△	
移交			△	
市场需求				△
不可抗力				△
法律变更	政府可控的	△		
	政府不可控的			△
系统性金融风险			△	

　　风险分配原则：承担风险的一方应该对该风险具有控制力；承担风险的一方能够将该风险合理转移（保险）；承担风险的一方对于控制该风险有更大的经济利益或动机；由该方承担该风险最有效率；如果风险最终发生，承担风险的一方不应将由此产生的费用和损失转移给合同相对方。

　　4）交易结构

　　项目投融资结构：资本金、债务资金结构，资本金来源等。

　　回报机制：使用者付费、可行性缺口补助、政府付费。

　　相关配套安排：项目以外相关机构提供的土地、水、电、气等配套设施和项目所需的上下游服务。

5）财务测算

合理收益水平（行业平均收益率、同期银行贷款利率）。

保底（保底使用量）＋限高（超额收益分成）。

价格调整机制。

社会资本选择：社会资本的要求；是否允许联合体（战略投资人＋财务投资人）；资质——设计、勘察、施工资质；实力——运营经验、资金实力、商业信誉；采购方式——《PPP 项目政府采购管理规定》；公开招标——适用于核心边界条件和技术经济参数明确、完整，符合国家法律法规和政府采购政策，且采购中不作更改的项目；竞争性谈判；邀请招标；竞争性磋商；单一来源。

6）PPP 项目合同的核心内容

权利义务边界：项目资产权属、社会资本承担的公共责任、政府支付方式和风险分配结果等。

交易条件边界：合同期限、回报机制、收费定价调整机制和产出说明。

履约保障边界：强制保险方案、履约保函体系。

调整衔接边界：应急处置、临时接管和提前终止、合同变更、合同展期、项目新增改扩建需求等应对措施。

（3）审核实施方案

实施方案审核，其一，按照 PPP 运作管理职能，实行政府相关部门联合审查。可有财政部门牵头，组织发改委、物价局、国土局、规划局等部门，以联合审查会议的方式，对项目实施方案进行审查，提出审查和完善意见。审查会议邀请法律及会计领域专家全程参与。其二，引入第三方机构，为政府部门联合审查提供专业技术支持。PPP 项目实施方案的审查论证，可通过采购服务的方式委托咨询服务机构对实施方案进行专业评价，委托财政部财政科学研究所组成专家组，对评价结果进行审查把关。其三，委托权威机构组成专家组，对审查工作提供全程指导。有关 PPP 研究专家，对项目实施方案及评价、物有所值评价报告、财政承受能力论证，以及实施方案审查的组织实施工作提供全过程指导。其四，按照公开、公平、公正的原则，积极探索适应 PPP 运作特点的政府采购办法。采用广泛询价和磋商的方式，合理确定采购费用预算和采购方式；在自行采购中引入价格竞争机制，保证采购活动公开、公正、公平；发挥政府信用和谈判地位优势的支持作用，合理控制服务费用支出。提高了采购效率，规范了采购行为，有效地降低了采购成本。

实施方案审核，要按照 PPP 模式规范运作，形成一个可复制、可推广的实施范例，对建立符合政策规定、具有各地管理特点的 PPP 运作和管理机制进行重要探索和尝试。

3. 项目采购

（1）资格预审

项目实施机构根据项目需要准备资格预审文件，发布资格预审公告，邀请社会资本和与其合作的金融机构参与资格预审，验证项目能否获得响应和实现充分竞争，并将资格预审的评审报告提交财政部门（PPP 中心）备案。

资格预审公告应在省级以上人民政府财政部门指定的媒体上发布。预审公告包括：项目授权主体、项目实施机构和项目名称、采购需求、对社会资本的资格要求、是否允许联合体参与采购活动、拟确定参与竞争的合格社会资本的数量和确定方法以及社会资本提交资格预审申请文件的时间和地点。

（2）采购文件编制

采购文件应包括：采购邀请、竞争者须知（包括密封、签署、盖章要求等）、竞争者应提供的资格资信及业绩证明文件、采购方式、政府对项目实施机构的授权、实施方案的批复和项目相关审批文件、采购程序、响应文件编制要求、提交响应文件截止时间、开启时间及地点、强制担保的保证金交纳数额和形式、评审方法、评审标准、政府采购政策要求、项目合同草案及其他法律文本等。

采用竞争性谈判或竞争性磋商采购方式的，还应明确评审小组根据与社会资本谈判情况可能实质性变动的内容，包括采购需求中的技术、服务要求以及合同草案条款。

（3）响应文件评审

评审小组由项目实施机构代表和评审专家共 5 人以上单数组成，评审专家人数不得少于评审小组成员总数的 2/3。

公开招标、邀请招标、竞争性谈判、单一来源采购方式，按政府采购法律法规有关规定执行。

采用竞争性磋商方式的，按财政部 2014 年 12 月 31 日颁发的《政府采购竞争性磋商采购方式管理暂行办法》实施。

（4）谈判与合同签署

项目实施机构成立专门采购结果确认谈判工作组，按照候选社会资本的排名依次进行合同签署前的确认谈判，率先达成一致的候选社会资本为中选社会资本。

确认谈判不得涉及合同中不可谈判的核心条款，不得重复与排序在前但已终止谈判的社会资本进行再次谈判。

确认谈判完成后，签署确认谈判备忘录，并将相关内容公示。

公示期满无异议的，项目合同应在政府审核同意后签署。

4. 项目执行

（1）项目公司成立

PPP 项目公司是依法设立的自主运营、自负盈亏的具有独立法人资格的经营实体，作为 PPP 项目合同及项目其他相关合同的签约主体，负责项目的具体实施。PPP 项目公司，作为项目建设的实施者和运营者而存在，称作"特殊目的载体"（SPECIAL PUR-POSE VEHICLE，简称 SPV）。

社会资本是 PPP 项目的实际投资人，但在 PPP 实践中，社会资本通常不会直接作为 PPP 项目的实施主体，而会专门针对该项目成立项目公司，作为 PPP 项目合同及项目其他相关合同的签约主体，负责项目具体实施。

设立项目公司的目的：明确联合体内部的责权利；隔离 PPP 项目的投资风险；政府为资本金投入提供支持；便于属地化管理分享税收。

当然，PPP 项目公司不是必须成立，而是可依法成立，且需在项目实施方案的项目概况中就项目公司股权情况加以说明。在 PPP 实践中，社会资本通常不会直接作为 PPP 项目的实施主体，而会专门针对该项目成立项目公司。是否成立项目公司，决定权在社会资本，但是政府可以参股。如果要成立 PPP 项目公司，PPP 项目合同是项目公司和政府方签订。

（2）融资管理

PPP 作为一种新型的项目融资模式，开启了我国社会资本参与到公共基础设施建设的渠道中，对缓解我国政府财政上的压力以及提高公共设施质量有着积极作用。基于PPP 模式的公共基础设施建设项目因具有投资规模大、杠杆融资比例高等特点，导致项目在成本与收益上容易出现财务收益的不稳定，具有明显的金融风险。因此进行风险识别与风险评估对融资管理有着重要作用。

为防范地方政府债务风险，规范融资平台公司融资行为管理，全面改正地方政府不规范的融资担保行为，严禁地方政府利用 PPP 项目违法违规变相举债。地方政府不得将公益性资产、储备土地注入融资平台公司，不得承诺将储备土地预期出让收入作为融资平台公司偿债资金来源，不得利用政府性资源干预金融机构正常经营行为。

在 PPP 模式下，实现了政府与私人之间的合作，将政府的有利资源与社会资本的有利资源充分结合起来，实现政府与社会资本之间的共赢，涉及项目的所有参与单位或个人。同时，存在的金融风险在进行了风险识别与风险评估之后，结合 PPP 项目的特点进行风险管理，最终实现对 PPP 项目融资金融的有限管控，才能够真正发挥出 PPP 项目的意义。

（3）绩效监测与支付

项目实施机构督促社会资本或项目公司履行合同义务，定期检查项目产出绩效指标，编制季报和年报，并报财政部门（PPP 中心）备案。

政府有支付义务的，按照实际绩效付费。设置超额收益分享机制的，社会资本或项目公司应根据项目合同约定向政府支付应享有的超额收益。

项目实际绩效优于约定标准的，应执行奖励条款，并可作为合同能否展期的依据；未达到约定标准的，应执行惩处条款或救济措施。

（4）中期评估

项目实施机构应每 3～5 年对项目进行中期评估。

政府相关职能部门应根据国家相关法律法规对项目履行行政监管职责。

社会资本或项目公司对政府职能部门的行政监管处理决定不服的，可依法申请行政复议或提起行政诉讼。

政府、社会资本或项目公司应依法公开披露相关信息，保障公众知情权，接受社会监督。

5. 项目移交

（1）移交准备

项目实施机构或政府指定的其他机构应组建项目移交工作组，根据约定确认移交情形和补偿方式，制定资产评估和性能测试方案。

项目移交工作组应委托具有资质的资产评估机构，按照约定评估方式，对移交资产进行资产评估，作为确定补偿金额的依据。

（2）性能测试

项目移交工作组应严格按照性能测试方案和移交标准对移交资产进行性能测试。

性能测试结果不达标的，移交工作组应要求社会资本或项目公司进行恢复性修理、更新重置或提取移交维修保函。

（3）资产交割

社会资本或项目公司应将满足性能测试要求的项目资产、知识产权和技术法律文件，连同资产清单移交项目实施机构或政府指定的其他机构，办妥法律过户和管理权移交手续。

社会资本或项目公司应配合做好项目运营平稳过渡相关工作。

（4）绩效评价

项目移交完成后，财政部门（PPP 中心）应组织有关部门对项目产出、成本效益、监管成效、可持续性、PPP 应用等进行绩效评价，并按相关规定公开评价结果。

评价结果作为政府开展 PPP 管理工作的决策参考依据。

1.3.3　PPP 项目运作实务

1. BOT 模式

"建设—运营—移交"模式，即以政府和私人机构之间达成协议为前提，由政府向投资人授予特许经营权，允许其在一定时期内筹集资金建设某一基础设施并管理和经营该设施及其相应的产品与服务，期满后将设施移交给政府的模式。这是一种典型的新建特许经营项目的融资模式。

基本特点：适用于有收费机制的新建项目；吸引大量私人资本与国外资本，有效解决建设资金缺口；通过合理的风险分担机制，政府方可将项目部分风险转移给社会投资人；有利于引入先进的设计与管理方法、引进成熟的经营机制，提升基础设施项目的建设与经营效率，确保项目建设质量与项目建设进度。

BOT 模式风险分析与控制：

（1）政策风险

国家及地方政府的资信发生变化；社会环境变化；经济管制（限价）；政策变更（比如税收政策）；劳动力市场变化；战争。

风险控制：在合同文本中明确各类细节及免责条款。

（2）建设风险

前期手续办理（是否完善——项目的合法性）；工程投资总额的控制（超预算——实际项目成本的上升）；工程质量的控制（是否能顺利通过竣工验收、能否正常投入使用）；工程进度的控制（能否按时竣工、按时进入运营期，贷款利息增加等）；安全控制（避免质量安全责任事故——事关延误项目工期、经济赔偿、主要责任人处罚等）。

风险控制：积累经验、加强项目技术和财务评估、加强控制等；制定详细设备安装及运营方案，聘请第三方评估，慎选管理者。

（3）筹资风险

负债比例的合理性（资本金是否足够）；融资期限是否合理（是否短期过多）；利率风险（是否过多固定利率）；汇率风险。

风险控制：引入专业机构参与整个融资策划和方案制定。

（4）运营风险

技术风险（技术的成熟度、技术被替代、设备过时等）；经营管理风险（经营者经验、管理水平、社会责任）；生产条件风险（能源和原材料价格供应是否可靠、资源是否充足等）。

风险控制：制定详细设备安装及运营方案，聘请第三方评估，慎选管理者。

（5）收益风险

经营性项目——收益能否满足投资者的预期。竞争性项目的投入；现金收入的稳定性；税收政策的持续性；运营成本的可控性。以上因素对项目的收益构成最重要的影响，必须认真、全面评估。

风险控制：全面、细致分析风险因素，在财务评价中采用谨慎性原则，引入保底补偿机制。

以 BOT 为例的 PPP 项目结构图，如图 1-4 所示。

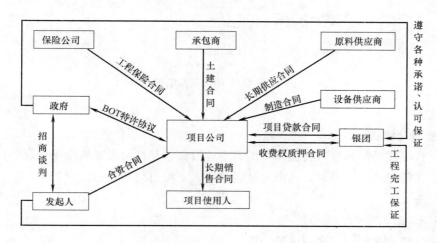

图 1-4　PPP 项目结构图示（以 BOT 为例）

2. TOT 模式

"转让—运营—移交"模式，即政府方将建成项目产权在一定期限内有偿转让给社会投资人并授权其运营管理，社会投资人通过运营项目收回投资并获取合理收益。特许经营期满后，社会投资人将项目设施移交给政府方。

（1）基本特点

TOT 模式主要应用于有收费机制的存量资产，政府方希望通过产权转让回收国有资本。由政府方负责项目建设，可以加强政府对于工程施工过程中的各种风险的控制力。BOT 与 TOT 最大区别在于目标项目工程是新建或已建。

（2）项目基本结构

TOT 项目基本结构，如图 1-5 所示。

（3）运营与移交

TOT 模式与 BOT 模式的最大区别在于没有建设环节，项目公司直接接收已建成的项目并运营。在运营环节，TOT 模式与 BOT 模式基本相同。从移交来看，TOT 模式有两次移交：第一次是确定投资人后，由政府将已建成的项目设施以有偿方式移交给项目公司；第二次是在项目结束时，由项目公司将项目设施再移交回给政府，第二次移交通常采

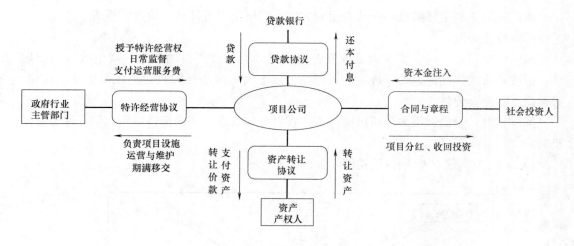

图 1-5　TOT 项目基本结构

取无偿方式。

3. 股权转让模式

股权转让模式是指政府方转让部分国有企业股权，与社会投资人成立合资公司共同经营的方式。在股权转让的同时，还可由社会投资人对项目公司进行增资扩股，扩充企业发展与建设资金。

（1）基本特点

股权转让模式多用于因产业政策的限制而要求中方控股的行业，如供热、燃气、供水等。通过转让部分国有股权，引进战略投资者，可以充分发挥社会投资人在技术与管理方面的优势，有效提高公用事业的运行效率与服务水平。盘活存量国有资产，为城市发展与基础设施建设提供建设资金。

（2）项目运作程序

股权转让模式项目运作程序与 TOT 模式基本相同。转让后的企业一般是政府控股，企业战略仍然反映政府意志。

4. 托管运营模式

托管运营是指拥有项目产权的政府方通过与运营商签订托管运营合同，将设施的运营与维护工作交给运营商完成，政府方向运营商支付服务成本与委托管理报酬；运营商对设施的日常运营与维护负责，但不承担项目投资以及与此相关的风险。

（1）基本特点

适用于项目的责任边界比较容易划分，同时其运营管理需要专业化队伍和经验的项目。政府方着眼于提高设施运营管理和服务的质量，或者政府方缺少足够专业化队伍运营管理项目。

（2）项目基本结构

托管运营项目基本结构，如图 1-6 所示。

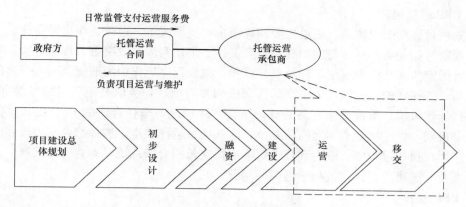

图 1-6 托管运营项目基本结构

1.3.4 PPP 理解

1. 对 BT 认识

财政部在示范项目评审中不包含 BT 项目。传统采用 BT 方式运作的没有收益的项目，在 PPP 模式下模式转变：将运营维护工作涵盖到项目公司经营服务范围；对项目公司支付采取绩效考核，根据绩效付费。

2. PPP 与特许经营

范围不同，PPP 范围较广，特许经营是 PPP 项目中采用特许的一部分项目；PPP 一般适用于政府购买服务，特许经营适用于有一定经营收益的、具有排他性的项目。

程序有所不同，PPP 项目依据财政部操作指南较多，特许经营项目目前有的依据六部委特许经营管理办法，有的参照财政部 PPP 操作指南。

目前，国家发改委正在推进特许经营立法，可能会对 PPP 操作产生一定的影响。

3. 物有所值（VFM）操作

定性 VFM 评价重点关注项目采用 PPP 模式与采用传统采购模式相比能否增加供给、优化风险分配、提高运营效率、促进创新和公平竞争等。定量 VFM 评价主要将 PPP 项目全生命周期内政府支出成本现值与公共部门比较值进行比较，两者的差值即 VFM。

PPP 成本计算考虑因素：PPP 价格（包括风险转移）、留存风险、运作风险、道德风险、监管成本、利税的增加。PSC 计算考虑因素：投资、运营成本、项目风险、政府对传统企业的支持。由于 PPP 成本和 PSC 的计算具有极大的不确定性和主观性，VFM 计算误差难以控制，容易演变成可批性数据。PPP 可能的效率提高在 10% 左右，做得好的会达到极限的 20%～30%，很多没有提高，也有效率下降的。定量 VFM 不适合用做决策，财政部规定是否做由地方政府定。

4. 财政承受能力论证

科学规划、量力而行，实现财政中长期可持续。财政支出：股权投资支出、运营补贴支出、配套设施支出、风险支出。各年度全部 PPP 项目的财政支出占全部财政预算支出的比例不超过一定数额。影响因素：财政支出承受能力、对地方债务、各行业之间的平衡。涨价会增加财政承受能力。

5. PPP 成功要素

建立项目运作组织体系，通过主要领导牵头，发展改革、财政、住房城乡建设、国土资源、规划等相关委办局参与的领导小组和工作小组，实现高效决策。程序合法、规范运作，执行国家法律、法规规定，避免私自操作，减少程序运作中的瑕疵。引入合适的专业顾问机构，选择经验、业绩较为丰富的咨询机构参与项目，吸取其他项目的经验和教训，降低项目运作风险。重视实施方案研究，结合实际情况，选择合适的 PPP 模式。创建有效的竞争机制，促进社会资本之间的竞争，降低项目运作成本，选择综合实力较强的社会资本。在协议执行过程中，政府和社会资本应树立长期合作意识，本着合作共赢、友好协商的态度及时解决项目执行过程中遇到的问题。

6. PPP 意义

政企合作、风险共担、合理回报。推广 PPP 模式的意义上升到"稳增长、促改革、调结构、惠民生、防风险"的战略高度。从国务院、相关部委、行业协会及各地政府已经推出的 PPP 相关法规政策来看，在 PPP 模式下，政府方志在"三破"——破题、破局、破四旧，而社会资本却有"三怕"——怕陷阱、怕违约、怕反复。对于这"三破三怕"，要"财政主导、减债先行、广开门户、各取所需、物有所值、量入为出、风险共担、利益共享、绩效监测、善始善终"。

突出公共服务，竞争性选择，吸引优势的社会资本，平等协商，加强合同管控与绩效评价等。突出增加了对于大众创业和经济增长部分，PPP 已超越在优化公共服务供给和化解政府债务方面的意义，外延得到了很大拓展。强调政府和社会资本的对等关系和契约理念，财政部一直以来的制度建设都意在加强 PPP 的法制化约束，尤其是对于政府，包括公开透明的要求等，都是为了尽可能打消社会资本的顾虑，增强社会资本参与的积极性。

1.4 节能减排发展趋势

1.4.1 污水处理厂节能发展趋势

当前，能耗问题已成为我国污水处理的瓶颈，必须高度重视。对于污水处理厂节能降耗来说，应加强对先进污水处理原理的研究，分析耗能原因，发掘节能潜力，提高经济效益，有利于缓解社会能源日益紧张的局面。可从工艺选择、设备选用、污泥处理与处置方法选择等方面优化控制。

2016 年 11 月 16 日，国家能源局发布当年 10 月份全社会用电量等数据。10 月份，全社会用电量 4890 亿 kWh，同比增长 7.0%。1～10 月，全社会用电量累计 48776 亿 kWh，同比增长 4.8%。剔除 2 月份闰月因素，日均同比增长 4.4%。

污水处理厂的能耗主要是电耗，处理每吨污水耗电约 0.2～0.3kWh，电费约占污水处理成本的 50%～70%。目前，中国有 3800 多座污水处理厂，能耗约占全社会用电量的 0.3%。美国城市供水和污水处理系统的能耗约占全年总电力生产的 3%～4%。在欧洲，仅采取以节能降耗为目标的提效改造措施和高效厌氧硝化回收能量等传统技术，城镇污水处理能源自给率就可达到 60% 以上。

污水处理能耗通常包括电能、燃料及药剂等，其中电耗占总能耗的 60%～90%。电能消耗主要用于污水污泥的提升、生物处理的供氧和混合搅拌、污泥的处理处置、附属建筑用电和厂区照明等。我国污水处理厂二级处理（含污泥）电耗 $0.190\sim0.360kWh/m^3$，平均 $0.285kWh/m^3$（其中上海 $0.190\sim0.440kWh/m^3$），高于美国的 $0.200kWh/m^3$ 和日本的 $0.243kWh/m^3$，比欧洲的 $0.320kWh/m^3$ 低。

曝气系统节能与其设备的供氧效率及曝气量的控制等方面关系密切。比如：曝气器的类型、布置、氧的利用效率（E_a）、动力效率（E_p）、布气均匀性等。曝气的能耗水平由动力效率（E_p）反映，微气泡曝气系统可提高氧转移效率，微孔曝气器可节约风量 20%以上。因而，维护和保养好曝气系统，相当关键。通过仪表、控制和自动化技术合理控制曝气量，可提高污水处理系统 10%～30%的能力，也是提高调控管理水平的重要技术手段之一。

缺氧区的低 DO 环境往往被高 DO 的内回流液破坏，缺氧区的反硝化效果变差。而智能控制曝气池的 DO，既优化了工艺，又是一个很好的节能办法，20%的能耗节约量可通过智能曝气控制 DO 达到，而 9%左右曝气能耗可通过前馈反馈方式控制 DO 来实现。

国外专家对污水处理 DO 控制技术进行了大量研究。1954 年，Briggs 等人第一次尝试用半连色度计测定 DO，在 1957 年又用汞电极替换了色度计，DO 传感器成功应用于 20世纪 70 年代初的许多污水处理厂。1967 年，Briggs 对 DO 后反馈控制进行了中试研究，1973 年，在 RyeMeads 污水处理厂进行了生产性试验。据此，1973 年 Meredith 在牛津市污水处理厂实施了 DO 控制。而 1969 年，Paul Brouzes 在法国进行了 DO 演示。1973 年，在美国 Petersack 实施了 DO 控制。1977 年，在日本三河岛污水处理厂进行了 DO 控制。曝气池出口 DO 通过反馈控制器控制气流控制阀。

针对间歇曝气法的研究重点在好氧阶段曝气和非曝气时间控制。根据 DO、ORP、pH 等参数形成的"氨谷"与反硝化对应的控制点适时控制方法，对 SBR 工艺中间歇曝气系统的硝化和反硝化过程进行了控制研究。总的来说，国内污水处理自动化水平不高，以采集数据和简单控制居多，污水处理曝气系统的优化控制经验还较少，挑战很大。

1. 污水处理厂工艺选择

采用合理的污水处理工艺是污水处理厂节能的重要环节。对于工艺的选择，需要考虑污水处理的要求及处理工艺的先进性与适用性；工艺流程简洁流畅，工程建设造价经济、合理控制；运行稳定可靠，运行费用低廉，维护管理方便。

在国内，北京某公司就曾提出污水处理三个全目标：全收集、全处理、全回用概念，其超滤膜、MBR、臭氧消毒、曝气生物滤池（BAF）、反硝化生物滤池（DNBF）等工艺应用良好。

例如，某污水处理厂就采用以下工艺技术：

（1）曝气系统配气调节技术。生化处理单元分两组设计，每组好氧池分七个廊道，曝气管按生物生长及生化反应各阶段需氧量的规律布置，合理分配供氧量。鼓风机通过总管向每个生化处理单元供气，不同的处理单元在相同时刻的需气量也会变化。该技术的实质为：合理调节不同阀门之间的开度组合，既可以满足不同生化处理单元的曝气强度需要，又使得调节造成的压力损失最小，使鼓风机能耗最低。

（2）生化池进水比例控制技术。根据不同进水水质，不同季节，生物脱氮和生物除磷所需碳源的变化，调节分配至缺氧段和厌氧段的进水比例，保证反硝化和除磷效果。

2. 污水处理厂设备选择

污水处理厂在选择设备时，必须同时考虑设备价格、备品备件价格、运行费用、稳定性能等。污水处理厂吨水电耗能否达到较低水平，同设备选型和使用有密切关系。

（1）变频器

曝气池是污水处理厂耗能最大的构筑物，其节能的关键在于选择氧转移率高的曝气装置。风机要配备变频器，可以调节曝气量，根据溶解氧来控制。

（2）鼓风机选择

采用单级高速离心鼓风机可以大大降低能耗。

（3）科学合理选泵

使水泵在高效率区间运行，能耗较低。提高水泵运行效率的措施有：合理确定水泵的型号和台数；采用合理的液位控制；采用变频调速控制；自动调节曝气设备供氧量；高效电机。

污水泵站的控制方式是降低能耗的关键之一，通常采用提升泵的流量调节来节能；采用多台水泵对位控制、变速控制等方法，来适应泵房来水量的变化。

3. 污泥的处理

运营费用中，除了电耗，污泥的处理费占了一定的比例。

（1）将污泥从污染物转化为可利用的资源是一种科学而且成本低的处置方式，符合循环经济方向。污泥处置能力要留有合适的余地，以便运行操作灵活，当水质水量超负荷时，也可进行改造。

（2）预处理的重要性。良好的格栅系统，可大大减少污泥量，降低污泥处理费用。因此，5～10mm 的细格栅不能完全满足要求，1～3mm 的超细格栅，往往是较好的选择。另外，高效率的除砂系统，不但延长后续设备的使用寿命，也能减少污泥的产量。

4. 热能回收

如果进入系统调节池的水温超过 45℃，则要采取热能回收，根据需要用热的具体情况，选用不同的热回收方式。

1.4.2 污水处理厂减排发展趋势

污水处理行业在得到了大力发展的同时，也逐渐成为能源密集的行业之一。如何实现污水处理厂的节能降耗，完成减排目标，已成为十分重要的课题。

目前，我国的城镇污水处理厂数量已进入全世界的前列，从污染减排的视角出发，污水处理厂的运营必将转入加强绩效管理阶段。但由于运营资金缺乏，导致很多地区污水处理厂运行水平较低。降低运行成本，提高运行效率，节能降耗是关键。在污水处理厂的绩效考核当中，能效是重要的方面之一。高电耗造成了较高的污水处理运行成本，因此，污水处理厂的节能降耗主要是节电能，降药耗。

"十一五"期间，我国 COD 减排 10% 的成绩中，污水行业的贡献率达到 70%，相对于结构减排、管理减排两大减排方向，作为工程减排中的一部分——污水处理减排，取得了非常突出的成绩。"十二五"期间，我国提前完成了 COD 减排 8%、氨氮减排 10% 的计划目标。

"十一五"期间，污水处理行业主要是通过污水处理厂的大规模建设来实现减排任务，实现方式和方法相对容易。"十二五"期间，我国污水处理行业的重点转向小城镇污水处理设施及污水处理厂升级改造，通过全覆盖来实现"十二五"分配给污水处理行业的减排任务相当艰巨。"十二五"期间，我国污水处理行业的投资及治理重点为污水处理、再生水利用、污泥处理处置、管网建设四方面，分别以污水处理率、再生水回用率、污泥处理处置率、管网铺设率四方面的指标来严格要求。为进一步保护水资源，改善水环境，国家在把化学需氧量作为减排约束性指标的基础上，"十二五"期间又增加了氨氮。要完成这个目标，除新上减排工程措施外，还需对已有减排工程设施，如先期建设效率低下的污水处理厂进行改造，挖掘减排潜力。"十三五"期间，环境保护部对主要污染物总量减排提出了以环境质量改善为主线，实施环境质量和污染排放总量双控、协同控制，实施分区域、分行业差别化总量控制要求，加强污染物排放浓度、速率、总量的时空精细化减排管理的总体思路。

对于污水处理设施运行节能降耗的推进，一方面，要从政策上促进污水处理厂的主动性，另一方面，我国污水处理设施运行人员紧缺，人才的专业培训是节能降耗的另一关键要素。

对于具备条件的污水处理厂，采用超滤加反渗透双膜过滤工艺，生产再生水，进行回用，不仅减排显著，满足了周边企业的用水需求，同时也给污水处理厂增加了效益。

除了对污水处理厂进行扩容、提质、增效外，污水处理厂的长期稳定运转也是保证污染减排任务完成的关键所在。确保建成的污水处理厂处理设施长期稳定地运行，发挥环保设施的效益，实现达标排放。同时要尽快将新建的污水处理厂纳入减排考核指标体系，积极为污染减排发挥作用，真正通过工程减排，实现污染减排由量变到质变的飞跃。

1.4.3　"十三五"污水处理及再生利用规划

根据《中华人民共和国国民经济和社会发展第十三个五年规划纲要》、《中共中央国务院关于加快推进生态文明建设的意见》和《国务院关于印发水污染防治行动计划的通知》，为指导各地加快建设城镇污水处理及再生利用设施，国家发展改革委和住房城乡建设部编制了《"十三五"全国城镇污水处理及再生利用设施建设规划》。

"十二五"期间，截至 2015 年底，全国城镇污水设施处理能力已达到 2.17 亿 m^3/d，其中设市城市污水处理率达到 92%，县城污水处理率达到 85%，全国城镇污水处理设施建设基本完成"十二五"规划目标。

牢固树立"创新、协调、绿色、开放、共享"的发展理念，尊重并顺应城镇发展规律，严格遵循"节水优先、空间均衡、系统治理、两手发力"的治水方针，以改善水环境质量为核心，倒逼城镇污水处理设施建设和升级改造，统筹规划、科学引导，加快形成"系统协调、绿色生态、提质增效"的污水处理与再生利用设施建设格局。

尊重自然，统筹规划。全面落实生态文明理念，将污水处理作为改善城镇水生态环境的关键环节，坚持城镇污水处理设施建设与经济社会发展水平相协调，与城镇发展总体规划相衔接，与环境改善需求相适应。

系统协调，提质增效。按照经济适用、节约资源、高效有序的要求，科学规划城镇污水处理设施建设，提高设施运行效率，有效改善水环境质量。加快城镇污水处理设施和管网建设改造，厂网配套、泥水并重，提高污水收集能力，加快推进污泥无害化处置设施建设。

问题导向，突出重点。以修复城市水生态环境、整治城市黑臭水体、缓解水资源紧缺等突出问题为导向，重点优化污水收集与处理设施的空间布局，提高城镇污水处理及再生利用水平、加快推进污水管网改造、排水口及检查井渗漏整治，开展城市建成区初期雨水污染治理。

政府主导，加强监管。坚持政府主导，明确责任主体，加大资金投入。健全有效的监管和绩效考核制度，健全城市水环境信息公开制度，完善公众参与制度，强化运营监管，全面提升管理水平，确保设施高效、稳定运行。

到 2020 年，全国所有设市城市、县城和建制镇具备污水收集能力，所有设市城市、县城及部分建制镇具备污水集中处理能力，实现城镇污水处理设施全覆盖。地级及以上城市建成区黑臭水体比例控制在 10% 以内。其中，直辖市、省会城市、计划单列市建成区应于 2017 年底前基本消除。城市污水处理率达到 95%，县城达到 90%，建制镇达到 70%；京津冀、长三角、珠三角等区域提前一年完成。城市污泥无害化处理率达到 90%，县城达到 70%，建制镇达到 50%。再生水利用率进一步提高，其中，一般地区不低于 15%，缺水地区不低于 20%，京津冀地区不低于 30%。

2016 年 12 月，国家发展改革委与住房城乡建设部联合发布了《"十三五"全国城镇污水处理及再生利用设施建设规划》，统筹推进"十三五"全国城镇污水处理及再生利用设施建设工作。投资估算显示，"十三五"城镇污水处理及再生利用设施建设共投资约 5644 亿元。其中，各类设施建设投资 5600 亿元，监管能力建设投资 44 亿元。设施建设投资中，新建配套污水管网投资 2134 亿元，老旧污水管网改造投资 494 亿元，雨污合流管网改造投资 501 亿元，新增污水处理设施投资 1506 亿元，提标改造污水处理设施投资 432 亿元，新增或改造污泥无害化处理处置设施投资 294 亿元，新增再生水生产设施投资 158 亿元，初期雨水污染治理设施投资 81 亿元。"十三五"期间，地级及以上城市黑臭水体整治控源截污涉及的设施建设投资约 1700 亿元，已分项计入规划重点建设任务投资中。

"十三五"期间，规划新增污水管网 12.59 万 km，老旧污水管网改造 2.77 万 km，合流制管网改造 2.88 万 km，新增污水处理设施规模 5022 万 m^3/d，提标改造污水处理设施规模 4220 万 m^3/d，新增污泥（以含水 80% 湿污泥计）无害化处置规模 6.01 万 t/d，新增再生水利用设施规模 1505 万 m^3/d，新增初期雨水治理设施规模 831 万 m^3/d，加强监管能力建设，初步形成全国统一、全面覆盖的城镇排水与污水处理监管体系。

第 2 章　托管运营涉及的污水处理

2.1　污水

2.1.1　污水性质

污水中的污染物质，在不同地区、不同季节，呈现出复杂多样性的特点。其含有的污染物质不同，对环境造成的危害程度也不一样。它有物理性质、化学性质等方面的特征。

污水物理性质的主要指标有：温度、色度、臭味、固体物质等。见表 2-1 所列。

污水物理性质指标

表 2-1

类别	温度	色度	臭味	固体物质
污水物理性质	水温升高影响水生生物的生存，溶解氧减少，加速耗氧反应，导致水体缺氧或水质恶化。工业废水排出温度较高，生活污水稳定	生活污水的颜色呈灰色，工业废水的色度则因行业不同差异很大，如印染、造纸等生产污水的色度很高	天然的水是无嗅无味的。生活污水的臭味主要由有机物腐败产生的气体造成，主要来源于还原性硫和氮的化合物。工业废水的臭味主要由挥发性化合物造成	包括溶解性物质和悬浮性固体

污水化学性质的主要指标有：BOD_5、COD、总有机碳和酚类污染物等。见表 2-2 所列。

污水部分化学性质指标（mg/L）

表 2-2

类别	BOD_5	COD	TOC	酚类污染物
污水化学性质	第 5 天好氧微生物氧化分解单位体积水中有机物所消耗的游离氧的数量	化学需氧量。水样在一定条件下，以氧化 1L 水样中还原性物质所消耗的氧化剂的量为指标，折算成每升水样全部被氧化后，需要的氧的毫克数	总有机碳是指水体中溶解性和悬浮性有机含碳的总量。水中有机物的种类很多，目前还不能全部进行分离鉴定	酚类化合物是有毒有害污染物。水体受酚类化合物污染后影响水产品的质量和产量，酚浓度达到0.1～0.2mg/L 时，鱼肉就有酚味，浓度高时引起鱼类大量死亡。酚的毒性可抑制水中微生物（如细菌、藻）的自然生长速度，有时甚至使其停止生长

在污水中的有机物按被微生物降解的难易程度可分为两类：可生物降解有机物和难生物降解有机物。对于同一种水样，同时测定其 COD 和 BOD_5，则两者的差值大致等于难生物降解的有机物量。差值越大，表明污水中难生物降解的有机物量越多，越不宜采用生物处理方法。BOD_5/COD 的比值，可以用来判别污水是否可以生化处理。一般认为比值大于 0.3 的污水，基本能采用生物处理方法。据统计，城市污水 BOD_5/COD 的比值一般在 0.4～0.65 之间。

2.1.2　污水分类和组成

　　根据来源，污水分为：生活污水、工业废水、初期雨水。见表2-3所列。水的污染有两类：一类是自然污染，一类是人为污染。对水体危害较大的是人为污染。水污染根据污染性质不同主要分为：化学性污染、物理性污染和生物性污染三大类。污水的主要污染物有：病原体污染物、耗氧污染物、植物营养物、有毒污染物等。

污水分类　　　　　　　　　　　　　　　　表 2-3

类别	生活污水	工业废水	初期雨水
污水分类	生活污水是指人类日常活动中产生的污水，包括厕所粪尿、洗衣洗澡水、厨房洗涤水等。它含有漂浮和悬浮的大小固体颗粒、胶状和凝胶状扩散物、纯溶液	工业废水是指工业生产过程中产生的废水、污水和废液,其中含有随水流失的工业生产用料、中间产物和产品以及生产过程中产生的污染物	降雨起始,雨水溶解了空气中的大量酸性气体、汽车尾气、工厂废气等污染性气体,降落地面后,又由于冲刷沥青油毡屋面、沥青混凝土道路、建筑工地等,使得前期雨水中又含有大量的有机物、病原体、重金属、油脂、悬浮固体等污染物质

　　污水的组成如图 2-1 所示。

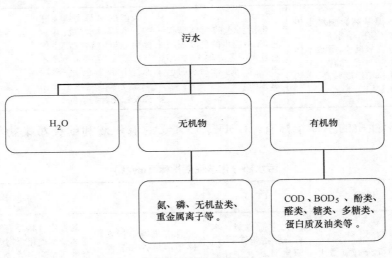

图 2-1　污水的组成

2.1.3　污水中的污泥

　　污水中的大颗粒物质会产生沉淀，形成污泥。一般见于管道、检查井、跌水井中，还有污水处理厂的沉砂池、初沉池内。胶体和可溶性物质会在曝气处理后生长成活性污泥，在二沉池中沉淀。

　　污泥一部分是污水在排放时含有的悬浮物沉积造成，另一部分是管道、河道中的泥土或者其他杂质进入水中后沉淀造成。

　　污泥如果处理处置不当，其含有的重金属和病原体等会对环境造成二次污染，大幅增加环境治理成本。

2.2　污水处理流程

2.2.1　污水收集

污水的收集主要通过污水截流管道、污水提升泵站等环节来完成。

（1）厂矿企业、居民小区等内部管网系统，污水、雨水池及泵站。

（2）城市污水管网系统，可分为雨污合流制和雨污分流制两种形式。雨污合流制多存在于老城区，而新建城区多采用雨污分流制形式。

（3）污水和雨水一般采用自流形式输送，达到一定深度后，必须由污水和雨水泵站来提升。必要时，还需要多次提升加压。

（4）污水和初期雨水经收集后，输送至污水处理厂集中处理。

2.2.2　污水混凝、沉淀、过滤

混凝、沉淀工艺主要能有效去除污水中呈胶体和悬浮状态的有机和无机污染物，能够有效去除污水的色度、浊度及磷，但不能去除水中溶解的有机物及氮。混凝剂的选用很关键，通过试验比选出合适的混凝剂，确定投加剂量，与污水中的颗粒混合絮凝，达到沉淀去除的效果。

混凝、沉淀工艺在污水深度处理中作用如下：

（1）去除污水中呈胶体和悬浮状态的有机和无机污染物；去除污水的色度和浊度。

（2）因污水中的磷酸盐大部分具有可溶性，一级处理去除量很少，一般的二级处理也只能去除 $20\%\sim40\%$，强化二级处理则可大幅度提高除磷率至 $60\%\sim75\%$。混凝、沉淀能除磷 90% 以上，是最有效的除磷方法之一。

污水过滤主要是去除一些细微颗粒等物质：

（1）去除生物过程和化学澄清中未能沉降的颗粒和胶状物质。

（2）增强去除 SS、浊度、TP、BOD_5、COD、重金属、细菌、病毒和其他物质。

（3）去除悬浮物和其他干扰物质，提高消毒效率，降低消毒剂使用量。

2.2.3　污水活性炭吸附、消毒、膜技术

活性炭含有大量微孔，比表面积大，对表面活性剂、酚、农药、燃料、难生物降解有机物和重金属离子等难去除的物质具有较高的处理效率。

活性炭一般分为颗粒活性炭和粉末活性炭两类。粉末活性炭吸附能力强，制作容易，但再生比较困难。颗粒活性炭价格贵，可再生重复利用。

活性炭的强吸附性能与其较大的比表面积有关。在炭粒活化过程中，晶格间生成的孔隙形成各种形状和大小的孔，其孔壁的面积就是活性炭的总表面积，吸附作用主要发生在这些细孔的表面上。活性炭在活化过程中，可使其表面活性增强，因而活性炭不仅可以去除水中非极性物质，还可吸附极性物质，甚至某些微量的金属离子及其化合物。

活性炭吸附原理是：活性炭是由含碳为主的物质作为原料，经高温炭化和活化制成的吸附剂。用煤、果壳、木屑等作为原料，经成型、破碎、炭化、活化，制成活性炭产品。

活性炭吸附特性不仅受到细孔结构的影响，而且受到活性炭表面化学性质的影响。活性炭为非极性吸附剂，可吸附水中非极性、弱极性有机物质。活性炭的吸附形式分为物理吸附与化学吸附。物理吸附是通过分子力的吸附，与范德华力有关。物理吸附是可逆的，选择性低，可多层吸附，脱附容易。化学吸附与价键力相结合，是一个放热过程，化学吸附有选择性，只对某种或某几种特定物质起作用。化学吸附不可逆，比较稳定，不易脱附。吸附饱和后，经过再生，活性炭可以重复使用，再生的目的就是在吸附剂本身结构不发生或很少发生变化的情况下，用某种方法把吸附质从吸附剂的细孔中除去，以便能够重复使用。

污水消毒以灭活水中病原微生物为目的，常见消毒方式包括氯消毒、二氧化氯消毒、紫外线消毒、臭氧消毒或各种组合消毒。见表 2-4 所列。

污水的主要消毒方式

表 2-4

消毒类别	氯气	二氧化氯	紫外线	臭氧
消毒方式	1. 适用于污水再生处理设施出水的消毒及管网末梢的余氯保持等。 2. 技术成熟，成本低，具有广谱的微生物灭活效果，余氯具有持续杀菌作用，剂量控制灵活可变	1. 适用于污水再生处理设施出水消毒。 2. 现场制备，具有优良的广谱微生物灭活效果和氧化作用	1. 适用于污水再生处理设施出水消毒。 2. 不使用化学药品，具有广谱的微生物灭活效果；接触时间短，基本上不产生消毒副产物	1. 适用于污水再生处理设施出水消毒。 2. 现场制备，具有广谱的微生物灭活效果；同时兼有去除色度、嗅味和部分有毒有害有机物的作用

膜技术是高效污水深度处理工艺，在某种外加推动力的作用下，利用生物膜或合成膜的分离透过性，截流吸附水中的悬浮物、溶解性有机物等污染物质。可以利用不同特性或结构的膜，使不同大小的微粒或分子从污水中"渗透"出来，从而达到净化污水的目的。膜分离能完成其他过滤所不能完成的任务，可以去除更细小的杂质，去除溶解态的有机物和无机物，甚至是盐。利用电位差的膜法有电渗析（ED）和倒极电渗析；利用压力差的膜法有微滤、超滤、纳滤、反渗透。膜分离过程不发生相变化，能量转化率高，分离和浓缩同时进行，能回收有价值的物质，根据膜的选择透过性和膜孔径的大小及膜的荷电特性，可以将不同粒径、不同性质的物质分开，使物质纯化而不改变其原有的理化性质。同时，膜分离过程不会破坏对热不稳定的物质，高温下即可分离，而且不需投加药剂，可节省原材料和化学药品。另外，膜分离适应性强，操作及维护方便，易于实现自控。

2.3 污水处理工艺

污水处理工艺应根据待处理的污水水质、出水要求、处理规模、污泥处置方案以及气温、工程地质、环境等条件来慎重选择，并考虑运行管理的方便性、可靠性和前期已建工艺工程的协调性。设计应因地制宜，结合实际情况，可适度引进一些新技术和新设备。近年来，对污水中难降解有机污染物，采用投加降解酶或高效微生物，以增强系统对特定污染物降解能力的生物强化技术。通过筛选和富集自然界存在的高效微生物并将之固定化，或借助分子生物学手段，利用质粒转移、基因重组等方法人为创造细菌，为进一步提高废水生物处理技术的能力提供了可能。

污水处理厂的处理工艺大都采用一级处理、二级处理和三级处理。一级处理是采用物理方法，主要通过格栅拦截、沉淀等手段去除废水中大块悬浮物和砂粒等物质。二级处理则是采用生化方法，主要通过微生物的生命运动等手段来去除废水中的悬浮性、溶解性有机物，以及氮、磷等营养物质，代表性的工艺有：传统活性污泥法、氧化沟、AO 或 A^2/O、SBR 及其变形 CAST 工艺等，这些技术各有优势。三级处理又称深度处理，包括混凝、沉淀、过滤、活性炭吸附、臭氧氧化以及膜技术等。

2.3.1　A^2/O 工艺技术

A^2/O 工艺（Anaerobic-Anoxic-Oxic）的核心主要有厌氧—缺氧—好氧，是在生物除氮方法的基础上演化而成的同步除磷脱氮污水处理工艺。要有效去除氮、磷，污水中的碳氮比（C/N）至少为 4～5。假如进水碳氮比低，碳源不够，反硝化能力差，很多未被反硝化的硝酸盐随外回流进入厌氧区，干扰厌氧释磷，必然会影响整体脱氮除磷效果。

利用聚磷菌的微生物进行生物除磷，它能过量地、在数量上超出其生理需要地从外部环境摄取磷，将磷以聚合的形态贮藏在菌体内，形成高磷污泥排到系统外，实现从污水中去除磷。由此可见，聚磷菌具有厌氧条件下释放磷、好氧条件下过量摄取磷的特殊功能。

1. 传统 A^2/O 工艺

A^2/O 工艺设计中采用污泥负荷法、泥龄法等经验来解决其高耗能问题，常规生物脱氮除磷工艺呈厌氧（A^1）—缺氧（A^2）—好氧（O）的布置形式。如图 2-2 所示。

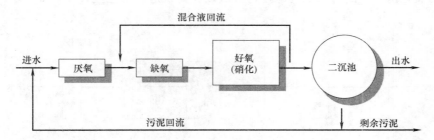

图 2-2　A^2/O 工艺流程图

该工艺布置的理论基础是：聚磷微生物是否具有有效释磷水平，对于提高系统的除磷能力意义重大，厌氧区在前，可以使聚磷微生物优先获得碳源并得以充分释放磷。A^2/O工艺是根据活性污泥微生物的特性，即在完成硝化、反硝化以及生物除磷过程中对环境条件的不同要求，在不同的池子区域分别设置厌氧区、缺氧区和好氧区。一般来说，A^2/O工艺除磷脱氮效果较好，出水水质较稳定，在国内外大中型城市污水处理厂采用较多。

2. 倒置 A^2/O 工艺

倒置 A^2/O 工艺，如图 2-3 所示，是在改进污水处理厂工艺的基础上提出来的，目的是要解决碳氮比低，碳源不足问题，解决反硝化和除磷竞争碳源的情况。将缺氧区设置在厌氧区前，取消内回流，增加外回流提高系统污泥浓度并将硝酸盐回流至缺氧段，改变了以往先将进水中优质碳源满足厌氧除磷的做法。在高效去除碳的同时，氮磷去除均大于95%，出水总氮小于 15mg/L，总磷小于 1mg/L。该工艺投资省、费用低、电耗小、效率高、运行稳定、管理方便，适合新厂建设和老厂改造。

35

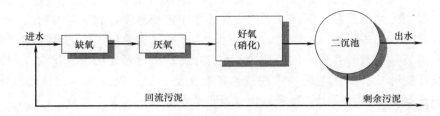

图 2-3　倒置 A^2/O 工艺

2.3.2　BAF 工艺技术

1. 生物滤池工艺

生物滤池底部设有进水管和排泥管，中上部是填料层，填料顶部装有挡板并安装有出水滤头。内部设有回流泵，用于将滤池出水回流到滤池底部，实现反硝化。置于填料层内的空气管用于曝气供氧。生物滤池上部为好氧区，下部为缺氧区。污水处理厂二级处理出水，与经过硝化后的滤池出水，按照回流比混合后通过滤池进水管进入滤池底部，并向上首先流经填料层的缺氧区进行反硝化。填料上的微生物利用进水中的溶解氧和反硝化过程中生成的氧降解 BOD，同时，SS 被填料及其上面的生物膜吸附截留在滤床内，NH$_3$-N 发生硝化反应。流出填料层的净化水通过滤池挡板上的滤头排出滤池。选择生物滤池工艺，对采用氧化沟工艺的污水处理厂进行升级改造，改造后工艺流程图，如图 2-4 所示。

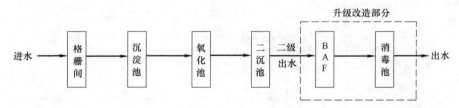

图 2-4　氧化沟＋BAF 工艺流程

2. 生物滤池工艺的优点

（1）去除 SS 的同时还可以有效去除污水中的溶解性有机物和氮。

（2）生物滤池内生物量大，处理负荷高，水处理构筑物容积小，占地少。

（3）出水水质稳定，品质优良。

3. 生物滤池工艺的缺点

（1）生物滤池对进水 SS 的要求较高，理论上应保证 SS 低于 100mg/L，实际应低于 60mg/L，否则会堵塞生物滤池，很难正常运行。

（2）生物滤池工艺水头损失大，进水出水升级改造部分二级出水工艺流程动力消耗大，造成运行成本增加。

（3）生物滤池工艺由于必须定期进行反冲洗，当多池并联运行时，必须自动化控制，导致维护量大，成本增加。

（4）工程投资较大。

2.3.3　MBR 工艺技术

MBR 工艺是悬浮培养生物处理法（活性污泥法）和膜分离技术的结合，其中膜分离工艺代替传统的活性污泥法中的二沉池，起到把生物处理工艺所依赖的微生物从生物培养液（混合液）中分离出来的作用，从而微生物得以在生化反应池内保留下来，同时保证出水中基本上不含微生物和其他悬浮物。

MBR 工艺示意图，如图 2-5 所示。

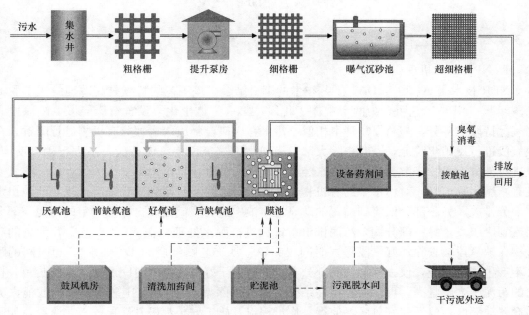

图 2-5　某污水处理厂 MBR 工艺示意图

MBR 系统中膜对溶解性有机物的去除来自三个方面的作用：膜孔本身的截留过滤作用；膜孔和膜表面的吸附作用；膜表面形成的沉积层（滤饼层）的过滤、吸附作用。其中，膜表面沉积层（滤饼层）的截留去除作用贡献最大，是主要作用，其他部分是由膜表面和膜孔的吸附作用完成。实际上，膜孔本身截留作用，只能去除溶解性有机物中分子量大于膜的截留分子量的大分子有机物，其贡献最小。

MBR 的结构及工作机理：MBR 是一种将污水的生物处理和膜过滤技术相结合的高效废水生物处理工艺。它把膜分离技术和生物技术结合起来，采用膜组件取代常规二级生化处理工艺中二沉池、砂滤、消毒等单元，用超（微）滤膜对曝气池出水直接进行过滤。

常见的一体式 MBR 的结构（图 2-6）将膜组件直接置入生物反应器内，曝气器放在膜组件的下面，通过真空泵进行抽

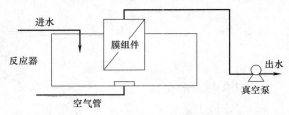

图 2-6　一体式 MBR 结构示意图

吸，得到过滤液。MBR 作为污水经二级处理后的深度处理工艺流程，如图 2-7 所示。

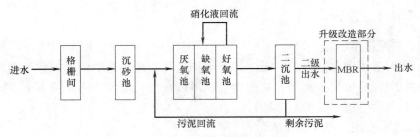

图 2-7 A^2/O＋MBR 工艺流程

2.3.4 NPR 工艺技术

1. NPR 工作机理

NPR 技术是 A^2/O 与 BAF 工艺技术的有机结合。该工艺的特点是高效地解决了脱氮除磷问题。NPR 工艺可分为两个主体生化段，第一主体生化段设置有厌氧段、缺氧段和好氧保持段三部分，与 A^2/O 基本相似。污水在厌氧段释放磷、部分有机物进行降解，在缺氧段进行反硝化脱氮，同时去除大部分有机物。好氧段为氧保持段，不进行硝化反应，只进行部分有机物降解。好氧段出水经二沉池沉降处理后，进入第二主体生物段。该段安装有新型生物填料，对污水中的有机物、氨氮、磷进一步吸附和生物降解。生物滤池出水一部分排放，另一部分回流到前置的缺氧反应池中进行反硝化。二沉池产生的污泥一部分回流到厌氧段，另一部分剩余污泥排出系统后进行脱水处理。在 NPR 工艺中，大量的有机物在缺氧段被去除；好氧段曝气时间仅为 A^2/O 工艺曝气段的 1/5～1/4，短时间的曝气不产生硝化反应，仅去除剩余的部分有机物；由于好氧段曝气时间缩短，污泥龄短，排出的污泥中含磷量高，可以明显提高系统对磷的去除率。在 NPR 工艺中，生物滤池内无需设置缺氧区，仅设置好氧区，使得操作过程以及施工安装都极其简单。工艺流程，如图 2-8 所示。

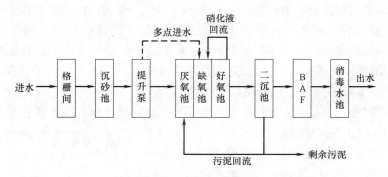

图 2-8 NPR 工艺流程

2. NPR 技术的优点

（1）NPR 工艺好氧段与 A^2/O 的好氧段完全不同，NPR 工艺中好氧段实质上是溶解氧的保持段，水力停留时间仅为 A^2/O 工艺的 1/5～1/4，容积很小，相应减少了占地面积及工程造价。

（2）NPR 工艺中好氧段由于不进行硝化，混合液中硝态氮很少，因此，在二沉池中几乎没有反硝化发生，也不产生 N_2，这样改善了污泥的沉降性能，使污泥不易上浮，二沉池表面负荷也可明显提高，水力停留时间缩短，池容减小，出水中 SS 降低。

（3）NPR 工艺中，由于二沉池分离出的回流污泥中不含硝酸盐和亚硝酸盐，当其回流至厌氧段后，无氧的释放过程，从而容易形成良好的厌氧过程，提高了回流污泥中微生物对磷的释放效果，也同时改善了好氧段聚磷菌对磷的摄取作用。特别是 NPR 工艺中污泥龄很短，污泥产出率相对提高，这样大大提高了磷的去除效果。根据实际工程应用结果，总磷去除率可达到 80％以上。

（4）NPR 工艺是 A^2/O 工艺与 BAF 工艺相结合的产物，二沉池出水中 SS 浓度一般可低于 40mg/L。这样就保证了 BAF 进水中 SS 浓度低于 60mg/L 的要求，有效地避免了生物滤池堵塞问题，同时 NPR 工艺又充分利用了生物滤池中可以内装对 NH_3-N 具有吸附作用的滤料，生物量可以提高，NH_3-N 硝化过程可以强化，有利于对污水进行深度处理，从而保证了出水的品质。一般而言，可以使出水水质达到中水回用水平，与传统的三级处理工艺相比（二级生化，一级物化）大大缩短了工艺流程，省去了混凝加药过程，大幅度降低了污水处理成本。

（5）在 NPR 工艺中，NH_3-N 的硝化过程是在后置的生物滤池中完成，硝化液回流到前置的缺氧段中，这样省去了典型的 BAF 工艺在生物滤池中设置缺氧层进行反硝化的复杂过程，简化了操作，提高了脱氮效果，总氮去除率可达到 90％以上。

（6）虽然 NPR 工艺在二沉池之后增加了生物滤池，在选用专用填料的条件下，其水力停留时间仅为 1.5～2h。全流程总的水力停留时间为 4～5h，与传统 A^2/O 工艺相比，池容积并未增加，只是空间上进行了分割，构筑物增加了一个，并未增加工程投资与运行成本。这样在支付了 A^2/O 二级处理效果成本的条件下，却得到了三级处理的高品质用水。

（7）NPR 工艺中硝化液从生物滤池回流到缺氧段，与 A^2/O 工艺中硝化液从曝气池末端回流相比，并不增加投资和动力费用。

（8）NPR 中硝化液回流后，二沉池系统应增加水力负荷，但是由于进入二沉池的污泥沉降性能改善，表面负荷提高，二沉池的容积几乎不增加。因此，NPR 工艺的工程投资、运行成本费几乎与 A^2/O 相同，但其出水水质比 A^2/O 大大提高。

3. NPR 技术的缺点

（1）生物滤池工艺部分的水头损失大，动力消耗大。

（2）生物滤池工艺部分由于必须定期反冲洗，当多池并联运行时，必须自动控制，导致维护管理复杂。

4. NPR 技术的应用前景

NPR 工艺与传统的活性污泥工艺相比，在同等的投资费用和运行成本条件下，可以直接将城市污水处理成回用水水质，生物除磷效果可以提高 2 倍以上，脱氮效率可以提高 50％～70％。因此，NPR 工艺具有广阔的应用前景。

2.3.5　CNR 工艺技术

1. CNR 技术

CNR（纤毛状生物膜脱氮除磷）技术是在活性污泥法好氧池中，通过使用有选择性吸

附 NH_4^+ 离子能力的纤毛状生物填料（图 2-9），增加好氧池中总生物量（主要是硝化菌类），达到强化生物深度脱氮除磷的一种新型的工艺技术。作为一种适宜于对现有污水处理厂进行改造的强化工艺，因其简单易行，可应用于需要污水深度处理的工艺技术改造中。

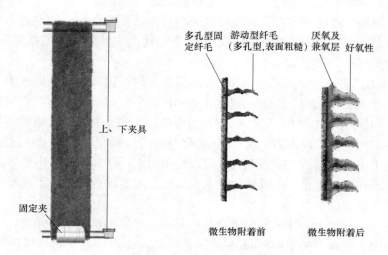

图 2-9　纤毛状生物填料微生物附着示意图

CNR 工艺在好氧池中填充有高效纤毛状生物膜填料。这种纤毛状生物膜填料，能有效地固定增殖速度较慢的硝化微生物，可明显提高硝化反应速率。在装填有这种填料的反应池中，依靠附着微生物和分散的浮游微生物提高污染物的去除效率。微生物在纤毛中具有优良的附着和脱落能力，不易产生堵塞现象。

CNR 工艺流程，如图 2-10 所示。

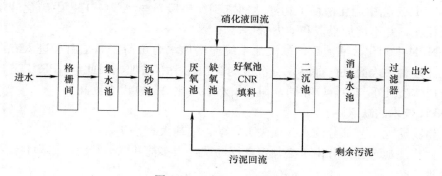

图 2-10　CNR 工艺流程图

纤毛填料的特点：

（1）改良的直毛状生物填料比表面积大（1000m^2/m^3 以上），附着的微生物量多，处理效率高。因此，水力停留时间短，工程投资省。

（2）微生物容易挂膜、脱膜，无堵塞现象，不需要反冲洗，维护和管理简单容易。

（3）耐久性强，10 年不用更换。

（4）具有对 NH_4^+ 离子强吸附能力。

（5）硝化能力强，脱氮率高。

2. CNR 工艺的优点

（1）抗冲击能力强，出水水质稳定。其抗冲击负荷强的优势，主要来自以下几种作用：纤毛状生物膜中大量附着的微生物和大量分散浮游的微生物的协同作用，保证了稳定地高效处理各种污水及其耐冲击能力；纤毛状生物膜的生物种群和水膜作用，在低水温（7～10℃）环境下，仍能保持较高的处理效率。

（2）用于污水深度处理工程，投资少，运行成本较低。其经济优势主要来自以下几方面：停留时间短（$HRT \leqslant 6h$），因此，需要的水处理构筑物占地面积小，工程投资少；由附着微生物膜内部的缺氧区域产生反硝化作用，不需要大量的硝化液回流，与其他工艺相比，对于污水深度处理，不会明显增加动力消耗，从而减少了运行成本；由于这种工艺排出的污泥中磷含量明显增加，提高了生物除磷效果，与需要化学除磷的其他工艺相比，节约了运行成本。

（3）CNR 工艺用于处理污水时，附着在填料上的微生物和后生动物的协同作用，会引起有机物的深度氧化，与常规处理工艺相比，可使污泥产生量减少 20%～30%。

（4）CNR 工艺操作方便，维护管理简单。CNR 工艺与 A²/O 工艺全部为连续流，不需要反冲洗过程，因此操作过程简单；直毛状纤维生物膜具有比表面积大、耐久性强的优势；具有挂膜容易、脱膜快的特点，无堵塞现象，不需要经常更换，减少了维护工作，降低了运行成本。

3. CNR 技术的缺点

该填料目前仍在国产化阶段，需要从国外进口才能满足国内市场需要。

4. CNR 技术的应用前景

CNR 技术用于污水深度处理，具有明显的优势。特别是 CNR 技术用于二级污水处理厂升级改造时与传统的工艺相比，只需在好氧池中增设填料，在工程投资很少（300 元/m³）以及运行成本与二级污水处理成本相差不多的条件下，就可以直接将城市污水处理成回用标准水的水质，生物除磷效果可提高 2 倍以上，脱氮效率可提高 50%。因此，CNR 工艺技术在我国具有广阔的应用前景。

2.3.6　人工湿地技术

1. 人工湿地技术

人工湿地技术是由人工基质、水生植物和微生物组成的水处理构筑物。人工基质为微生物的生长提供了稳定的依附表面，为水生植物提供载体。人工湿地通过一系列的物理、化学、生物的作用净化污水。水生植物除直接吸收、富集、利用污水中的有毒有害物质外，还有输送氧气到根区和维持水力传输的作用。微生物的代谢作用是污水中有机物降解的主要机制。

人工湿地曾用于直接处理生活污水，但由于易发生堵塞等问题，导致处理效果不好。人工湿地技术适用于处理低浓度、微污染的含有易降解有机污染物的污水。也适用于处理污水处理厂排出的尾水，也就是说可作为污水处理厂升级改造的备选技术。人工湿地技术在我国得到迅速发展，也被大量用于地表水体的修复。

2. 人工湿地技术的优点

（1）工程投资较少，运行成本较低。

（2）在进行污水处理的同时还可增加绿地面积，改善生态环境，具有良好的景观效果。

（3）人工湿地植物不仅能净化污水，收割后还有较高的利用价值，能够带来一定的经济效益。

（4）工艺过程简单，运行维护方便。

3. 人工湿地技术的缺点

（1）占地面积较大。

（2）容易发生堵塞。作为污水处理厂升级改造的后续工艺时，要求污水处理厂出水的SS浓度不能太高，以防止人工湿地堵塞。

（3）要求适宜的自然气候条件，比较适用于南方地区，不适合北方寒冷地区使用。

4. 人工湿地技术的应用前景

目前，绝大部分污水处理厂的尾水都是直接排入地表水体中，即使排放的尾水水质达到一级 A 标准，也不能满足地表水体的水质要求。尤其是尾水中氮磷浓度较高，已成为排入地表水体的约束指标。采用其他工艺技术削减这种低浓度的氮磷，经济性差，人工湿地工艺则较为适宜。为了防止污水处理厂尾水排入地表水体后造成的富营养化，采用人工湿地工艺是一个行之有效的工程技术手段，因此人工湿地工艺在污水处理厂排放的尾水深度处理中，具有广阔的应用前景。

2.4 污泥资源化利用

污水处理厂的污泥按照成分不同，可分为污泥和沉渣。欧洲在 1999 年就已明令禁止将污泥直接倒入海洋；而早在 1995 年，日本约有 49% 的污泥通过焚烧来处理。欧洲各国先后颁布了农用污泥重金属浓度的标准和严格的无害化要求，严格限制单位面积土地污泥的使用量。因为污泥农用标准逐渐提高，使得德国、丹麦等国家呈现出污泥农用比例下降趋势。美国自 1995 年以来，至少有 28 座新的污泥干化装置被安装。在有的地方，蚯蚓法处理污泥时有所见。伴随投入运营的污水处理厂数量的增加，污泥量也急剧增大，如何处理处置污泥，已经成为非常严峻的问题。在废水生物处理过程中，通过强化生物代谢、解偶联等减少污泥产量。解偶联污泥减量化技术主要是靠投加解偶联剂或者改变微生物的环境条件来实现的。有关专家发现，随着污泥浓度的提高，污泥减量的效率逐渐下降。利用超声波技术降解污水中的污染物，是近年来发展起来的一种新型水处理技术。

2.4.1 污泥堆肥

污泥堆肥符合国家支持的循环经济和可持续化产业方向，对污泥进行资源化利用，从根本上解决污泥出路，并防止二次污染隐患。改善施用化肥造成的土壤板结状况，同时，在肥料价格上涨的背景下，缓解化肥需求量。可考虑用本地秸秆作辅料，防止焚烧秸秆带来的大气污染。

就沿海地区来说，针对滨海盐渍土困难立地条件的土壤，可通过植物的科学筛选、盐渍土生物隔离和菌根及超累积植物等新技术的集成应用，来降低沿海区域绿化、造林的改土成本，提升和优化绿化景观。

堆肥发酵是利用复合微生物的氧化和分解能力，在一定的温度、湿度和 pH 条件下，有控制地促进物料有机质发生生物化学降解，形成一种稳定的腐殖质，可以有效处理物料中的有机物，同时杀死病原菌等有害物质。

堆肥处理按照微生物对氧气的需要程度，可将堆肥技术分为好氧堆肥、厌氧堆肥和兼性堆肥。从发酵状态上可以分为动态和静态发酵。好氧堆肥周期最短，厌氧堆肥周期最长，兼性堆肥周期介于上述两者之间。动态堆肥比静态堆肥可以减少 2/3 的时间。所以，好氧动态堆肥是较好的选择，其优点是：成本低、成肥快、处理量大等。

2.4.2　污泥建材

当污泥不具备土地利用条件时，可考虑采用建材及焚烧利用的处置方式。

污泥焚烧后的灰渣，可考虑建材综合利用；若没有利用途径时，可直接填埋；经鉴别属于危险废物的灰渣和飞灰，应纳入危险固体废弃物管理。

污泥也可直接作为原料制造建筑材料，经烧结的最终产物可以用于建筑工程的材料或制品。建材利用的主要方式有：制作水泥添加料、制陶粒、制路基材料等。污泥用于制作水泥添加料也属于污泥的协同焚烧过程。污泥建材利用应符合国家、行业和地方相关标准和规范的要求，并严格防止在生产和使用中造成二次污染。

2.4.3　污泥焚烧

当污泥采用焚烧方式时，应首先全面调查当地的垃圾焚烧、水泥及热电等行业的窑炉状况，优先利用上述窑炉资源对污泥进行协同焚烧，降低污泥处理处置设施的建设投资。当污泥单独进行焚烧时，干化和焚烧应联用，以提高污泥的热能利用效率。

焚烧是实现污泥减量化的有效手段，但由于污泥含水率高、热值低，需要添加大量的辅助燃料，是造成运行成本高的重要原因。为了防止焚烧过程中的二次污染，通常要求焚烧物料的热值大于 1200kcal/kg，根据市政污泥的平均泥质水平，只有含水率小于 50% 时才能满足这一要求。

焚烧是在高温条件下（大于 850℃）通入氧气将污泥矿化的过程。比如，有一个专门的流化床焚烧炉中焚烧脱水污泥的典型工艺，在这个焚烧工艺中，适当采取废气处理措施，就能使焚烧工艺满足严格的气体排放标准，如 European Regulation Directive 2000/76/CEE 标准。

对于糊状污泥脱水浓缩后，当其干固体含量足够高时，有可能对这些污泥进行直接焚烧，污泥达到稳定状态后就不再需要额外的能源了。热平衡主要是由废气、空气热交换器来实现的。在装置的下游，去除废气中所含的粉尘之前，热交换器能将废气冷却。然后，冷却液（通常是高压水）能够获取污泥热值 40% 的热量。这些热能可以被用于多种用途，例如，房子的供热或者利用蒸汽驱动涡轮发电。如果污泥不够干的话，这些热能还可以被用于污泥焚烧前的干燥用途。

污泥热处理过程中产生的废气含有：燃烧气体产物，N_2、CO_2 和 O_2；水，最初存在于污泥中，以水蒸气形式存在；污泥中含有的矿化物质。非气态形式存在的重金属则和灰烬一起被去除。对现有焚烧炉的测试结果表明，已经去除了下列金属：Sb、As、Pb、Cr、Co、Cu、Mn、Ni、V、Sn、Cd 和 Tl。在有汞化合物存在的情况下，可能需要进一步处理（干式或湿式）。

另外一种可以用于室内污泥焚烧处理技术的装置是基于湿式氧化原理设计的。该工艺过程被称为 Athos® ，在温度为 2300~3500℃时，采用加入液态氧对污泥进行燃烧矿化处理。经验证，Athos® 工艺中，在适当的温度（250℃）和压力（5MPa）条件下，能够有效地焚烧污泥。氧化剂是纯氧，在现场以液态形式储存。在反应器内停留 1h 后，约有超过 80％的总 COD 得到了氧化。剩余的 20％主要是可溶的、可降解的 COD。废气是无害的，在简单脱水后（大于 50％ 的固态矿化副产物颗粒，不加聚合物）就会被回收。另外，焚烧后的液态部分，主要是含有可降解 COD 物质组成的，能很容易地被用作污水处理厂反硝化过程的碳源，而不必再使用甲醇等化学物质。

2.4.4　污泥填埋

随着土地资源的日益紧张以及污泥填埋会引起二次污染等原因，对污泥填埋也越来越慎重。当污泥泥质不适合土地利用，且当地不具备焚烧和建材利用条件时，可采用填埋处置。

污泥填埋前需进行稳定化处理，处理后泥质应符合《城镇污水处理厂污泥处置　混合填埋用泥质》GB/T 23485—2009 的要求。污泥以填埋为处置方式时，可采用石灰稳定等工艺对污泥进行处理，也可通过添加粉煤灰或陈化垃圾对污泥进行改性处理。污泥填埋处置应考虑填埋气体收集和利用，减少温室气体排放。严格限制并逐步禁止未经深度脱水的污泥直接填埋。

2.4.5　污泥热解

1. 微波热解制备生物油

直接热解污泥制备生物油技术，主要采用传统加热的方式，例如：流化床、固定床、回转窑和电炉等热裂解技术，美国、日本、德国等发达国家已有工程实践。传统加热裂解制备生物油，含较高多环芳烃（PAHs）。

2. 微波热解制备合成气和碳基吸附剂

污泥含有丰富的有机物和热值，可直接热解制备合成气。污泥含水率对热解影响大，含水率提高了原料预干燥过程能耗和热解成本。

碳基吸附剂（Carbon based adsorbent）的污泥热解制备包括热解和活化两个阶段。

微波辅助热解生物质制备活性炭技术，采用废茶叶、椰子壳、木头、竹子等，还局限在实验室的小型微波装置研究阶段。

第3章　污水处理厂托管运营尽职调查

尽职调查是复杂而烦琐的，要努力使调查研究具有明确的目的性，不可漫无边际；资料的搜集要全面，能反映经济活动的全貌，不能支离破碎；对资料的分析要科学、客观，不能主观随意、妄下结论；根据不同的情况，选择不同的调查方法。

1. 政治、经济形势

政治、经济形势的变动，会对交易产生很大的影响。在进行交易前，应对影响本次交易的政治、经济形势的变动情况进行详细的调查，比如：

会不会发生政局动荡；涉外交易的两国关系是否紧张；国际经济形势的变动趋势；政府有没有采取一些新的贸易管理措施等。掌握这些相关信息情报，有助于准确地分析政治、经济形势变动对本次交易的影响，提醒在谈判中应对哪些问题特别引起重视，以便更好地利用这些方面的有利因素，促成双方的交易，或对一些可能出现的问题采取相应的防范措施。

2. 目标市场调查

这里所说的目标市场调查，是在平时已进行的一般性调查的基础上，在目标市场和谈判对手都已经确定下来的情况下，对目标市场的动向所进行的调查。主要是调查谈判标的在目标市场上的需求情况、销售情况和竞争情况等。

（1）需求情况

包含目标市场上该产品的市场需求总量、需求结构、需求的满足程度、潜在的需要量等方面的情况。通过调查，可以摸清目标市场上消费者的消费心理和消费需求，基本上掌握消费者对该产品的消费意向，客观估计该产品的竞争力，以利于和谈判对手讨价还价，取得更好的经济效益。

（2）销售情况

包括该类产品在过去几年的销售量、销售总额以及价格变动情况；该类产品在当地生产和输入的发展趋势等。通过对销售情况的调查，可以使谈判者大体上掌握市场容量，确定产品的销售数量或购进数量。

（3）竞争情况

包含目标市场上竞争对手的数目、生产规模、产品性能、价格水平等；竞争对手所使用的销售组织形式、所提供的售后服务、竞争产品的市场占有率等。通过调查，使谈判者能够掌握竞争对手的基本情况，寻找他们的弱点，预测己方产品的竞争能力，在谈判中灵活掌握价格水平。

3. 有关法规及其变化情况

首先，要了解与本次谈判内容有关的国际惯例。在涉外商务谈判中，遵循的原则是：坚持独立自主的方针，执行平等互利的政策，参照国际上习惯的做法。所以，在谈判前应了解与谈判内容有关的国际惯例、国际公约的内容及修改变动情况，以便双方在对合同条款进行谈判时，能参照有关的国际惯例和公约，简化双方的讨论。而且，在签约以后，也比较容易获得双方政府的批准。其次，要了解双方国家与本次谈判内容有关的法律规定。例如：对谈判标的的税收，进口配额、最低限价，许可证管理等方面的法律规定，都会对合同产生法律约束力。在商务谈判前，应对与本次交易有关的法律规定的具体内容和变动情况加以掌握，以供谈判时参考。最后，要了解国内的有关政策法规。新中国成立以来，特别是改革开放以来，在健全法制方面取得了很大的成绩，各项经济法规正在配套完善。有的地区和部门根据国家的有关法律规定，结合本地区、本部门的实际，还制定了相应的法令或条例。这些政策法规都是规范当事人行为的依据，因此，在谈判以前，也应作必要的了解。

4. 调查方式

（1）通过大众传播媒介

作为资料的来源，利用率最高的是网络、报纸和杂志，上面都可能有需要的信息。因此，平时应尽可能地多订阅有关报纸杂志，并分工由专人保管、收集、剪辑和汇总。

（2）通过专门机构

比如：公共关系公司、咨询机构。如果是有关国际方面的情况，可向驻中国大使馆商务处、各大公司驻外商务机构等团体了解，他们那里存有许多所在国大企业的赠阅资料及他们所收集的各种情报。

（3）通过各类专门会议

比如：各类商品交易会、展览会、订货会、博览会等。这类会议都是某方面、某组织的信息密集之处，是了解情况的最佳时机。

（4）通过知情人员

比如：采购员、推销员、老客户、出国考察人员、驻外人员等，这些人所获得的大量感性材料是非常珍贵的。

（5）自己建立情报网

本组织或本单位可以专门设立调查员，或由推销员兼任。这些人有强烈的信息情报意识，反映较为灵敏，可以及时搜集到各种信息。

比如，在水务项目并购中，投资商可以采取一定的技巧，通过各种途径提前进行尽职调查，多方面掌握第一手资料。如果按部就班，等各个投资商都来索要资料时，水务公司的员工肯定是不胜其烦，所提供资料的质量就要大打折扣了。如此，投资方在签订资产出让合同时，又怎能做到心中有数？如果资产出让方委托咨询公司来操作，投资方的商务人员与咨询公司之间保持良好的沟通，一定会受益匪浅。在问题澄清过程中，通过仔细分析竞争对手提出的问题，便可以有效地感知他们的动态，甚至可以预测其未来的报价。

总之，在谈判之前，进行详细的尽职调查至关重要，应通过各种渠道、方式，尽可能多地搜集到情报，并经过分析、整理、筛选，为科学地制定谈判计划，提供可靠的依据。

3.1 政策调查及区域产业布局

3.1.1 政策调查

所谓顺势而为，事半功倍，逆势而为，事倍功半。市场人员在进行新的托管运营项目开发时，研究国家的政策导向、政策趋势，地方政策的提倡、支持或反对等，非常重要。而地方政策决策者的需求、喜好、任期、领导风格等，往往又会直接影响到项目的成效。

1. 产业投资政策

国家一般会定期出台产业投资政策目录，有鼓励性的，也有限制性的。这与我国的所有制结构有很大的关系，比如，国有企业、民营企业、外资企业、混合所有制企业，在投资事关国计民生的项目时，就有很多限制性条件，或者即使没有限制性条件，审批也有难度。当然，在公用事业领域，就外资和民资而言，国家对项目的审批，是严格加审慎，毫不含糊。

研究政策的同时，可适时与国家和地方发改委沟通，了解情况，提前发现项目审批时会遇到的难点、敏感点，以便为后期项目谈判过程中将要遇到的情况做准备，或与委托方商讨规避。

比如，在 L 市，由于某个下辖县的化工园污水处理厂未达标被环境保护部督察通报，使整个市域范围遭到区域限批，原先的 BOT、TOT 项目纷纷被政府回购，政府自行改造，自己组织人员不计成本运营。此时，该市的类似投资项目显然严重受挫，而提标改造项目的机会则增多，托管运营项目则存在很多不确定性。这种短期行为，为达标而达标，为应付检查而采取临时措施，从行业的整体运营优化和社会效益、效果来看，是十分有害的。因为，期间，会增加较多试验性的工艺，添加过多的设备，投加很多药剂，只为达标，不考虑成本。待环境保护部解禁后，一种可能是，污水处理厂长期高成本运行；另一种可能是，关停部分工艺设备，减少药剂投加量，水质又呈经常不达标状态；还有一种可能是地方政府采取培养自身精干的运营团队或托管运营寻求外智的方法，使污水处理厂的运营管理达标优化，上水平。

2. 环保政策

国家环境保护部关于污水处理厂的运营管理要求，不断地趋于严格，出台的政策也是一环紧扣一环。密切关注环境保护部的新政策、新动向，以及支持方向，相当重要。

地方环保局是监管单位，对污水处理厂的产权所有者，拥有很大的影响力和建议权，对地方环保局执行的政策、规定、策略、倡导、处罚等方面的情况需要详细了解，深入分析，建立良好的联系纽带，对项目的捕捉、开展，具有重要意义。

3. 水利与海洋政策

污水处理厂的尾水达标排放一般会进入河流、湖泊、海洋等地方，河流的管辖权属于水利部门，地方上是由水利局来管理。当前，环保形势异常严峻，水利、海洋、湖泊管理等各个部门都不希望污水处理厂的达标尾水排进自己所辖水域，这样必然会造成一定的推诿责任、扯皮的行为。

对于污水处理厂来说，不管处理的标准是一级 A 还是一级 B、是市政污水处理厂还是工业污水处理厂，都要梳理清楚各部门对达标排放尾水的限制性条件，研究相关政策、规定，然后结合当地实际情况，给出合理的解决方案，争取得到这些部门的支持。

《中华人民共和国海洋环境保护法》河口排污涉及内容：

（1）第二十条 国务院和沿海地方各级人民政府应当采取有效措施，保护红树林、珊瑚礁、滨海湿地、海岛、海湾、入海河口、重要渔业水域等具有典型性、代表性的海洋生态系统，珍稀、濒危海洋生物的天然集中分布区，具有重要经济价值的海洋生物生存区域及有重大科学文化价值的海洋自然历史遗迹和自然景观。

（2）第二十二条 凡具有下列条件之一的，应当建立海洋自然保护区：具有特殊保护价值的海域、海岸、岛屿、滨海湿地、入海河口和海湾等。

（3）第三十一条 省、自治区、直辖市人民政府环境保护行政主管部门和水行政主管部门应当按照水污染防治有关法律的规定，加强入海河流管理，防治污染，使入海河口的水质处于良好状态。

（4）《污水海洋处置工程污染控制标准》GB 18486—2001

污水海洋处置排放点的选址不得影响鱼类洄游通道，不得影响混合区外邻近功能区的使用功能。在河口区，混合区范围横向宽度不得超过河口宽度的 1/4。

3.1.2 委托方主导需求

对于污水处理厂托管运营来说，委托方的需求是多元化的。有的是为了引进先进的技术和管理，提升运营水平，让专业公司做专业化的事；有的则是在改制过程中，将该部分业务外包出去，使委托方专注于自己的核心业务；还有的是因为工艺、技术、管理等方面的原因，处理的水质不合格，被环保部门稽查，甚至于造成区域限批，当地政府面临的政治压力很大，从而下决心委托。

作为受托方来说，要仔细研究委托方的主导需求，对症下药，才能把受托的项目公司运营得更好。

3.1.3 项目操作方式

污水处理厂托管运营项目，一般是采取招标或竞争性谈判方式，当然，也有因前期对该项目进行科研、技改等其他方式衍生出来的。

采用公开招标形式的，一般体量较大，按照招标程序，最后确定受托者。

采用竞争性谈判的，一般事先委托方会做很多调研工作，了解行业内相关公司的基本情况，包括：资质、信誉、业绩、规模、专业团队水平等方面，然后，根据主导需求，有的放矢，优选出合适的公司委托其运营。

附属衍生类的，相对简单。前期，受托方一般已与委托方有过良好的合作，彼此建立了一定的信任，托管运营往往水到渠成。

3.2 水质调查

3.2.1 接管标准

污水处理厂，不管是市政的，还是工业园区的，都有一个接管标准，这当中包含两个概念：其一，污水处理厂不是什么污水都能接纳。其二，排进管网的污水需要在限定的标准内。

污水排入城镇下水道的水质标准，国家曾做过一些修订，现在执行的是《污水排入城镇下水道水质标准》GB/T 31962—2015。具体内容，见表 3-1 所列。

污水排入城镇下水道水质控制项目限值　　　　表 3-1

序号	控制项目名称	单位	A 级	B 级	C 级
1	水温	℃	40	40	40
2	色度	倍	64	64	64
3	易沉固体	mL/(L·15min)	10	10	10
4	悬浮物	mg/L	400	400	250
5	溶解性总固体	mg/L	1500	2000	2000
6	动植物油	mg/L	100	100	100
7	石油类	mg/L	15	15	10
8	pH 值	—	6.5～9.5	6.5～9.5	6.5～9.5
9	五日生化需氧量(BOD$_5$)	mg/L	350	350	150
10	化学需氧量(COD)	mg/L	500	500	300
11	氨氮(以 N 计)	mg/L	45	45	25
12	总氮(以 N 计)	mg/L	70	70	45
13	总磷(以 P 计)	mg/L	8	8	5
14	阴离子表面活性剂(LAS)	mg/L	20	20	10
15	总氰化物	mg/L	0.5	0.5	0.5
16	总余氯(以 Cl$_2$ 计)	mg/L	8	8	8
17	硫化物	mg/L	1	1	1
18	氟化物	mg/L	20	20	20
19	氯化物	mg/L	500	800	800
20	硫酸盐	mg/L	400	600	600
21	总汞	mg/L	0.005	0.005	0.005
22	总镉	mg/L	0.05	0.05	0.05
23	总铬	mg/L	1.5	1.5	1.5
24	六价铬	mg/L	0.5	0.5	0.5
25	总砷	mg/L	0.3	0.3	0.3
26	总铅	mg/L	0.5	0.5	0.5
27	总镍	mg/L	1	1	1
28	总铍	mg/L	0.005	0.005	0.005
29	总银	mg/L	0.5	0.5	0.5
30	总硒	mg/L	0.5	0.5	0.5
31	总铜	mg/L	2	2	2
32	总锌	mg/L	5	5	5
33	总锰	mg/L	2	5	5
34	总铁	mg/L	5	10	10
35	挥发酚	mg/L	1	1	0.5
36	苯系物	mg/L	2.5	2.5	1

序号	控制项目名称	单位	A级	B级	C级
37	苯胺类	mg/L	5	5	2
38	硝基苯类	mg/L	5	5	3
39	甲醛	mg/L	5	5	2
40	三氯甲烷	mg/L	1	1	0.6
41	四氯化碳	mg/L	0.5	0.5	0.06
42	三氯乙烯	mg/L	1	1	0.6
43	四氯乙烯	mg/L	0.5	0.5	0.2
44	可吸附有机卤化物（AOX，以 Cl 计）	mg/L	8	8	5
45	有机磷农药（以 P 计）	mg/L	0.5	0.5	0.5
46	五氯酚	mg/L	5	5	5

对于工业园区的污水排入城市下水道的水质标准，各地情况有所不同。如重庆市地方标准为《重庆市化工园区主要水污染物排放标准》DB 50/457—2012。根据该标准的相关要求，园区青杠污水处理厂及污水管网建成投产前，拟建项目生产废水和生活污水排放执行《重庆市化工园区主要水污染物排放标准》DB 50/457—2012，根据《黔江正阳工业园-青杠拓展区环境影响报告书》，园区青杠污水处理厂及污水管网建成投产后，拟建项目生产废水和生活污水排放执行的标准为《污水综合排放标准》GB 8978—1996。具体见表 3-2 所列。

青杠污水处理厂及管网建成投产前后拟建项目废水排放标准（mg/L）　　　表 3-2

污染物名称	建成前	建成后	依据
pH	6～9	6～9	《重庆市化工园区主要水污染物排放标准》DB 50/457—2012、《污水综合排放标准》GB 8978—1996 表 4 中三级标准
COD	≤80	≤500	
SS	≤70	≤400	
石油类	≤3	≤20	

3.2.2　水质类型

水质类型，其一为生活污水，其二为工业废水，其三为生活污水与工业废水组合成的混合污水。近年来，我国很多工业园区污水处理厂，其工艺设计不符合污水进水水质类型，从而导致污水处理不达标，偷排、作假等情况屡见不鲜。

1. 生活污水

生活污水，成分相对简单，也容易处理。在我国，南方和北方城市，由于降水量不同，生活污水中的一些指标含量也有所不同。例如，象青岛市的麦岛污水处理厂的进水（主要为生活污水）COD 较高，含量一般在 500mg/L 以上，当地人介绍，这与消费青岛啤酒有关。

2. 工业废水

工业废水种类繁多，情况复杂，如果某个地区行业较少，产业集聚，工业废水类型还相对简单,否则,各种不同的工业废水相互混杂,污染特征物较多,势必给处理带来很大难度。

工业废水类型有化工、石油、印染、造纸、机械、电镀、钢铁等,尤其是废水中含有有毒有害物质,处理起来非常困难。

3. 混合污水

工业废水处理过程中,有时会有部分生活污水掺合进来,不同地区二者的混合比例也不同。生活污水比例越大,越有利于污水处理厂的生化处理系统运行,当然,在一些化工园区,很难得到大量的生活污水。

3.2.3　水质监测

水污染源包括工业废水源、生活污水源等。在制定监测方案前,要进行调查研究,收集有关资料,查清用水情况、产生废水或污水的类型、主要污染物及排污去向和排放量、车间、工厂或地区的排污口数量及位置,废水处理情况,是否排入江、河、湖、海,流经区域是否有渗坑等。然后,进行综合分析,确定监测项目、监测点位,选定采样时间和频率、采样和监测方法及技术,制定质量保证程序、措施和实施计划等。

1. 布设采样点

(1)工业废水

1)第一类污染物在车间或车间处理设施排放口采样;第二类污染物在单位总排放口采样。

2)工业企业内部监测时通常选择在工厂的总排放口、车间或工段的排放口,以及有关工序或设备的排放点取样。

3)已有废水处理设施的工厂,在处理设施的排放口布设采样点。为了解废水处理效果,可在进、出口分别设置采样点。

4)在排污渠道上,采样点应设在渠道较直、水量稳定、上游无污水汇入的地方。

(2)生活污水

1)城市污水管网:采样点应设在非居民生活排水支管接入城市污水干管的检查井;城市污水干管的不同位置;污水进入水体的不同位置。

2)城市污水处理厂:在污水进口和总排放口布设采样点。如需监测各污水处理单元的处理效率,可在各处理单元的进、出口分别布设采样点。此外,还应当设置污泥采样点。

2. 采样监测

(1)工业废水

工业废水的污染物含量和排放量常随工艺条件及开工率的不同而有很大差异,故采样时间、周期和频率的选择是一个较复杂的问题。一般废水排放量不小于 $5000m^3/d$ 的污染源,需安装水质自动在线监测仪,连续自动监测,随时监控;废水排放量 $1000\sim5000m^3/d$ 的主要污染源,需安装等比例自动采样器及测流装置,监测 1 次/d;废水排放量不大于 $1000m^3/d$ 的污染源,监测 $3\sim5$ 次/月。水质、水量同步监测;生产不稳定的污染源,监测频次视生产周期和排污情况而定。

工业废水监测:工业废水是工业生产过程中排出的废水,是造成环境污染,特别是水体污染的重要原因。因此，工业废水必须经预处理达到一定标准后，才能排放或进入污水处理厂集中处理。工业废水排放标准是按行业来制定的，相关标准如下：

《制浆造纸工业水污染物排放标准》GB 3544—2008

《海洋石油勘探开发污染物排放浓度限值》GB 4914—2008

《纺织染整工业水污染物排放标准》GB 4287—2012

《肉类加工工业水污染物排放标准》GB 13457—1992

《合成氨工业水污染物排放标准》GB 13458—2013

《钢铁工业水污染物排放标准》GB 13456—2012

《航天推进剂水污染物排放标准》GB 14374—1993

《兵器工业水污染物排放标准》GB 14470.1—2002，GB 14470.2—2002

《弹药装药行业水污染物排放标准》GB 14470.3—2011

《磷肥工业水污染物排放标准》GB 15580—2011

《烧碱、聚氯乙烯工业污染物排放标准》GB 15581—2016

《皂素工业水污染物排放标准》GB 20425—2006

《煤炭工业污染物排放标准》GB 20426—2006

工业废水监测服务项目有二类污染物：

第一类污染物，总汞、烷基汞、总镉、总铬、六价铬、总砷、总铅、总镍、总铍、总银、总 α 放射性、总 β 放射性等。

第二类污染物，pH、色度、悬浮物、BOD_5、COD_{cr}、石油类、动植物油、挥发酚、总氰化物、硫化物、氨氮、氟化物、阴离子表面活性剂、铜、锌、粪大肠菌群等。

（2）生活污水

对城市管网污水，可在一年的丰、平、枯水季节，从总排放口分别采集一次流量比例混合样测定，每次进行一昼夜，每4h采样一次。在城市污水处理厂，为指导调节处理工艺参数和监督外排水水质，每天都要从处理单元和总排放口采集污水样品，对指标项目进行例行监测。

3.2.4 未来水质变化

1. 进水变化

污水处理厂未来进水水质和水量，也随着产业结构的调整或房地产项目开发而发生变化。随着城市生活功能区的扩大，生活用水量一般也会相应增大，水质变化相对稳定；对于工业园区，随着规模扩大，水量增大，水质变化有时也很大。

随着各地招商引资的迫切需要，引进的一些重污染的工业企业，其废水的普遍特点是浓度高、可生化性差、水量变化大，极容易给污水处理厂的运行带来冲击。对于一些负荷小的污水处理厂来说，有时，在工矿企业废水接入之初，由于冲击过大而对曝气池活性污泥造成了较大的影响，容易导致溶解氧急剧下降、污泥发生膨胀、出水水质严重恶化。曝气池受到高浓度工矿企业废水冲击时，池内溶解氧浓度在短时间内急剧下降，迅速降至一个极低的水平。菌胶团菌是严格的好氧菌，只有在溶解氧足够的情况下才能保持正常的新陈代谢，而丝状菌却是兼性菌，在缺氧的条件下也可以良好地生长。在低溶解氧的阶段，菌胶团菌的新陈代谢受到抑制，丝状菌却能够正常进行新陈代谢，很容易引起污泥膨胀，因此，导致了曝气池内微生物数量急剧减少，处理效果迅速降低。比如，某地就有一个污水处理厂，受到工矿企业废水的严重冲击，导致生物菌急剧减少、无法进行生化作用、大量的污泥沉淀、有害物质进入生物池等情况发生，需要重新进行清理清洗和培养生物菌，严重影响了正常运行。为此，要根据不同情况，相应调整污水处理厂的运行方式，与之相适应。

2. 出水标准提高

根据《城镇污水处理厂污染物排放标准》GB 18918—2002，城镇污水处理厂排入地表水域的常规污染物标准值分为一级标准、二级标准、三级标准。一级A、一级B和二级三类，尾水中的COD污染物含量限值也从50mg/L、60mg/L到100mg/L依次升高。一级标准分为A标准和B标准。一级标准的A标准是城镇污水处理厂出水作为回用水的基本要求。当污水处理厂出水排入稀释能力较小的河湖，作为城镇景观用水和一般回用水等用途时，执行一级标准的A标准。城镇污水处理厂出水排入《地表水环境质量标准》GB 3838—2002中地表水Ⅲ类功能水域（划定的饮用水水源保护区和游泳区除外）、《海水水质标准》GB 3097—1997中海水二类功能水域和湖、库等封闭或半封闭水域时，执行一级标准的B标准。城镇污水处理厂出水排入GB 3838—2002中地表水Ⅳ、Ⅴ类功能水域或GB 3097—1997中海水三、四类功能海域，执行二级标准。非重点控制流域和非水源保护区的建制镇的污水处理厂，根据当地经济条件和水污染控制要求，采用一级强化处理工艺时，执行三级标准。但必须预留二级处理设施的位置，分期达到二级标准。

当然，随着环保标准要求越来越严，出水水质也要根据要求，适时参照新的标准执行。

3. 提标改造

排放标准提高、水环境污染严重、水资源不足，都迫切需要对不达标的污水处理厂进行升级改造。除了国家层面提高排放标准带来的"行政"压力，水环境污染问题和水资源短缺，也让各地污水处理厂提标改造工作更为迫切。水资源短缺的现状也逼得污水处理厂升级改造。

系统提升污水处理水平，包括升级改造现有污水处理设施，强化脱氮除磷功能，大力推进再生水回用，实施节水工程等。对于污水处理厂的提标改造，要有全达标理念，需统筹考虑水、泥、气、声，同步达标。污水处理厂提标改造需结合原有处理工艺进行系统分析、统筹考虑，同时需关注低温硝化效率低、脱氮除磷碳源不足、改造用地受限等问题。

改造前应优先考虑优化运行管理。对于污水处理厂提标改造，前提是要明确需要。从污水排放标准的要求来说，污水处理厂出水需要达到一级A标准。从水环境质量改善的要求看，在很多城市，污水处理厂处理后的出水往往成为河流的水体，所以要求污水处理厂出水达到地表水准Ⅳ类。污水处理厂提标改造时也应遵循相关原则。在原有的污水处理厂的基础上应优先考虑优化运行管理，而不要急于改造。尽量利用现有设施和设备以及控制新增能耗等。污水处理厂提标改造的原则中最重要的是获取足够可靠的水质数据。如果没有最新、最可靠的数据，即使对污水处理厂进行提标改造，结果也不会理想。

提标改造工艺选择。应针对去除污染物的不同需要进行技术选择。对相关项目的升级改造经验可以总结为：以处理总氮或氨氮为目标时，主要以强化生物处理或深度段增加生化处理为主，多采用反硝化滤池或曝气生物滤池；在生物处理强化脱氮功能后，可满足

TN（总氮）去除要求时，深化处理段以去除 TP（总磷）和 SS（悬浮物）为主，多采用过滤或沉淀＋过滤处理的方式。但是，污水处理厂升级改造并不能简单套用工艺，而应针对去除污染物的不同需要进行技术选择。比如，原来很多污水处理厂采用厌氧—好氧或者缺氧—好氧的处理工艺，如果要出水达到一级 A 标准，就要采用厌氧—缺氧—好氧的污水处理技术。所以，改造脱氮除磷工艺时，在原有好氧池有余量的情况下，需要通过在好氧池内设置隔墙，将其改造为 A^2/O、多级 AO 等工艺。值得注意的是，在改造中一定要有足够的缺氧池，这必须经过对进出水的总氮的浓度进行测算后决定。一般情况下，缺氧池容积：好氧池容积＝（0.5～1）：1 左右。而在我国，很多污水处理厂的缺氧池是不足的，这就需要改变 A^2/O 各单元容积比。在强化氨氮去除方面，当缺氧池和好氧池容积比一定时，好氧池往往不够，这就需要在好氧池增加填料，通过固定、悬浮、包埋等形式增加微生物的投入量。同时，还可以将部分好氧池改建为膜分离单元。增加 SRT（污泥泥龄）浓度和增加 MLSS（混合液悬浮固体浓度）。当利用现有设施都不能满足提标改造要求时，就需要增加新建设施。可采用曝气生物滤池等设施进行提标改造。污水处理厂提标改造需要注意强化总磷去除，现在多以化学除磷，即采用加药的方式。但是，由于药量控制不准确，极易造成污水中新的污染。因此，化学除磷并不能完全解决除磷问题，还是应该优先进行生物除磷，余下部分再辅助以化学除磷。

在碳源问题上，由于我国城市污水碳源不足，当前为了达到脱氮效果还需向污水中加碳源，只有达到完全吻合，碳源才是最高效的，但由于污水处理厂的水质波动，很难达到完全吻合。在污水处理中，碳源投加往往不足，尤其在珠三角等南方地区，这一问题更为突出。碳氮比不足的情况下，应该优先开发内部碳源，辅助使用外部碳源。可以利用初沉池开发内部碳源。通过初沉池发酵，增加 VFA（挥发性脂肪酸）等快速降解 COD。也可以设置超越管，根据需求直接进生物池或者减少初沉池数量，保留部分碳源。当内部碳源仍不足时，需增加外部碳源（乙酸钠、乙酸、甲醇等）。

4. 强化过程控制

可采用高效水泵和变频设备，增设格栅、格网，增加一次仪表，增加或优化控制回路，优化运行管理。除了对污水处理工艺进行改进，污水处理厂的设备改造、过程控制、水力条件优化也不容忽视。可以采用高效、无堵塞的水泵和变频设备，提高设备的效率，降低能耗和运行费用，减少设备检修率。此外，可以优化格栅配置，根据水质情况合理配置粗、中、细格栅；同时，根据需要，格栅可改造为格网。尤其在南方部分地区，河流中有鸡毛、鸭毛等细长形状的物体，往往就需要格网解决这一问题。但由此也需要加强反冲洗。此外，在 MBR 或机械过滤前应设置超细格网。

我国污水中泥砂量较大，有机物的浓度较低，且大部分污水处理厂未设初沉池；宜将沉砂池 *HRT*（水力停留时间）提高至 5～8min，既可提高沉砂效率，又可替代初沉池部分功能，提高污水的有机物浓度。此外，可以选用新型曝气器，比如微孔曝气板、直径 1mm 超微气泡、专用超微气泡曝气器，但同时需要解决堵塞新问题。还可以改造内回流泵，通过增加内回流比，提高脱氮效率。在鼓风机的选用上，尽量保留原有鼓风机，部分予以更换。输出空气量应有较大调节余地，以适应水量和水质的变化。在过程控制上，可以增加一次仪表。工艺过程控制应设 ORP（氧化还原电位）、MLSS、DO（溶解氧）、空气流量计、回流污泥及剩余污泥流量计、污泥液面计等仪表。此外，还需要增加或优化控制回路。

3.3 水量调查

3.3.1 收水范围

对即将托管运营的污水处理厂的收水范围，要从规划、设计、未来趋势变化等方面，做详细的调查分析。

1. 排水系统规划

排水管网是现代化城市和工业企业不可缺少的一项重要设施，是城市和工业企业基本建设的一个重要组成部分，同时，也是控制水污染、改善和保护环境的重要工程措施。排水管网的设计主要面对那些需要新建、改建或扩建排水工程的城市、工业企业和工业区。它的主要任务是规划设计收集和输送雨、污水的一整套工程设施和构筑物。

排水管网的规划与设计，是在区域规划以及城市和工业企业的总体规划基础上进行的，因此，有关基础资料，应以区域规划以及城市和工业企业的规划与设计方案为依据。排水管网的设计规模、设计期限，应根据区域规划以及城市和工业企业规划方案的设计规模和设计期限而定。排水区界是指排水系统设置的边界，它取决于区域、城市和工业企业规划的建筑界限。

2. 排水系统设计

排水系统包括污水管网和污水处理设施。污水管网是收集和输送城市污水的工程设施，污水处理设施是净化城市污水的工程系统，合理地设计这一系统可以保证城市必要的生存环境和可持续发展。

排水系统一般分为合流制与分流制。了解收水服务范围内的排水体制，哪些区域为合流制，哪些区域为分流制。分流制是指用不同管渠分别收纳生活污水和雨水（包括符合排放标准的生产废水）；合流制是指用同一管渠收纳生活污水、生产废水和雨水。合流制排水管道系统包括三种形式：直排式合流制、截流式合流制和全处理式合流制。

新建工程宜采用分流制排水系统。工厂附近有城市污水处理厂时，应将生活污水优先纳入城市污水处理厂统一处理，必要时可在厂内设置污水处理站。排水方式有重力流（自流）和压力流两种。重力流不需要抽升泵，可以节能，设计时应充分考虑利用地形标高做到重力流排水。在地形比较平坦，排水管道埋深过大而不经济时，可在排水管中途设提升泵站，采用部分压力流排水。如果标高低于排水水体的最高水位，则要设专用排水泵站，在水体最高水位时用泵排水。流量控制是排水管网的另一主要任务，减少排水量可以节省排水管网的投资，并可以减轻对受纳水体的污染和流量冲击，而径流量的控制则比较难以实现；雨水调节、地下水回灌、提供粗糙地表以便延缓水流速度，以及避免与不透水地表直接连接等，都是常用的调节径流量的方法。

在进行排水系统设计时，还应考虑以下因素：与邻近区域内的污水与污泥处理处置协调的问题；与邻近区域及区域内的给水系统、洪水和雨水系统相协调的问题；适当改造原有排水工程设施，充分发挥其工程效能的问题；在工业园区管廊上布置排水管道与其他管道相互影响问题；对接入城市排水管网的工业废水水质的限制问题等。

3. 选定排水系统的体制

合理地选择排水系统的体制，是在规划和设计时要面对的重要问题。它的选择不仅从根本上影响排水系统的设计、施工和维护管理，而且影响排水系统工程的总投资和维护管理费。通常，排水系统体制的选择应满足环境保护的需要，根据当地条件以及技术经济比较来确定；环境保护和保证城市可持续发展则是选择排水体制时所要考虑的主要问题。

从环境保护方面来看，如果采用全处理式合流制，从控制和防止水体的污染来看效果较好，但这时主干管尺寸很大，污水处理厂容量也增加很多，建设费用也相应地增大。采用截流式合流制时，雨天部分混合污水通过溢流井直接排入水体，对环境影响较大。实践证明，采用截流式合流制的城市，随着建设的发展，河流的污染日益严重，甚至达到不能容忍的程度。分流制可以将城市污水全部送至污水处理厂进行处理，但初期雨水径流未加处理直接排入水体，这是它的缺点。近年来，国内外对雨水径流的水质调查发现，雨水径流特别是初期雨水径流对水体的污染相当严重。分流制虽然有这一缺点，但它比较灵活，适应社会发展的需要，又能符合城镇卫生的要求，所以是城镇排水系统体制发展的方向。

从造价来看，合流制排水管道的造价比完全分流制一般要低 20%～40%，但是，合流制的污水处理厂却比分流制的造价要高。从总造价来看，完全分流制比合流制高。从初期投资来看，不完全分流制因初期只建污水排水系统，因而可节省初期投资费用。此外，又可缩短施工期，发挥工程效益也快。而合流制和完全分流制的初期投资均比不完全分流制要大。从维护管理方面来看，晴天时污水在合流制管道中只是部分流，雨天时可达满管流，因而，晴天时合流制管内流速较低，易产生沉淀。晴天和雨天时流入污水处理厂的水量变化很大，增加了合流制排水系统污水处理厂运行管理中的复杂性。而分流制系统可以保持管内的流速，不致发生沉淀。同时，流入污水处理厂的水量和水质比合流制变化小，易于控制污水处理厂的运行。混合排水系统的优缺点介于合流制和分流制排水系统之间。

总之，排水系统体制的选择是一项很复杂、很重要的工作，应根据城镇及工业企业的规划、环境保护的要求、污水利用情况、原有排水设施、水质、水量、地形、气候和水体等条件，从全局出发，在满足环境保护的前提下，通过技术经济比较，综合考虑确定。由于截流式合流制对水体可能造成污染，危害环境，所以新建的排水系统一般应采用分流制。

4. 建设

在管网建设过程中，有的没有严格按照排水规划要求建设，造成管网建设和厂区建设不配套。有的地区未按规划在所辖范围建设污水配套管网，致使无法收集该片区污水。部分新建住宅小区虽已建雨污管网，但开发商和物管单位对小区管网接入城市主管网不予配合，导致小区内部污水直接排入雨水管道。污水管道的施工沿线涉及青苗补偿、房屋拆迁、破路占道等一系列地面矛盾，在施工过程中部分单位和居民不配合管线施工，致使该收集的污水不能有效收集。在污水管道的施工中还普遍存在一些质量通病，例如施工单位随意更改施工图纸；竣工图纸与施工实际不相符；管道接头质量不好，存在脱节和移位；为通过闭水试验或止水，在检查井内乱设封头；拆除封头不彻底，打开一个小洞了事；道路施工时将石块或灰土填入检查井，甚至将检查井铲平，覆盖在路面以下；检查井基础施工后周边土方回填随意，造成检查井沉降明显等。

对埋设在地表水和地下水以下的管道应做抗浮稳定计算，采取相应的抗浮措施，管顶、管底、管侧回填土的压实控制指标要符合规范要求。了解各类市政暗埋管线，查清各类管线位置，选择合理的施工组织设计方案，做到污水管施工时尽量避开障碍物，节约投资。

推广建设项目综合验收，在现有综合验收的基础上，逐步建立污水接管审核、备案和许可制度。通过对排污用户排水水质、排污量、排污口设置、特征污染物等情况的了解，逐步建立排污档案，并根据排污量和污染物特点，建立排污户分级制度，针对不同级别的排污用户，实行不同的管理措施，从而实现污水排放的源头控制，进一步保障污水管网设施和处理设施的稳定运行。

5. 管理维护

污水管网属于地下设施，管理维护存在一定难度，之所以存在对污水管网的现状不清的情况，源自多头建设和管理。一些已建设管网处于无人管理的状态，甚至出现建设单位也无法说清管线建设位置、是否并网、管径多大、是否存在断头或封堵的情况。这些都给后续的管理带来一定的难题，建成的管网无法发挥应有的作用。要解决这些问题，应协调相关建设部门收集竣工资料，结合现场勘察等措施，尽量摸清管网现状，进一步明确污水管网产权管理的范围，按照规划打通关键节点，使得建成的污水管线能组网运行，充分提高污水收集、输送的效率。同时，根据现状情况，逐步建立一套管网设施的评价标准，制定不同的管养维护或更新标准，经济、合理地开展管养工作。

目前，城市污水管网重建设轻管理的情况还普遍存在，在污水管网养护方面的投入相对较少，造成养护手段单一；已有管网的维护管理力度不够，方法不对，没有采用必要的检测手段，没有形成科学、系统的管理机制，造成管网存在较多病害。例如，日常清淤多以人工为主，增加工人劳动强度，也容易发生安全事故；管道发生堵塞，堵塞位置及情况不清，疏通手段有限；管道破损维护不及时，维修方法单一。随着我国的下水道普及率及城镇化进程的提高，管道老化和破损的现象也会越来越严重，为了避免管道损坏给人们带来的各种损失和不便，需要有计划地对管道进行养护，定期检查和维修。其中，最重要的是加强新技术的推广和应用，改变原有的排水管网的管理和养护理念，让养护维修和管理手段逐步向机械化过渡，不断采用新工艺和新技术，有效提高排水管网的工作效率。

6. 未来变化趋势

除非是非常成熟的街区，一般来说，未来收水区域都存在一定变数，比如区域规划调整、旧城改造、产业转移、产业调整、房地产建设等，都会对收水范围产生很大影响。如此，必然会影响到托管运营污水处理厂的进水水质和水量，关系到项目的财务测算结果。因此，一个有着丰富经验的项目负责人，必须对此保持高度敏感性和准确预判力，谨慎乐观地预测水量和水质，提前制定对策，使托管运营的污水处理厂健康稳定地运营。

3.3.2　区域内的用水调查

对区域内既有的产业存量部分实施调查，明确范围，确定对象，完善内容，找对方法。

1. 调查的范围

首先要明确调查的范围，这个范围内的管网收集到的污水，其来源，一般为本区域内的用水单位排出的污水，还有该范围内进入污水管网的雨水。

2. 调查的对象

企事业单位、政府部门、学校、军队、医院等，使用自来水、工业原水、地下井水、海水淡化、中水回用后，都有污水产生，而这部分污水也正是关注的对象。其中，行业一般有采掘业、冶金业、制造业、电力、煤气、水的生产和供应业、建筑业、交通运输仓储业、邮电通信业、批发和零售贸易餐馆业、金融业、保险业、房地产业、社会服务业企业。

3. 调查的内容

区域内的支柱产业、规模、用水量、污水排放量等。

4. 调查的方法

采取查看区域产业规划资料、抽样调查、调查行业、调查企业、访谈发改委人员等办法，分析该地区的近几年统计年鉴资料，发现有价值的内容。

3.3.3 区域内水量预测

污水量的预测，主要包括现有的量和未来新项目的增加量。现有的量比较好掌握，但是要注意未来产业调整会出现的增减。未来新项目的增加量，则要看产业布局规划、招商引资力度等情况，存在较大不确定性。

对于一个工业园区，常用园区面积类比法、废水排放系数经验公式法、单位产品产污系数法、单位工业总产值废水排放量指标法等进行工业园区废水量预测。根据预测结果，这几种方法的特点与适用性也不同。面积类比法可快速确定园区废水量，废水排放系数法可用于规划园区污水管网，单位产品产污系数法可较准确地预测废水量以确定污水处理厂分期建设规模，单位工业总产值废水排放量指标法预测结果可指导创建生态工业园区。

可以根据现有的情况，建立水量变化预测模型，客观地加以分析。

3.4 水价调查

3.4.1 水价现状和政策

作为污水处理厂托管运营项目来说，水价是核心之一。委托项目成交价格中体现的水价，与当地水价现状、行业水价状况等因素，有着密切的联系。

据了解，随着国家不断加大水污染防治工作力度，城镇污水处理的排放标准已由原来《污水综合排放标准》GB 8978—1996 中的二级排放标准提标到《城镇污水处理厂污染物排放标准》GB 18918—2002 中的一级 A 标准。提标升级改造后，由于污水处理能力大大增加，出水水质标准提高，再加上能源、原材料等生产要素价格的持续上涨，使污水处理的成本大幅增加。随着城市的快速发展，生活污水和工业废水排放量的逐年攀升，污水处理排放标准的逐步提高，调整污水处理费征收标准已势在必行。

有的城市自 2007 年调整污水处理费价格以来，污水处理费一直执行的标准是居民 0.4 元/m³，非居民 0.6 元/m³。因此，发改委、财政部、住房和城乡建设部，在 2016 年年底前，设市城市污水处理收费标准原则上每吨应调整至居民不低于 0.95 元、非居民不低于 1.4 元的标准，但是各地的执行仍然参差不齐。有的城市征收标准偏低，并且调整频次同样较低，与具有可比性的城市相比，无论是年均调整幅度，还是拟调价格都处于较低水平。有的城市征收的污水处理费与污水处理成本严重倒挂，难以补偿污水处理设施的运营费用，企业经营面临亏损的困境，这与快速发展的城镇污水处理产业极不协调。合理制定和调整污水处理收费标准，将有利于提高污水处理能力和运营效率，促进城市污水处理产业化发展。

为进一步改善城市水环境和生态环境的质量，保证污水处理设施的正常运营，促进污水处理产业健康发展，根据国家发展改革委、财政部、住房和城乡建设部《关于制定和调整污水处理收费标准等有关问题的通知》（发改价格〔2015〕119 号）的要求，结合水污染防治形势，很多城市已经采用调价后的污水处理收费标准。

3.4.2　周边及行业水价比较

污水处理厂是城市的重要基础设施，关系着社会经济发展和人民群众的生活，是建设生态环境的关键要素，具有基础性、公益性、战略性的特征。而污水处理厂水价的制定不仅关系到人民群众的根本利益，同时也是投资项目评价的重要组成部分，在项目的决策中具有非常重要的作用，对项目盈利能力以及未来的良好实施提供非常重要的支撑。

通过网络资源、行业分析报告或电话咨询等方式，了解目标项目周边的污水价格，以此和行业污水价格进行比较，对托管运营的污水处理厂水价进行测算。通过水价测算过程，并通过分析此预测水价下的财务指标、盈利能力，为合理制定水价提供参考。水价测算以资金使用计划为基础，依次进行成本计算、流动资金估算、污水处理厂收费价格预测、利润总额及分配计算、财务盈利能力分析、清偿能力分析、不确定性分析、盈利平衡分析等。

3.4.3　水价预测及调价

污水处理厂托管运营项目，要根据当地现有的污水价格水平，结合该项目现状，科学地测算出水价并对未来的价格进行预测，确保项目良好实施和利润，同时，也给未来调价提供依据。

确定水价预测目标，即通过对各种因素的通盘考虑，正确选择所要了解的情况和所要解决的问题。

收集水价预测资料，即通过价格信息系统和其他各种渠道，尽可能全面、真实、系统、具体地掌握预测所需要的精确数据。

选择水价预测模型，即根据不同的预测目标和精确程度的不同要求，选择相应的预测方法，如归纳预测法、演绎预测法、数学模型法等。

作出水价预测结果的报告和判断，即对所预测的结果进行科学的分析、判断、论证和评论。

1. 水价预测

水价预测可分为两大类，即定性分析法和定量分析法。定性分析是在所获取的充分的市场价格信息基础上，运用经验对价格总体趋势的运行方向作出的基本判断。定量分析是在对所获取的市场价格信息进行整理的基础上，运用一定的预测方法，对具体商品（服务）或市场价格总水平的变动数量或幅度，作出具体的数量判断。常用的定量分析法主要有两种：

（1）因果回归分析预测法

市场价格和其影响因素之间经常存在着某种因果关系。回归分析就是通过对水价监测数据的统计分析和处理，研究、确定价格和其影响因素之间相关关系和联系形式的方法。运用回归分析法寻找水价与影响因素之间的因果关系，建立回归模型进行预测的方法，就是因果回归分析预测法。

（2）时间序列分析预测法

根据预测价格过去的监测数据，找到它随时间变化的规律，建立时间序列模型，来推断未来价格数值的预测方法，叫时间序列分析预测法。其基本设想是，过去变化的规律会持续到未来，即未来是过去的延伸。

时间序列分析预测法又分为：

1）时间序列平滑法。利用时间序列资料进行短期预测的一种方法。平滑法的主要目的是消除时间序列数据的极端值，以某些较为平滑的中间值作为预测的依据。平滑法一般采用历史监测数据的简单平均或加权移动平均的方法进行预测。

2）趋势外推预测法。当预测水价依时间变化呈现某种上升或下降的趋向，并且无明显的季节波动，又能找到一条合适的函数曲线反映这种变化趋势时，可以以时间为自变量、时间序列价格数值为因变量，建立趋势模型开展水价预测。

2. 调价

污水处理厂的基建投资、处理规模、工艺、配套管网规模、经济政策、当地职工工资和原材料的价格等都不同程度影响着污水处理厂的经营成本、总成本及服务收费。污水处理厂的基建投资、处理规模、工艺、配套管网规模等是影响污水处理经营成本、总成本和服务收费的静态因素，必须在设计阶段合理确定；而经济政策、当地职工工资、原材料的价格等则是影响经营成本、总成本和服务收费的动态因素，是调价的主要依据。污水处理服务收费测算与分析，污水处理服务收费等于总成本费用、税后利润、税金之和。总成本费用等于经营成本、折旧费、摊销费和财务费用之和。各行业成本费用的构成各不相同，成本估算应根据行业规定或结合行业特点处理。

采用价格调整公式的最大优点是在合同执行时规则清晰，执行效率较高。用大原则调整方式反而会增加项目执行的难度。假设在项目执行阶段，当影响价格的因素出现变动且项目公司提出调整要求时，政府需要组织专门的队伍审核调价因素的合理性和真实性。双方就价格是否调整、如何调整、调整的幅度进行磋商，这个过程耗费时间与精力，将会影响项目的可操作性。价格调整公式在我国目前应该是可行和相对合理的，同时也在政府和投资人之间合理地分配了各种因素变动带来的风险。

3. 调价示例

比如，浙江省某市物价局对污水处理费的调整，相对详细明确。那么，这当中的价格对该市的污水处理厂托管运营项目就具有很大的借鉴意义。具体如下：

（1）调整污水处理费标准

调整后的市区城市供水用户的污水处理费标准：居民生活污水为 0.60 元/m³；工

业污水中，一般工业为 1.80 元/m³，重污染为 2.70 元/m³；非工业污水为 1.80 元/m³。

自备水用户的污水处理费按上述分类同标准执行。

（2）推行分类分档及多因子计收工业污水处理费办法

对有条件的工业企业试行按污水的化学需氧量（COD 值）、酸碱度（pH）、悬浮物（SS）、总磷（以 P 计）、氨氮（以 N 计）等有害成分的浓度，分类分档复合计收污水处理费。

1）按 COD 值分档收取污水处理费计费方法

入网污水 COD 值以 500mg/L 为基准，每 100mg/L 为一档。实测 COD 值低于 500mg/L 时，每低一档，污水处理费标准相应降低 0.10 元/m³；500mg/L＜COD 值≤ 800mg/L 时，每高一档，污水处理费标准相应提高 0.10 元/m³；COD 值高于 800mg/L 时，每高一档，污水处理费标准相应提高 0.50 元/m³。

2）按 pH 分档收取污水处理费计费方法

入网污水 pH 以 6～9 为基准，每 1 为一档。污水 pH＜6 时，每低一档，污水处理费标准相应提高 0.40 元/m³；污水 pH＞9 时，每高一档，污水处理费标准相应提高 0.20 元/m³。

3）按 SS 值分档收取污水处理费计费方法

入网污水 SS 值以 400mg/L 为基准，50mg/L 为一档。SS 值每超过一档，污水处理费标准相应提高 0.20 元/m³。

4）按总磷（以 P 计）值分档收取污水处理费计费方法

入网污水总磷（以 P 计）值，磷肥工业企业以 20mg/L 为基准、其他企业以 8mg/L 为基准，0.5mg/L 为一档。总磷（以 P 计）值每超过一档，污水处理费标准相应提高 0.20 元/m³。

5）按氨氮（以 N 计）值分档收取污水处理费计费方法

入网污水氨氮（以 N 计）值，染料工业企业以 60mg/L 为基准、发酵类制药工业企业以 50mg/L 为基准、其他企业以 35mg/L 为基准，5mg/L 为一档。氨氮（以 N 计）值每超过一档，污水处理费标准相应提高 0.20 元/m³。

3.5　委托方需求

3.5.1　委托方主体及关键部门

污水处理厂托管运营项目，根据其规模，一般分为市一级的大型污水处理厂，区县一级的中小型污水处理厂，乡镇一级的小型污水处理厂，以及企业的污水处理厂（站）等。见表 3-3 所列。

在尽职调查时，要摸清托管运营项目各个环节的主线、节点、关键人物、流程、时间要求等，有的放矢。

3.5.2 委托方主导需求

各地的污水处理厂托管运营项目，都是在不同的背景下产生的。要充分了解项目所在地政府、委托方的主导需求是什么，在做投标文件时，充分响应其需求，这样才有胜出的可能。

委托方主体及关键部门　　　　　　　　　　　　　表 3-3

类别	关键部门	相关部门	委托方主体	备注
市一级的大型污水处理厂	市政府、市建设局(住房和城乡建委)、市排水管理处	市环保局、市招商局、市发改委、市排水公司	市建设局(住房和城乡建委)、市排水管理处	
区县一级的中小型污水处理厂	区县委(政府)、区县建设局、区县排水办	区县环保局、区县招商局、区县发改委、区县排水公司	区县建设局、区县排水办	
乡镇一级的小型污水处理厂	县政府、乡政府	县乡政府办、县乡污水管理部门	县乡污水管理部门	
企业的污水处理厂(站)	企业所在地行业主管部门、企业	环保局等	企业	

委托方主导需求情况一　　　　　　　　　　　　　表 3-4

类别	招商引资	引进先进管理	引进先进技术	环保核查不达标后整改	理念(让专业公司做专业事)
政府	—	是	是	否	是
主管部门	是	是	是	否	是
委托方	—	是	是	否	是

如表 3-4 所示情况，委托方的主导需求基本上与政府、主管部门的一致，一般会对投标候选人的管理、技术、资质、业绩等要求很高，一些小的公司参与就很难胜出。

委托方主导需求情况二　　　　　　　　　　　　　表 3-5

类别	招商引资	引进先进管理	引进先进技术	环保核查不达标后整改	理念(让专业公司做专业事)
政府	—	—	是	是	
主管部门	—	—	是	是	
委托方	—	—	是	是	

如表 3-5 所示情况，委托方的主导需求是因为环保核查不达标，责令整改，这时的委托方一般会比较着急，首要需求是要通过整改，达标排放，扔掉这个"烫手山芋"。那么，此时，一些科研院所或者具有专门处理技术的环保公司，就比较容易赢得此类项目。

当然，还有其他情况，在此不逐一罗列。

3.5.3 项目操作方式

污水处理厂托管运营项目，是一种轻资产、稳定现金流的项目，对于有先进管理技术和团队的公司来说，一般比较受欢迎。此类项目，在实际操作方式上，还是有规律可循的。

项目操作分为四个阶段：一是项目的前期酝酿阶段；二是项目的竞标谈判阶段；三是

项目接手管理阶段；四是项目到期争取续约阶段。在这四个阶段，根据不同的特点，操作方式也各有特色。见表 3-6 所列。

项目操作四个阶段

表 3-6

类别	技术＋管理	财务	法律	商务
项目的前期酝酿阶段	重要	一般	一般	非常重要
项目的竞标谈判阶段	重要	重要	重要	重要
项目接手管理阶段	非常重要	重要	一般	一般
项目到期争取续约阶段	重要	一般	一般	非常重要

第 4 章　污水处理厂托管运营方案

4.1　托管运营管理方案

托管运营管理方案，要体现出一些主要的要素，比如：关键点、侧重点、针对性、可操作性、业主需求、先进性、降低能耗、技术措施、业绩展示、团队水平、技术支持、维修支持、采购支持、水价支持、项目熟悉理解、相关污泥业务拓展、相关中水回用业务拓展、法律保障、商务支持、工艺分析等。

4.1.1　运营管理体系

介绍受托公司在水务运营中所积累的管理经验，真正做到严密控制污水处理服务的各个环节及关键界面，这种能力确实能够为未来的项目公司创造新的价值和增长点，这正是受托公司与其他同行业公司相比的优势所在。

受托公司用于水务项目各界面管理的系统、理念、工具及程序都将在运营管理方案中具体予以体现，有一套系统的管理体系。

4.1.2　监测

污水处理厂运营的一个重要的方面是对运行性能指标进行可靠的监测。这些指标是根据流量、浓度、生产和消耗记录、化验结果、设备运行时间记录等进行计算得到的。有些数据是由在线监测仪表通过 SCADA 提供，其他数据来自于手工记录。有的污水处理厂的这部分信息比较多，需要在统计管理方面进一步提高。

为了能更加真实地反映出进水负荷，有必要通过平行样的方式对进水水质进行监测。为实现这一目的，需要在进水口和出水口安装自动取样器。

要保证厂内安装的所有监测设备的可靠性和准确性，包括厂内化验室完成的化验结果。组织专家对目前所用的方法进行一个评估，并对需要改进之处提交一份合适的行动计划。该化验室将参加受委托公司内部的化验室比较试验活动。

1. 化验室比较试验

在化验室比较试验活动中，所有参加者对同一样品的一部分进行化验，然后同其他参加者比较各自化验结果，这样可以评价出他们各自化验的可靠性及准确性。对于受委托公司的化验室，将由公司总部的专门化验室比较试验小组来管理这些试验，并根据国际 ISO 标准进行样品寄送及结果数据处理工作。所有流程都要满足认证程序。

运行指标的监测需要收集并处理大量信息。为了能轻松提取和使用这些数据，需要通过一个有效的方法来记录这部分数据。比如，某水务公司已经开发用于此目的的程序，被命名为 S 系统（监督运行辅助系统）。

2. 监督运行辅助系统

监督运行辅助系统 S，采用交互式界面，该界面能接受所有的污水处理厂的运行和技术数据，是一个信息共享系统。它能够：管理资料库的进入；保证运行资料能够被追溯及连续监测；允许编制仪表板和彩色图形；记录及发布运行性能报告；通过颜色概览确认输入数据；通过沟通与答复系统，给各级管理层提供确认后的数据；保证每日运行的优化调整、降低成本、技术性能和干预速度的改进，通过使用专门的控制板监测厂区的运行并评估工艺情况；通过处理工艺监测水质。

S 系统作为一个运行辅助工具，目前在某水务公司的 60 多个污水处理厂使用，对于实时监控污水处理厂的运行和历史数据报告，是一个切实有效的系统。

S 系统的目的是简化运行和技术数据管理工作。该系统是一个专为增强图形化进程而设计的交互式的电子表格。它允许运营经理监测污水处理厂的日常运行，并在任何时候控制出水水质，确保符合法律和合同要求。

通过不同颜色的表格和图形，S 系统提供所有给定期间的信息，允许污水处理厂的运营得以优化，并反馈给相关设计人员。

3. 污水处理模型及处理技能

某水务公司对污水处理厂进行管理的一贯目标是：根据污水进水的水质，利用最低的能耗和适量的化学药品，确保出水水质满足相应的标准要求。为使污水处理工艺能够满足污染物负荷不断变化的情况，就需要对进水水质进行连续的在线监测，此外还需要有辅助工具来改善污水处理厂的运行，从而使其满足进水和设备的实际情况。这方面需要特别指出的是，有的污水处理厂的进水水质没有达到其设计值。

为实现此目标，建议对某污水处理厂的污水处理工艺进行模拟，目的是模拟任何污染负荷条件下的工况。通过运行模拟，会预测出污水处理厂在来水质量及负荷变化时出现的情况，从而可以根据预测情况建立相应的运行程序。

某水务公司在此领域有大量的成功经验。在 20 世纪 90 年代初，就通过内部应用的具体发展，成功开发了活性污泥工艺模型。技术部门利用结构灵活的商业软件 WS，开发了污水处理厂的具体模型。

建议为某污水处理厂开发一个能达到下面目的的工具：帮助操作人员优化操作（如：确定曝气量设定值，各运行阶段的持续时间，污泥抽取量）；协助非正常情况下的决策；加强操作（技术）人员培训，使其更好地理解污水处理厂的运行；预测特殊情况下的出水水质，同时定性分析其对财务方面的影响。

为了避免污泥流失到出水中，有必要建立模型，以确定需要在曝气池内维持的 MLSS 浓度。

对于磷去除问题，通过在曝气池投加三氯化铁或聚合氯化铝，有可能去除溶解性的磷。模型将根据负荷和运行的情况，帮助预测化学药剂的投加量。

4. 能源优化

可以通过能源优化来降低成本。电力成本是污水处理厂主要的运行费用。根据不同情况，电力成本可以占到总成本的 20%～50%。对于水务公司来说，节能一直是重要的目标，这不仅仅是从经济上考虑，也是对环境的责任。通过测定、评估等方法，减少对环境的影响，这也包括控制能源消耗，从而减少由于发电而造成的温室气体的排放。建立专门的机构负责帮助运行部门优化其能源消耗，根据不同情况，确定具体的能源优化方法。

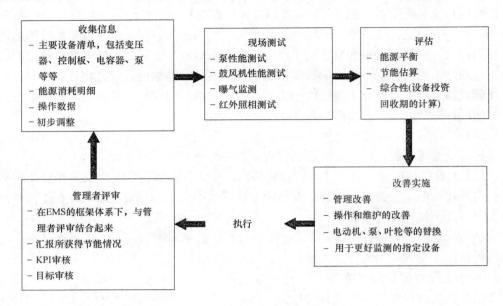

图 4-1 能源优化方法流程

所有现场测试均需完成，可以采用一些特殊的工具，比如超声波流量计、功率表、压力计、转速计或者红外相机来完成。对于污水处理环节，大部分电力消耗主要是由于：污水泵的运行，鼓风曝气等。

（1）水泵

通常情况下，污水处理厂的污水泵运行能耗，占整个能源消耗的 30% 左右。根据经验，由于设计、操作或者维护等原因，水泵设施并没有在它们的最佳效率状态下运行。因此，如果在此点上有所改进，将会降低能耗。在合同执行一开始，就进行系统的泵性能测试。测定结果将被作为设备更新的基础，这将同时考虑成本效益和环保。

示例：对某个污水处理厂进行了一项专门的研究，目的是对泵的性能进行某些测试，以检查其效率并最终提出一些可执行的用于节约能源的方法。测试结果表明，对于一台泵来讲，通过改变机组发电机和泵组合，设施的投资在一年内的节电方面就可以得到回报。该泵通过改造后节约的总能源约为 22 万元/年，大约是每年营业额的 5%。可以考虑的主要措施包括：使用变频泵；更换泵或电动机；调节叶轮；改善运行和操作。

（2）曝气

曝气过程是污水处理厂消耗大量电力的另一个主要来源。根据曝气类型和工厂规模，其电力消耗可占总能耗的 40%～80% 之间。但是，这大部分取决于进厂的污水水质和运行人员选择的运行情况。在优化过程中，确定了下列三个主要内容：首先，确定最优MLSS（混合液悬浮固体）浓度，这依赖于所需处理的污染负荷。对于一个设定浓度为 3～4g/L 的系统，如果 MLSS 浓度改变 1g/L，就会对能源消耗产生大约 5% 的影响（如果仅考虑曝气的话）。其次，有必要根据溶解氧（DO）的需求，来控制供气。在对曝气的管理及控制过程中采用专门的探头来监测，如溶解氧（DO）探头、氧化还原电位（ORP）探头及在线监测仪（氨氮 N-NH$_4$、硝酸盐氮 N-NO$_3$）。基于经验，通过采用专门探头控制曝气比计时曝气节约大约 10％的电力。根据调查现状，建立一套有效的供气量控制规定。最后，曝气系统设备的管理。曝气系统的效率依赖于几个参数，比如设备年龄、膜的堵塞情况等。因此，为尽快确定何时在经济和技术上需要替换曝气系统，认真控制曝气系统的效率就变得非常重要。此领域的经验表明，曝气系统的生命周期通常是 2～10 年。

示例：对一个市政污水处理厂进行了专门的研究，其目的是改善曝气效率，达到在保证质量的前提下最终降低电能消耗的目的。通过在出口处安装在线分析仪，调整现有管理控制方案。通过调整实际供气量，更接近于处理根据进出水质所需的供气量。执行该项措施后，曝气过程节约了约 5％的电力，投资回收期缩短了 14 个月。此外，通过对出水水质（尤其是硝酸盐氮浓度）的更好控制，用于除磷的化学物质用量也显著下降。另一个降低外购电量的方法就是，通过发电机从污泥消化中回收利用能量。初沉池运行产生的污泥没有稳定化，需要在最终处置前做进一步处理。一个方案就是进行中温厌氧消化，这有以下优点：稳定了污泥的公害（嗅觉方面），而且消灭了部分致病菌；减少了污泥体积，从而降低了处置成本；产生了较好的污泥农业方面的价值；通过沼气的产生回收了潜在的增值价值。污泥消化产生的沼气中 65％为甲烷，这是一部分有价值的能源。产生的沼气通常可用于维持消化池温度（大约 35℃），同样也可以通过发电机发电（热能＋电能）。例如，山东省某污水处理厂的水处理工艺，选择了高效沉淀池＋曝气生物滤池，这就为污泥消化产沼气并最终沼气发电创造了良好的条件（初沉池污泥＋生化污泥）。通过污泥中温消化，污泥得到分解，污泥量减少了 30％，同时通过产生的沼气回收能量，通过沼气发电机，使沼气被转化成电能，发电过程产生的热量被用于维持消化池所需的温度。执行该项措施后，厂区所需电量的 70％左右来自于沼气发电，完全实现了节能减排的目的。

4.1.3　资产管理

1. 资产管理方案

资产管理方案为设施的维护及高效率运行提供了方法和程序，确保设施得到及时的维护与保养，能够高效、经济地运行，也达到了优质服务和环保方面的要求。检修和维护方案集中了受托方的技术专长和丰富经验，是由维护专家、维护经理、污水处理厂操作人员联合编制的。该方案中收录了各种成功的经验和解决方案。比如：文件模版、信息循环逻辑图、汇报样例、分析工具的技术演示等，并且符合国际性的维护标准。

资产管理方案的不同阶段步骤如下。

步骤 1：编写一个关于所有污水处理厂处理设施和设备的资产清单数据库。

步骤 2：将相关标准、政策、服务水平和操作目标整合入评估标准。

步骤 3：采用预先设定的标准，评估每项资产和工艺，从而将资产状况和性能分级分组。

步骤 4：监控资产运行状况、维护和性能数据。

步骤 5：分析数据随时间的变化。

步骤 6：将数据整合入数据库，并建立一个程序，升级包括年度评估在内的信息。

步骤 7：将设备生产厂商的详细信息和设备规格涵盖在数据库内。

步骤 8：将所有支持程序（包括环境政策、操作手册、维护计划、应急计划、健康和安全计划及风险管理）整合入资产管理规划。

此项工作将会在资产管理团队的协助下完成。该资产管理团队，是由污水处理、设备维护和资产管理方面的专家组成的。资产管理团队的任务之一，是为新项目提供下列支持。

支持 1：审核现有设施及污水处理厂的维护体系。

支持 2：推荐一套整改方案，改善现有设备状况。

支持 3：帮助当地团队执行该整改方案等。

这些整改措施将会在合同开始时即执行，在整个合同期间，技术部将会长期提供帮助和支持。通常来讲，这种支持包括维护程序和设备状态的日常监护。

2. 资产管理方案目的

资产管理方案的主要目的，是在整个合同期间，为监测设备运行性能及污水处理厂内设备的整体状况条件，建立一个完整的管理体系。

通过收集操作目标、标准、维护要求、性能监控、过程控制及性能基准的数据和信息，将所有操作理念和方法整体并入资产管理方案中。同时，由专家设计的资产管理战略，能确保在整个合同期间达到所要求的标准。这种战略的主要优点是：

（1）使整体运行效果达到最优化。

（2）确保设备性能稳定，从而达到服务稳定。

（3）应用成熟的技术和方法。

（4）通过使用受托方的计算机维护管理体系，优化资产维护。

（5）为日常在运行中的人为干预及主要检修决策提供正确的规划。

（6）符合环境标准和政策。

（7）最小损耗。

（8）长期的可持续性。

实行该战略的结果是拥有一个行之有效的、可靠的资产管理系统，该系统能帮助维护并监控资产状况、性能及服务能力。

服务能力分级管理流程图如图 4-2 所示。

3. 定义原则

污水处理厂的维护方案根据下列原则来定义：

（1）维持污水处理厂的服务，比如：满足所有的合同要求。

（2）通过经济的维修和有计划的维护，保持所有设备状态良好。

（3）通过对经过培训的设备维护人员的监督，保证设备外包机构的维修维护质量，确保高标准的维修。

（4）在预防性维护和事故维修之间寻求平衡。

（5）进行维护维修记录。

（6）确保资产维修质量，且没有对环境或者社区造成任何不良影响。

4. 预防性维护

根据预防性维护和故障维修，来制定维修和维护方案。预防性维护是避免设备发生故

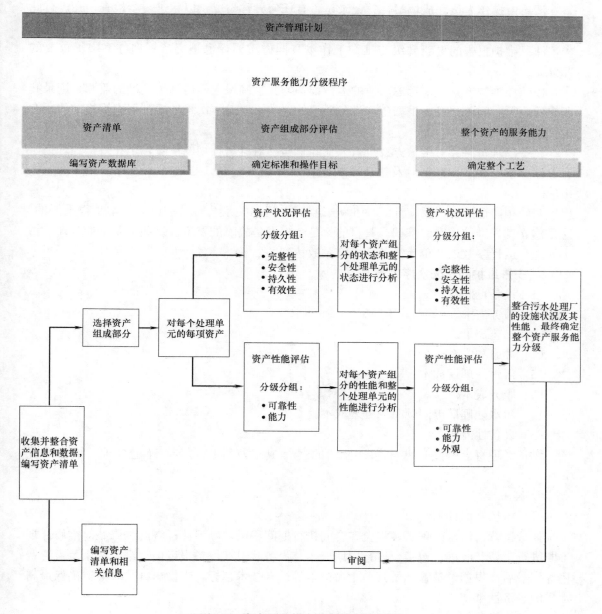

图 4-2 资产服务能力分级管理流程图

障的预防措施。可以定期进行预防性维护，也可以根据系统性的设备评估后的工作，或污水处理厂的监控系统所获得并记录下的单个或一系列设备状况参数来安排维护。

基于运行状态（性能）的维护包括：根据设备运行时间进行；根据设备运行数量进行；根据仪表读数漂移超过某一百分比进行；根据特定的详细参数（包括振动、热分析、油分析等）进行。

预防性维护的基本任务是，根据设备制造商的要求进行计划和调整，必要时，根据经验维护。

清单由操作人员完成填写，并记录是否有任何异常情况，以备进一步检查。在进行此项检查和维护任务之前，所有的员工都要接受培训，而且检查人员要如实正确填写检查报告，注意维护报告的更新升级与维护工作本身同样重要，也是资产管理方案中很重要的部分。

预防性维护方案还要考虑高速的运行设备，并且确保它们得到了正确的监测，记录其所有的运行时间，并且，根据生产设备厂商的要求，要对本次维护后到下次维修前的所有运行进行记录。

设备经理每年会对维护方案进行评估和审核。对维护计划的审核，是在维护经理把所有检测、检修和维护报告以及报告中的注释及评论等资料，与运行经理讨论和分析后做出的。

明确预防性维护、反应性维护和状态监测之间的关系并对其进行分析，是很重要的，这是建立良好维护方案的基础。其目的就是减少设备故障的发生。这些主要是通过评估污水处理厂运行参数以及单元设备的风险系数达到的。

5. 安排维护的优先次序因素

（1）设备可靠性。

（2）服务需求。

（3）工艺需求。

（4）健康和安全。

（5）污水处理厂成本。

（6）服务成本。

（7）污水处理厂出问题时的处理成本。

（8）设备性能。

设备经理将会审阅这些短期、长期的运行成本及维护成本，确定维护、维修的优先性。

6. 经济维修

（1）审核维修计划

托管运营的污水处理厂，将会在合同执行期间积极鼓励促使经济的维修。对维修计划不断进行审核及改进，包括全运行周期成本、设备状况、设备报废期、维修费用及重置费用等。最后，根据设备管理及其全生命成本等综合技术指标，来做出维护方案，确保最高水平的经济性维修。

（2）维修队伍

就维修和维护而言，组建一支精干的、技术全面的专职维修队伍，来维护污水处理厂的设施、设备，是非常重要的。

（3）非核心业务外包

托管运营的污水处理厂，将会考虑选择具备相应能力、且价格具有竞争力的当地服务受托方，来完成此类的外包。受托方必须证明他们在污水处理领域从事服务的技术和经验。将会选择经受过专业培训的受托方来完成这些维护任务，确保把因这些外包服务而引发的问题和风险降到最低。

（4）备品备件库存

预防性维护的内容，应该详细到使备品备件购置库存量达到最小化，并要制定相关规定确保备品备件得到及时供应和配置。执行预防性维护策略，将会确保污水处理厂拥有有效运行所需的设备，保持正常运行。

（5）维修时间安排

要制定维修计划，目的是确保维修人员对污水处理厂处理能力的影响最小。因此，要确定各个环节的维修时间表，最好利用运行需求的低谷期安排维修，比如，干旱季节进行大修。通过这样的优化程序，可以将维修对运行产生的影响与风险降到最低。

（6）日常检测

在维护策略框架体系内，严格执行设备日常检测，将会降低因磨损引发事故的发生率，这样也就降低了维修人员的工作量。

（7）操作规程

故障检修的主要目的，就是快速准确判断故障发生位置，并尽快有效地排除故障，恢复运行。

方案中，还应该包含故障判断及排除的操作规程，在判断故障及排除故障的过程中，按照这个规程执行。这样，维修人员在主要设备出现故障时，就知道如何作出反应，或者在紧急情况时，清楚地知道如何应对。

（8）优先次序

维护经理将会负责维护方案中未涉及或未计划的维修事件，维护经理将会负责指定整改计划，并且安排相应的资源。优先次序如下：

1）快速判断——是否能解决？

2）采取安全措施——将对环境和社区的任何影响降至最低。

3）仔细检查——撰写整改计划。

4）资源调动——人员、受托方、材料。

5）维修。

6）编写问题报告，提出如何避免将来发生类似的问题。

对于每一个主要事件，维护经理均会在当天发生问题的时候，对其进行判断和评估。对发生在正常工作时间之外的事故，至少要马上采取安全措施。如果此项评估对工艺没有影响的话，可以等到工作日开始时，再进行完整的事故评估。

7. 计算机辅助执行

（1）计算机维护管理体系

缩短设施的不可使用期，往往要通过工艺运行和生产调度部门来决定。操作人员将通过计算机维护管理体系的辅助来执行。该系统允许操作人员按照工作的优先次序，排列计划工作流程。该系统将会发布安排好的预防性维护工作的清单，内容包括本次需要执行的维护任务以及前次尚未完成的任务。这种方式，使得管理者能够识别各项工作的优先次序，并按照污水处理厂的操作需求，对需要完成的工作，按优先次序排列，如有必要，可以安排相应的停机时间。该系统将会记录每台污水处理厂设备的故障和日常的维护历史，能适应于不同的语言环境（比如：英文、法文、中文、韩文、日文、泰文等），因此，该系统可被用作全球性的资产管理。

（2）涵盖内容

1）描述资产（设施）及其特征的框架。

2）内置满足维护规则所要求的固定功能。

3）管理日常工作流程：包括工作要求、工作次序和工作报告等。

4）预防性维护程序，包括对任务的相应描述等。

5）描述已执行的维护任务的每周、每月和每年报告。

（3）功能

如前所述，如维护系统已通过审核，并在必要情况下得到改善后，即可在现场安装该系统软件。主要功能包括：

1）分析现有的维护管理状况。

2）审核并建议 IT 结构要求。

3）根据现场组织条件，配置相应的应用功能。

4）可对操作者进行培训。

4.1.4 BOT 项目托管运营示例

江苏某经济开发区污水处理厂项目是由 A 公司承接的 BOT 项目，该公司承担投资、建设和运营的全部过程活动。一期规模为 2 万 m^3/d，投资 6710 万元人民币，采用混凝沉淀＋A^2/O 生化工艺，主要处理来自精细化工园区及石化园区产生的污水。目前，该项目一期建设已经竣工，污水处理厂即将进入调试、试运行阶段。为了高效地完成调试阶段运营生产，高质量、顺利地过渡到正常运营阶段，使污水处理厂运营快速进入正常轨道，A 公司就污水处理厂的运营方式，进行了多方考察与调研，并与 B 公司进行了多次协商。双方决定，采取托管运营的模式，由 A 公司将污水处理厂委托给 B 公司进行专业化运营管理，实现污水处理厂成功调试、成功试运行，并为后期高效、稳定、优质地运营打下基础，实现污水处理厂社会效益、经济效益和环境效益的最大化。

1. 运营方式

本项目采用托管运营的方式。

由污水处理厂的委托方 A 公司，提供污水处理厂运营的相关硬件条件。受托方 B 公司负责整个污水处理厂的运行及内部管理，同时，协调好外部相关单位，如环保局等方面的要求和工作检查，在项目委托期限内，确保受托的污水处理厂运营稳定、正常，排放达标。

2. 委托双方应提供的条件

A 公司：

（1）污水处理厂可正常运行的设施、设备、仪器。

（2）试验室分析仪器。

（3）水、电、办公、通信、交通等条件。

（4）药剂等常规易耗品。

（5）工程师工作期间相关生活条件（食、宿等）。

B 公司：

（1）污水处理厂的正常运转及内部管理，并建立相应先进的运行管理模式。

（2）操作人员的专业培训，日常管理考核及相关管理制度的建立。

（3）与各纳管进水企业商务洽谈的技术支持。

（4）污水处理厂正常运行的相关管理程序和各环节及整体档案的建立。

（5）对现有工艺及设备中存在的问题及时向委托方提出整改意见。

（6）试运行阶段配备一名有丰富经验的高级工程师总负责，并配备工艺工程师、设备工程师、分析化验师及商务工程师各一名。

3. 受托方的工作内容

（1）试运行

1）试运行管理

污水处理厂的试运行是污水处理项目最重要的环节。通过试运行进一步检验土建工程、设备和安装工程的质量，是保证正常运行过程能够高效低耗运行的基础，同时检验工程运行是否能够达到设计的处理效果。

污水处理厂试运行的具体内容：

① 通过试运行检验土建、设备和安装工程的质量，建立相关设备的档案材料，对相关机械、设备及仪表的设计合理性、运行操作注意事项等提出建议。

② 对某些通用或专用设备进行带负荷运转，并测试其性能。如水泵的提升流量与扬程，鼓风机的出风风量、压力、温度、噪声与振动等，曝气设备充氧能力或氧利用率，刮（排）泥机械的运行稳定性、保护装置的效果、刮（排）泥效果等。

③ 通过单项处理构筑物的试运行，力求达到设计的处理效果，培养（驯化）厌氧缺氧及好氧微生物活性污泥，并在达到生化处理效果的基础上，找出最佳生化运行工艺参数。

④ 在单项设施试运行的基础上，进行整个工程的联合运行和检验，确保污水处理能够达标排放。

通过对试运行阶段的全面管理，力争使污水处理厂的运行做到：

① 按需生产。按照纳管污水总量，统筹、调度污水处理厂的运行能力；

② 经济生产。以较低的成本处理好污水，使其"达标"。

③ 文明生产。培养具有全新素质的操作管理人员，以先进的技术、文明的方式，安全地搞好生产运行。

2）水质管理

污水处理厂水质管理工作是各项工作的核心和目的，是保证"达标"的重要因素。在托管运营阶段要建立完整的水质管理制度，包括：

① 各级水质管理机构责任制度。

② 三级（环保监测部门、委托方和污水处理厂）检验制度。

③ 水质排放标准与水质检验制度。

④ 水质控制与清洁生产制度。

3）培训与制度

污水处理厂操作管理人员的任务是，充分发挥各个处理工艺段的优点，根据设计要求进行科学的管理，在水质条件和环境条件发生变化时，充分利用各个工艺段的弹性进行适当的调整，及时发现并解决异常问题，使处理系统高效低耗地完成任务。

通过对运行操作人员的培训，使其达到熟练掌握本职业务的目的。污水与污泥的处理是依靠物理、化学及生物学的原理来完成的，既要利用大型的构筑物、机械、设备与自控装置，还涉及各种测试手段，这就要求所有运行操作管理人员除了具有一定的文化程度外，在物理、化学及微生物学方面的知识也应满足更高的要求，也包括机械及电气方面的知识。因此，必须通过对运行操作人员的严格培训，使他们熟练掌握本职岗位业务技能。

在人员培训的基础上，还必须建立各项规章制度并严格执行。为了保证污水处理厂稳定地运行，除了操作管理人员应具备业务知识和能力外，还应有一系列规章制度要共同遵守。除了岗位责任制的贯彻执行以外，还包括：设施巡检制、设备保养制、交接班制、安全操作制等。

（2）技术经济评价和运行管理

1）技术经济指标

用一系列的技术经济指标来衡量污水处理厂运行的好坏，其中主要包括处理污水量、排放水质、污染物质去除效率、电耗及能耗等指标。

2）生产成本估算

包括能源消耗费、药剂费、固定资产基本折旧费、大修基金提存、日常维护检修费、工资福利费等。

① 能源消耗费用，包括水、电、气等能源消耗。

② 日常维护检修费用。

③ 其他费用，包括药剂费、职工工资福利费、劳保基金、统筹基金、固定资产基本折旧费等其他费用。

3）运行记录与报表

运行记录与报表包括原始记录和统计报表。

原始记录主要有值班记录、工作日志和设备维修记录，包括各种测试、分析或仪表显示数据的记录。统计报表则是在原始记录基础上汇编而成，可分为月统计、季统计、年统计等。一般每月抄送月统计报表备案或每季度、每年向厂部及环保部门抄送季度或年统计报表；各操作岗位每日或每周抄送日或周统计报表。

（3）污水处理系统的运行管理

1）预处理的运行管理

① 格栅间。格栅工作台数的确定；栅渣的清除；渠道沉砂情况的定期检查；运行测量与记录等。

② 污水提升泵房。泵组的运行调度；各种仪表指针变化的监测；集水池的维护；运行记录等。

2）初次沉淀池的运行管理

① 根据初沉池的形式及刮泥机的形式，确定刮泥方式、刮泥周期的长短。避免沉积污泥停留时间过长造成浮泥，以及刮泥过于频繁或刮泥太快扰动已沉下的污泥。

② 初沉池一般采用间歇排泥，因此最好实现自动控制；无法实现自控时，要注意总结经验，并根据经验人工掌握好排泥次数和排泥时间。当初沉池采用连续排泥时，应注意观察排泥的流量和排放污泥的颜色，使排泥浓度符合工艺要求。

③ 巡检时注意观察各池的出水量是否均匀，还要观察出水堰出流是否均匀、堰口是否被浮渣封堵，并及时调整或修复。

④ 巡检时注意观察浮渣斗中的浮渣是否能顺利排出、浮渣刮板与浮渣斗挡板配合是否适当，并及时调整或修复。

⑤ 巡检时注意辨听刮泥、刮渣、排泥设备是否有异常声音，同时检查其是否有部件松动等，并及时调整或修复。

⑥ 排泥管道至少每月冲洗一次，防止泥砂、油脂等在管道内尤其是阀门处造成淤塞，冬季还应当增加冲洗次数。定期（一般每年一次）将初沉池排空，进行彻底清理检查。

⑦ 按规定对初沉池的常规监测项目进行及时分析化验，尤其是 SS 等重要项目要及时比较，确定 SS 去除率是否正常，如果下降就应采取必要的整改措施。

⑧ 初沉池的常规监测项目：进出水的水温、pH、CODr、BOD_5、TS、SS 及排泥的含固率和挥发性固体含量等。

3) 生化曝气池的运行与管理

① 经常检查和调整曝气池配水系统和回流污泥分配系统，确保进入各系统或各曝气池的污水量和污泥量均匀。

② 按规定对曝气池常规监测项目进行及时分析化验，尤其是 SV、SVI 等容易分析的项目要随时测定，根据化验结果及时采取控制措施，防止出现污泥膨胀现象。

③ 仔细观察曝气池内泡沫的状况，发现并判断泡沫异常增多的原因，及时采取相应措施。

④ 仔细观察曝气池内混合液的翻腾情况，检查空气曝气器是否堵塞或脱落并及时更换，确定鼓风曝气是否均匀、机械曝气的淹没深度是否适中并及时调整。

⑤ 根据混合液溶解氧的变化情况，及时调整曝气系统的充氧量，或尽可能设置空气供应量自动调节系统，实现自动调整鼓风机的运行台数、使曝气机自动变速运行等。

⑥ 及时清除曝气池边角处漂浮的浮渣。

（4）活性污泥系统的运行管理

1) 运行调度

对一定水质水量的污水，确定投运几组曝气池、几座二沉池、几台鼓风机，以及多大的回流能力、每天要排放多少污泥。编制运行调度方案：

① 确定水量和水质。

② 确定有机负荷 F/M。

③ 确定混合液污泥浓度 MLVSS。

④ 确定曝气池的投运数量。

⑤ 核算曝气时间。

⑥ 确定鼓风机投运台数。

⑦ 确定二沉池的水力表面负荷。

⑧ 确定回流比。

2) 异常问题对策

由于工艺控制不当、进水水质变化以及环境因素变化等原因，会导致污泥膨胀、生物相异常、污泥上浮、泡沫等生物异常现象，通过技术及设备运行情况分析，对下述问题提出对策：

① 污泥膨胀问题。

② 泡沫问题。

③ 污泥上浮问题。

3）污泥脱水机的运行管理

① 经常检测脱水机的脱水效果，若发现分离液（或滤液）浑浊，应及时分析原因，采取针对措施予以解决。

② 经常观测污泥脱水效果，若泥饼含固率下降，应分析情况采用针对措施解决。

③ 经常观察污泥脱水装置的运行状况，针对不正常现象，比如采取纠偏措施，保证正常运行。

④ 每天应保证脱水机有足够冲洗时间，当脱水机停机时，机器内部及周身冲洗干净彻底，保证清洁，降低恶臭。否则积泥风干后冲洗非常困难。

⑤ 按照脱水机的要求，经常做好观察和机器的检查维护。

⑥ 经常注意检查脱水机易磨损情况，必要时予以更换。

⑦ 及时发现脱水机进泥中砂粒对滤带的破坏情况，损坏严重时应及时更换。

⑧ 做好分析测量记录。

（5）设备的运行管理

污水处理厂的所有设备都有它的运行、操作、保养、维修规律，只有按照规定的工况和运转规律，正确地操作和维修保养，才能使设备处于良好的技术状态。同时，机械设备在长期运行过程中，因摩擦、高温、潮湿和各种化学作用，不可避免地造成零部件磨损、配合失调、技术状态逐渐恶化、作业效果逐渐下降情况，因此还必须准确、及时、快速、高质量地拆修，以使设备恢复性能，处于良好的工作状态。设备管理主要有以下几个方面：

1）使用设备

规定各种设备的操作规程和操作步骤，设备使用过程中的工况记录。

2）保养设备

各种设备保养，包括清洁、调整、紧固、润滑和防腐等内容。保养工作记录。保养工作可分为：例行保养、定期保养、停放保养、换季保养等。

3）维修设备

制定主要设备的维修标准，通过维修，恢复技术性能。明确设备大、中、小修界限，分类落实。明确主要设备维修周期，实行定期维修。制定常规维修的维修工料定额，以降低维修成本。做好详细维修记录。

4）管理设备

指从设备购置、安装、调试、验收、使用、保养、维修直到报废以及更新全过程的管理工作。规定每一环节的设备资金管理制度。

① 设备类型

污水处理工艺类设备；自动化与测量仪表；电气设备。

② 设备的完好标准和维修周期。

③ 设备档案。

④ 设备的运行管理与维护

确定设备运行最佳方案；设备的巡回检查；确定和保持设备良好的润滑状态；设备的日常维护与保养守则。

（6）运营管理

1）主要指标

① 处理成本。

② 处理总量和处理质量。

③ 设备完好率与运转率。

④ 能源消耗。

2）记录与统计

3）制度的建立

① 岗位责任制。

② 安全生产制度。

③ 安全生产教育和目标管理。

④ 安全技术管理的基本要求。

⑤ 对工艺和设备的管理。

⑥ 对生产环境的管理。

⑦ 组织制定和实施安全技术操作规程。

⑧ 个人防护用品的管理。

⑨ 防火防爆与压力容器管理。

⑩ 事故报告制和调查程序。

⑪ 人员伤亡事故的报告制和调查程序。

（7）纳管企业收费与管理

1）纳管企业的排污收费

纳管企业排污收费价格确定；收费方式和价格的商务谈判。

2）纳管企业的排污管理

纳管企业排污预处理要求、纳管标准；各纳管企业的正常排污监测、管理。

3）纳管企业水质异常

纳管企业在生产异常或大修等情况下，会出现排出污水超标，对污水处理厂有很大的冲击，这就需要有很好的联动机制，及时掌握来水情况，主动应对。其中，在线监测等是必要的预先掌握动态的手段。

4. 成本核算

（1）运行费用组成。

（2）利润。

（3）项目总价。

5. 服务承诺

（1）保证污水处理厂的正常运行和达标验收。

（2）运行流程优质、高效、节能。

1）技术的先进性。

2）管理的简便性。

3）运行的节能性。

4）工程的美观性。

（3）保证设计、编制的各单元操作规程和制度合理、实效。

（4）定期回访用户，了解设施运行情况，提供技术支持。

4.2　法律方案

4.2.1　法律方案形成

托管运营的法律方案，是形成托管运营合同的基础，一些要项也是双方经过了充分沟通才确定的。其中，委托方一般为甲方，受托方为乙方。

4.2.2　法律方案要项

合同的关键要点如下。

1. 甲方的权利义务

权利：甲方监督、指导管理好污水处理厂设施、设备及其他资产，监督乙方依法经营、履行合同，做好协调、服务工作等。

义务：委托时确保甲方委托给乙方运营维护的污水处理厂的条件完整，并按合同规定支付合同价款。甲方一次性向乙方提供污水处理厂运营所必备的适合运营的硬件设施和软件资料，确保受托期内运营权不被无故中止，进入污水处理厂的污水尽量满足设计进水要求与进水水质标准等。

2. 乙方的权利义务

权利：在国家法律、政策范围内，乙方有权建立以经营者为主的生产经营管理制度，正确行使生产经营权和经营管理自主权。承接污水处理任务，按时足额收取甲方支付的合同价款等。

义务：组建高素质的运营管理团队和技术团队，全面负责污水处理厂的生产经营管理，管理规范，保证污水处理厂正常运营，完成合同规定各项经济技术指标和任务等。

3. 所有权和经营权

污水处理厂的所有权为甲方所有。

项目在委托期间，经营权为乙方所有，乙方自主经营，自负盈亏。

4. 付费基础

以乙方根据排放标准处理的污水水量依照合同价确定运营费用。

5. 单价确定和支付方式

以月份内根据排放标准处理的日平均污水水量确定单价。

乙方在完成月份运营后，向甲方递交污水处理服务费用支付请款报告与相关账单，甲方在收到后十个工作日内完成审核并支付给乙方。

6. 大修费用及更新费用

大修费用包括在污水处理服务费中，并单独建账。

甲方应承担全部更新与投资费用。

甲方应承担所有整改的设备费用。

7. 污水处理服务费调整办法

自开始托管运营日起，污水处理服务费按上面所述价格水平确定。

在托管运营期内，根据约定的调价公式，当成本变动自合同签订之日起或上一次调价之日起累计超过 5% 时，由价格调整后受益方提出调价动议，调整污水处理服务费。

调价申请提出后，政府主管部门对乙方的污水处理服务费的调整进行审批。甲方协调有关部门依据法定程序和成本监审政策规定进行审查、批复。

8. 运营与维护

在托管运营期内，乙方负责运营污水处理厂并确保其达到排放标准。乙方对污水处理厂拥有运营权，负责厂区内设备、设施正常运行的安全生产管理和维护。

任何单项支付性成本大于××万元人民币的大修由甲方支付费用。

更新与投资成本应由甲方直接负担。乙方应协助甲方执行任何更新或投资工作。

9. 污泥清运与处置

污水处理过程中产生的污泥应由乙方运送至甲方指定的地点。污泥运输费用由乙方承担。污泥处置与处理费用由甲方承担。

10. 质量管理标准及要求

进水水质要求：进入污水处理厂的污水应满足进水水质标准。

出水水质要求：出水水质应满足排放标准。

11. 计量方式

采用出水计量方式，以总出水口计量的水量作为计算污水处理服务费的依据。

12. 开始和结束时的移交

移交前，由甲方和乙方各自派员组成移交委员会具体负责和办理移交工作，组织必要的会议会谈并商定污水处理厂设施移交的详尽程序，确定移交仪式。

开始时移交：甲方应向乙方移交污水处理厂的运营维护权。

结束时移交：乙方应向甲方无偿移交对污水处理厂的所有使用权与占有权等。

甲乙双方共同检查确认满足运营条件及移交条件，双方代表在交接确认书及清单上签字确认并加盖公章，完成交接手续。

13. 托管运营期限

托管运营期为运营开始日起八年。

在本合同期满前最迟 3 个月，结合当时的实际情况及法律、法规的约定，就合同是否延续问题，双方另行商议。

4.2.3　法律架构

法律架构如图 4-3 所示，设立的项目公司为受托方的全资子公司。

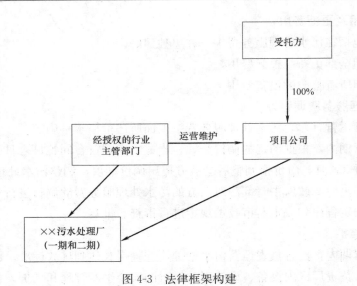

图 4-3   法律框架构建

4.3   人力资源管理方案

4.3.1   组织架构

1. 托管运营前组织架构

托管运营前，污水处理厂由委托方员工负责运行，这些员工是由委托方招聘的或是系统内派遣来的，除此之外，还有从事保安、园艺、清扫、食堂工作的相关辅助人员。

托管运营前，污水处理厂经营管理人员一般由上一级部门任命，管理架构大多为直线职能制。如图 4-4 所示。

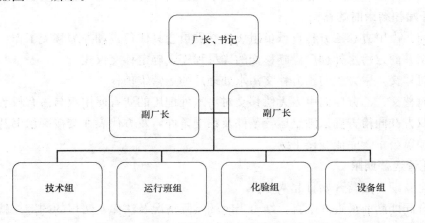

图 4-4   托管运营前污水处理厂通常组织架构

2. 托管运营后组织架构

在考虑项目公司组织架构和人员安排时，最基本的指导原则是，最大限度地利用现有的人力资源，目的是为了确保污水处理厂的平稳运营。根据所掌握的资料，按照运营与维护污水处理厂的要求，有针对性地提出受托污水处理厂近远期的组织架构与人员安排。需要说明的是，受托方提出的项目公司的组织架构与人员安排，是基于对当地政府负责、有利于项目的未来发展、有利于保护员工的合法权益的指导原则作出的。

就项目公司的组织架构而言，最关键的就是，如何确保把污水处理厂现有的各个职能部门和基层单位有机地融合起来，成为一体，发扬团队精神，为客户提供高质量的污水处理服务。受托方也可在项目公司成立后对组织架构进行进一步的优化。

××项目公司及污水处理厂托管运营后的组织架构与人员安排，如图 4-5、图 4-6所示。

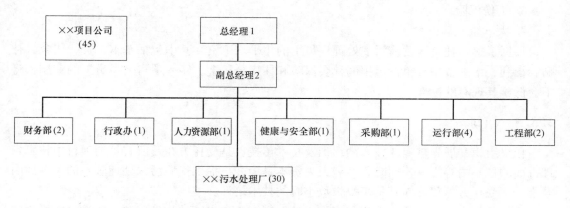

图 4-5　××项目公司的组织架构与人员安排

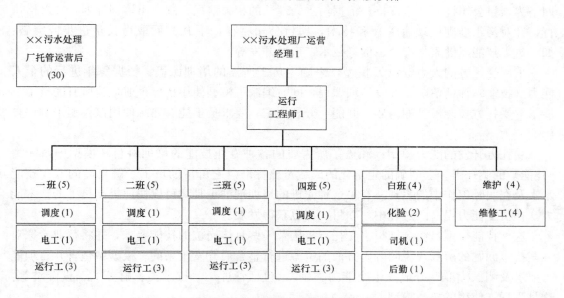

图 4-6　××污水处理厂托管运营后的组织架构及人员安排

项目公司通过互联网、当地的人才市场、报纸、与当地大学合作或采用学生见习等方式招募新员工。根据项目公司对高管的资历、背景要求向项目公司派遣高级管理人员。受托方对派遣到项目公司的高级管理人员设定严格的标准，确保其在水务领域的学历、资格、阅历、水平以及外语能力等能够满足该职位的要求。

4.3.2 基本福利体系

根据相关法律、法规要求，用人单位应该向其员工提供如下类型的社会保险：

1. 养老保险。

2. 医疗保险。

3. 失业保险。

4. 生育保险。

5. 住房公积金。

6. 工伤保险。

7. 大（重）病保险。

根据了解，托管运营前污水处理厂员工的年平均工资，其中包括基本工资、奖金、补贴、福利、培训费用及单位承担的社会保险和住房公积金。转入项目公司员工的薪酬，将不会低于其现有的标准。

4.3.3 培训

积极组织开展先进专业技术的培训及技术传授，是受托方在其所有签约项目中技术管理方面的核心内容之一，同时，发展人力资本是为客户提供优质污水处理服务的关键性因素之一。受托方每年要向其员工提供数小时的技术培训。

项目公司成立后，受托方将利用设立的培训中心和丰富的技术资源，通过这些机构的网络为项目公司提供技术支持。依据污水处理厂的相关情况，制定出培训计划，并严格执行。针对污水处理厂现有管理和技术，项目公司将在如下几方面取得长足进步或突破：如，员工技能、健康与安全、信息技术、市场开发等。

采用受托方的人力资源 X 模型，来确定员工所需的培训课程。根据每年进行的个人能力（技能）评估情况，开发培训课程，同时编制了模型使用指导手册，让所有的员工都能了解受托方技能模型的内涵，并能充分利用它。要求员工能够熟练使用该模型来测评自己的能力。

受托方开发的能力模型，涵盖了所需要的各种专业技能的培训科目。模型中对能力（技能）的测评是一套明确的定量化的成绩考核标准，它可帮助员工了解自己的专业技能水平及在实际工作中的表现。有了这种先进的培训辅助工具，可以快速提高员工的技术能力。在员工能力提高的过程中，项目公司也获得发展。

这种技能模型是综合了很多受托方机构及一些具体岗位的技能要求，并将行业专家对一些技术问题的解释或说明等多方面的资源进行整合后开发出来的。模型中包含几百项能力要求及测试标准（分成几十个能力类别），包括管理类、技术类、财务类、投资类等，这是受托方使用的核心模型。

4.3.4 健康与安全

受托方高度重视所有员工的健康与安全，无论其工作岗位是在车间还是在办公室。受托方在健康与安全方面建立一套高标准的管理体系，旨在保护就职于本公司的所有员工，以及与公司有关联的人员（如：来宾、客户、供应商等），使他们远离各种危险。这是推崇的道德标准，也是对员工所应承担的责任和义务。

在工作中或工作条件不好所导致的各种伤病或伤害，会给员工个人及其家属带来痛苦和损失，此外，因疾病或伤病所导致的事故和缺勤同时也会给公司造成损失和损害。受托方始终将员工的安全与健康放在最优先的位置，密切、持续地关注员工的健康与安全问题。

受托方在各个区域都建立健康与安全技术代表网络系统。借助该网络系统，人力资源和其他健康与安全等职能部门，就能够确保各个工作岗位的操作都能符合受托方制定的职业健康与安全标准和惯例。

4.3.5　员工安置

受托方安置现有员工进入新项目公司的总体原则和方法有：

1. 全部接收污水处理厂聘用的员工，项目公司与其签订新的劳动合同。

2. 在与员工签署的新劳动合同中，将对薪酬和社会福利保险等具体化。

3. 转入项目公司员工的薪酬，将不会低于其原有的标准。

4. 项目公司将严格按照劳动法的要求，员工每天工作 8h，每周工作 40h。

5. 员工的年度薪酬增长方案将根据多方面情况和意见协商决定，包括：

（1）集体协商。

（2）利润增长。

（3）生产效率的提高。

（4）当地政府发布的工资增长指导意见。

（5）本地消费指数等。

第 5 章　污水处理厂托管运营谈判

5.1　谈判准备

政府部门在托管运营污水处理厂项目的操作上一般都会很慎重，谈判之前要做许多准备工作，双方的商务人员要进行充分沟通，明确要点和分歧点，以便谈判高效推进。

5.1.1　谈判的安排

1. 选择地点

托管运营谈判地点可以选择在己方主场地，对方客场地，或者中立场地，三种选择各有利弊。作为委托方来说，一般会强调选择有利于自己的主场地。谈判地点的优劣势，见表 5-1 所列。

谈判地点优劣势 表 5-1

类别	优　势	劣　势
主场	1. 谈判时可以自由使用各种场所； 2. 以逸待劳，无需分心去熟悉或适应环境； 3. 可以充分利用资料，如果需要深入研究某个问题时，还可随时搜集和查询有关资料； 4. 谈判遇到意外时，可以直接向上级请示	1. 谈判可能要受到其他事务的干扰； 2. 要承担烦琐的接待工作； 3. 对方对他们的责任和义务容易找借口逃避
客场	1. 己方可以全心全意投入谈判，不受或少受干扰； 2. 能越级同对方的上司直接谈判，避免对方节外生枝； 3. 现场观察对方的经营情况，易于取得第一手资料； 4. 必要时可以推说资料不全而拒绝提供情报资料	1. 在谈判中遇到意外时和上级沟通比较困难； 2. 临时需要有关资料不如主场方便； 3. 不容易做好保密工作
中立场地	在中立场地谈判可使双方心理上感觉更为公平，有利于缓和双方的关系	由于双方都远离自己的根据地，会给谈判的物质准备、资料收集、与上级的信息沟通等方面带来诸多不便，因而在商务谈判中较少使用

2. 安排谈判会场

谈判会场的安排，要为谈判的总目标服务。谈判会场应当备齐必需的设备和接待用品，光线充足，舒适宽敞，轻松庄重，利于会谈。根据谈判双方之间的关系、谈判实力和己方谈判人员的素质等因素，确定谈判会场的布置及座位的安排。主谈室最好不要安装录音、录像设备，除非征得了双方同意，确有这个必要。否则，会增加双方的心理压力，难以畅所欲言，言行举止也会十分谨慎。

谈判座位的安排也有讲究。常见的是，主人居背门一侧，客人居面对正门一侧，双方人员各自坐在谈判桌的一边，主谈人居中，翻译伺坐其侧或其后，其余按礼宾顺序排列。这种排位方法，谈判双方可以就近和本方人员交换意见，谈判小组成员有实力感、安全感，便于查阅一些不想让对方知道的资料。其缺点是，容易造成双方的冲突和对立。

休息室应布置得轻松、舒适，可设在旁边。有时，为使双方松弛紧张的神经，缓和彼此之间的气氛，也可以配置适当的娱乐设施。

3. 谈判时间安排

谈判时间的安排，需要科学合理，它是指一场谈判从正式开始到签订合同时所花费的时间。

（1）谈判开局时间

谈判开局时间的选择非常重要，一个良好的开端是成功的一半。科学选择何时进行谈判，有时会对谈判结果产生很大影响。选择开局时间要考虑：首先，要充分准备，不慌不忙，避免仓促上阵。其次，谈判是体力和脑力消耗都很大的工作，需要精神高度集中，尽量避免在身体不适、情绪不佳时进行谈判，保证谈判人员的身体和情绪状况最佳。最后，要为对方着想，不要把谈判安排在让对方明显不利的时间进行，以免引起对方的反感。值得注意的是，要以逸待劳，避免在长途跋涉、喘息未定之时，立即投入紧张的谈判，否则，容易因为舟车劳顿，精神不集中，思维能力下降，影响谈判效果。

（2）谈判间隔时间

一场重要的谈判，往往要经历数次、甚至数十次的讨价还价，才能达成协议，很少是一蹴而就的。有时候，经过多次艰苦的谈判，也形成不了结果，可是，双方又都不想中止谈判，此时，安排一段时间暂停，让双方谈判人员稍作休息，这就是谈判的间隔时间。在谈判间隔时间中，双方往往能理性地反思、客观地掂量谈判成功会带来的价值，因此，这种安排，对打破僵局、舒缓紧张气氛，起到显著的作用。从公平考虑、主客场、进程发展、技巧把握等方面来看，间隔时间是谈判中的关键变数之一。

（3）谈判截止时间

谈判截止时间，就是一场谈判的最后限期。合理把握截止时间，获取谈判成果，是谈判当中的艺术。有时候，谈判者承担的压力，来自于必须在一个规定的期限内作出决定。一般来说，大多数的谈判者总是想达成协议的，关键时刻，只好作出让步。因此，谈判中处于劣势的一方，往往在限期到来之前，必须在作出让步、达成协议和中止谈判、交易不成之间作出选择，对达成协议承担着较大的压力。截止时间是谈判的一个重要因素，它往往决定着谈判的战略。谈判时间的长短，往往迫使谈判者决定选择克制性策略还是迅速决胜策略。

5.1.2　分析研判

适时安排委托方去受托方的总部和已运营项目进行考察，至关重要。在考察过程中，可以展示自身的优势，也有足够的时间安排己方较高级别的领导接待和表达理念。商务人员跟进时，在行程、饮食起居、车辆接送、会议介绍等方面要细心、诚心，给考察代表留下好印象，从而强化后期谈判。

通过对托管运营谈判前的尽职调查，对己方的谈判实力作出客观的评价，厘清思路，做到"知己"。掌握客观环境因素的状况和变动趋势，对谈判对手的资信情况、合作意愿、谈判作风、谈判期限等情况作尽可能多的了解，做到"知彼"。

1. 资信情况

调查谈判对手的资信情况，一是要调查对方是否具有签订合同的合法资格；二是要调查对方的资本、信用和履约能力。可以要求对方提供有关的证明文件，比如成立地注册证明、法人资格证明等，也可以通过其他的途径去进行了解和验证。针对对方的资本、信用和履约能力的调查，资料来源可以是公共会计组织对该企业的年度审计报告，也可以是银行、资信征询机构出具的证明文件或其他渠道提供的资料。

2. 对方的谈判作风

谈判作风是指谈判者在多次谈判中所表现出来的一贯风格。有人按谈判者在谈判中所采取的态度，划分为强硬型、温和型、原则型三种。了解谈判对手的谈判作风，有针对性地制定己方的谈判策略，对预测谈判的发展趋势和对方可能采取的策略，可提供重要的预判依据。谈判作风千差万别，因人而异。通过在谈判中的接触观察，通过向与对方打过交道的人进行了解，通过对谈判对手的性格、年龄、职务等方面的分析，有效掌握对手的谈判作风。

3. 对方对己方的了解

谈判前，要分析对方对己方的了解程度，己方的经营能力、谈判能力、商业信誉、财务状况、付款能力等方面，对方会有什么样的评价。通过对这些情况的了解，可以争取主动，更好地设计谈判方案。

5.1.3 谈判方案的交流

谈判方案是指在谈判开始前，对谈判目标、议程、对策等预先所做的一系列安排。谈判方案要求简明、具体、灵活，切忌长篇大论，包含太多无效信息。谈判方案必须与谈判的具体内容相结合，以谈判的具体内容为基础，应尽可能简明扼要，便于谈判人员记住其主要内容与基本原则，不至于谈判时偏题，能够一直在方案的框架内开展。另外，谈判方案设置时，要有一定的弹性，能够灵活处置，这一点非常重要。因为，谈判就是双方在讨价还价中不断寻找平衡点的过程。一般来说，谈判方案包括内容如下：

1. 确定谈判主题和目标

一场谈判，首先要确定主题，明确谈判的主题思想、内容概要，整个谈判过程都应紧紧地围绕这个主题进行，有的放矢。谈判准备工作的关键，需要确立可行的目标，谈判目标是己方进行谈判的动机，是期望通过谈判而达到的目的，是谈判本身内容的具体要求。

（1）临界目标

临界目标是指必须达到的目标。它是己方在商务谈判中的最低目标、底线，宁可谈判破裂，也不能放弃这一目标，没有讨价还价的余地。

（2）可以接受的目标

双方的讨价还价多在这一层次里展开，它是谈判中可以努力争取或者可以作出让步的范围。非到万不得已，不轻言放弃。

（3）期望目标

这个目标确立了一个期望值，谈判者应着意追求，它是己方在谈判中追求的理想目标，体现了一项成功谈判的价值。自然，如果追求无果，必要时，允许放弃，亦无遗憾。

2. 谈判议程的安排

谈判议程是指谈判时间的安排，双方需要就哪些内容展开谈判，即谈判的议事日程。日程安排妥当与否，也会直接影响到谈判的结果。谈判议程的安排与谈判策略、谈判技巧的运用有着密切的联系，从某种意义上来讲，安排谈判议程本身就是一种谈判技巧。要认真检查议程的安排是否公平合理，如果发现不当之处，就应该提出异议，要求修改。

3. 谈判议题的确定

就是要确定进行谈判的事项、先后次序以及每一事项所占用的时间。

（1）议题

将与本次谈判有关的问题罗列出来，再根据实际情况，确定应重点解决哪些问题。与本次谈判有关的需要双方展开讨论的问题，都可以成为谈判的议题，议题需要经双方的多次交流沟通而定。

（2）顺序

安排谈判问题先后顺序的方法有很多种，可根据具体情况来选择采用哪一种。

比如，可以首先安排讨论一般原则问题，达成协议后，再具体讨论细节问题；也可以先把双方可能达成协议的问题或条件提出来讨论，不分重大原则问题和次要问题，然后再讨论会有分歧的问题。

（3）时间

每个问题应视问题的重要性、复杂程度和双方分歧的大小，来确定安排多少时间讨论才合适。对于重要的问题、双方意见分歧较大的问题以及较复杂的问题，可安排多一些时间，以便让双方能有足够的时间对这些问题充分交流，展开讨论。

4. 谈判对策的选择

谈判桌上风云变幻，谈判桌下明争暗斗。谈判时，任何情形都会发生，谈判又有时间限制，故意拖延谈判日程，往往也是策略之一。

在谈判之前，应对整个谈判过程中双方可能的一切行动，作出正确的估计，并选择相应的对策。为了使估计更接近实际情况，在谈判开始前，可组织有关人员根据本次谈判的外部环境，诸如政治、经济、法律、技术、时间、空间等方面，还有双方的如谈判能力、经济实力、谈判目标等具体情况，对谈判中双方的需要、观点以及对对方某项建议的反应等问题进行讨论，并针对不同的情况选择相应的对策。

一般来说，估计本身就具有一定的偏差，这就要求在分析、讨论问题时，要按照正确的逻辑思维来进行，以事实为依据。在谈判过程中，结合具体情况灵活运用，要注意对谈判形势进行分析判断，对谈判对手的观察，对原定的对策进行印证和修改，才能收到理想的效果。

5.1.4　谈判团队

谈判团队是指按照某种方式组成的一个团体，发挥组织的组合力量，产生总体效应，从而去实现一定的谈判目标。团队在考虑单个成员的素养和能力的同时，更强调各成员之间的协同效应。

1. 团队成员素养

素养是一个人先天的禀赋资质加上后天的学习和锻炼，是德、才、学、识、行的综合与集中表现。高标准的素养，是谈判成员应具备的必要条件。谈判是智慧和能力的较量，要分辨出机会与挑战，还要应付各种压力和诱惑。

（1）政治素养

政治素养是经济谈判人员的基本素养，也叫道德素养。主要表现在以下几个方面：

1）遵纪守法

自觉贯彻执行国家的方针政策，有高度的责任感和远大的政治理想。尤其在涉外经济谈判中，更要自重自尊自强，维护祖国的尊严。

2）迎难而上

在谈判中即使面临很大的困难，对于具有强烈事业心的谈判人员来说，也不会轻易放弃，他们总是想方设法，发挥自己和团队的智慧，以百折不挠的精神，去克服一切困难。当谈判取得一定成果时，也不会沾沾自喜、居功自傲，而是把功劳归于团队。树立正确的职业动机，自觉抑制个人行为，严格服从谈判纪律，正确理解谈判的意义。

3）团队精神

一个优秀的谈判人员，必然会认清自己只是团队中的一员，需要团队其他成员的支持与配合，虚心听取符合谈判目标的正确建议和意见，充分认识到谈判的协作性很强，必须由各方面共同完成。个人赢，团队不一定赢；团队赢，个人必然赢。

（2）业务能力

业务能力，不仅指谈判人员的专业能力，而且包括观察能力、表达能力、自制能力、推理能力、协调能力等。谈判者能够驾驭谈判这个复杂多变的竞技场的能力，它是各种能力的集合群，是由知识结构、必要能力和增效能力三个层次组成的。谈判人员业务能力的高低，反映在知识水平和实践经验上。因此，要虚心学习，勤于思考，实践探索，认真总结，不断增强业务能力。

1）知识结构

谈判不但是一门技术，也是一门艺术，这种工作的特点，决定了谈判人员要广泛了解社会科学和自然科学知识，尤其是对本单位的技术特点、行业特点及相关的市场动向要有深厚的了解。它涉及的知识范围极广，一般可涉及商业、金融、市场、法律、文学、政治、经济和心理等，甚至还会涉及一些尖端学科。

2）观察能力

观察能力是指谈判人员对谈判对象进行观察，发现其典型特征，善于抓住内在实质的能力。谈判人员如能在同对手的接触中，判断出其本质性身份，获取所需信息，判断出对方真实意图，则对己方采取相应对策的意义十分重大。比如：在谈判时，己方的提议有时会遭到拒绝，这时，就要通过观察，善于分辨拒绝的真实含义——是真的拒绝，还是策略性或犹豫性的拒绝，如果是后者，就要灵活应变，适时沟通，促成协议达成。

3）表达能力

表达能力，是指谈判人员在谈判中，运用口头语言、行为语言和书面语言传递有关信息的能力。好的表达能力，具有表现力、吸引力、感染力和说服力。语言表达，要准确和适度，忌强词夺理、任意发挥，避免说错话导致谈判的失利。谈判双方在表达各自的观点时，要留有余地，因为协议的达成，最后一般都是双方妥协的结果。

4）自制能力

　　谈判人员的自制能力，是指在环境或事态发生剧烈变化时，自身克服心理障碍的能力。谈判是一种严肃认真、耗费体力的活动，有时甚至紧张激烈。要求谈判者坚持处变不惊的原则，善于在激烈的形势中，妥善控制自我意志和行为，摒弃杂念。激烈的谈判，不在声高，要以宁静的态度和恰当的举止来说服和影响对方。辩论时，思想要高度集中，态度要温文尔雅，彬彬有礼，切忌怒形于色。谈判趋势变幻莫测，前景难以预测。有能力的谈判人员能运用各种手段和方法把握住谈判局面的变化方向，善于捕捉一瞬即逝的机会，以变应变，让谈判按预定的轨道向前发展。

　　5）推理能力

　　推理能力，是通过总结、归纳、演绎，由一个或几个已知的前提，推导出结果的能力。谈判的过程就是复杂推理的过程，双方在心理上处于对立状态，在利益上又相互依存，只有以理服人，才能让对方接受本方的提议。在谈判中，推理的形式运用灵活多样，谈判者如能驾轻就熟，则可技高一筹。

　　6）协调能力

　　谈判人员的协调能力，是指在谈判过程中，解决各种矛盾冲突，使谈判团队成员，为实现谈判目标，密切配合、统一行动的能力。好的协调能力包括善于解决矛盾冲突、善于沟通和善于鼓动及说服几个方面。

　　2. 谈判团队

　　谈判团队，是指根据一项谈判的具体情况和要求，组织相关谈判人员组成的一个群体。谈判团队的科学合理组建，是一场谈判获得成功的根本保证。

　　（1）合适的成员

　　一场谈判，应视谈判内容、技术、时间和谈判能力等方面，来确定应配备多少人员才合适。一个好的谈判团队，必须配备一名主谈人，再视情况配备其他谈判人员。一般来说，对于小型谈判，谈判团队多由2～3人组成。对于大型的谈判，由于涉及的内容广泛，专业性强，资料繁多，组织协调工作量大，配备的谈判人员，要比小型谈判多一些。谈判团队可分组，如商务小组、技术小组、法律小组等，各司其职。还可以分成前线和后方两组，前线组主要对付谈判以及对方临时提供的技术价格资料；后方组负责搜集、整理有关资料，为前线组提供技术和价格对比的依据。

　　（2）合理结构

　　一般说来，就知识结构而言，谈判团队里应配备商务、技术、法律、运筹策划、金融和翻译人员。各类人员不仅要精通各自的知识，知识互补，而且要了解其他方面的知识，否则，很难良好地沟通和协作。

　　谈判团队成员合理的性格结构也非常重要，通过性格的补偿作用，组建最佳团队。比如，急躁和温和、活跃和沉静的成员，能够相互补充。根据性格分配任务，内向的人适合内务工作，如资料、信息的整理和陪谈工作，外向型的人，则宜于谈判等交际性工作。

　　（3）分工协作

　　谈判团队是一个临时组织，其成员在进行谈判时，并非各行其是，而应该在团队负责人的指挥下，密切配合，协调作战。因此，要根据谈判内容和各人专长，合理分工，明确职责，彼此呼应，形成目标一致的谈判统一体。

　　要注意处理好主谈人和辅谈人之间的关系。当主谈人发言阐述己方的立场时，辅谈人员作为参谋，根据自己掌握的材料和经验，提出参考性意见；同时，在对方刁难主谈人时，辅谈人要从不同的角度支持主谈人，反击对方的无理要求。

5.2　谈判实施

谈判实施前要研究谈判策略，客观地分析己方的各项条件：对有关商业行情的了解程度，在竞争中所处的地位，对谈判对手的了解程度，谈判人员的经验等。弄清己方的优势和劣势，有针对性地制定谈判策略，扬长避短。同时，要评估谈判对己方的重要性，分析竞争对手及其情况。

5.2.1　谈判起始

双方彼此熟悉，就会谈的目标、计划、进度和参加人员等问题进行讨论，尽量取得一致，为接下来具体议题的商谈奠定基础。

1. 融洽气氛

谈判双方通过各自所表现的态度、作风而建立起来的洽谈环境，有热烈的、平静的、冷淡的等。一开始形成了良好的气氛，双方就容易沟通和协商。因此，对于谈判者来说，不但应明确洽谈气氛的重要性，而且还要懂得如何在洽谈过程中建立一种良好的气氛，去引导洽谈的顺利进行。

通常，形成洽谈气氛的时间是在开始阶段，双方刚一见面的最初几分钟为关键，还会受到双方以前的接触以及洽谈过程中行为的影响。但是，开始见面时形成的印象，比相见前形成的印象要强烈得多。当然，洽谈过程中的行为也会影响谈判的气氛。因此，有经验的谈判者，都十分注重在开始阶段就建立起良好的洽谈气氛。

良好的洽谈气氛，应该诚挚、合作、轻松而又认真，是平等互利、友好合作谈判的基础。因此，应采取积极措施，防止良好气氛的恶化。

建立良好气氛的方法：选择适宜的地点，营造舒适的环境，给对方以好感；注意个人形象；沟通思想，建立友谊；做好周密的准备；了解、分析对方的生活习性和工作作风，尽量引导对方与己方协调合作。

维持良好气氛的方法：以平等互利、真诚合作的方针指导整个谈判的言行；行为端庄谦虚、说话态度诚恳、言之成理、以理服人；善于灵活运用谈判策略技巧，使谈判过程中始终保持融洽气氛；采取措施使在开始阶段建立起来的良好气氛得以保持到谈判的终结。

2. 开好预备会议

预备会议的目的是确定谈判议程，使双方明确本次谈判的目标、途径以及方法，以便为以后各阶段的洽谈奠定基础。确定为什么谈，谈什么，以及先谈什么，后谈什么等问题。谈判的议程，实际上决定了谈判的进程、发展的方向，是控制谈判、左右局势的重要手段。

预备会议，双方地位平等，必须依赖相互间的真诚合作，才能开好预备会议。为了开好预备会议，需要启动轻松的开端；享受均等的机会；恪守合作的精神；精简提问和陈述；乐于接受对方意见；始终保持清醒头脑。

3. 开场陈述

开场陈述是指在开始阶段双方就本次洽谈的内容，陈述各自的观点、立场及其建议。它的任务是让双方能把本次谈判所要涉及的内容全部提示出来；同时，使双方彼此了解对方对本次谈判内容所持有的立场与观点，并在此基础上，就一些原则性分歧发表建设性意见或倡议。

良好的开场陈述，需要注意陈述的内容。开场陈述的内容是指洽谈双方在开始阶段应表明的观点、立场、计划和建议。主要包括己方的立场、己方对问题的理解、对对方各项建议的回答。所采用的陈述方法往往是横向铺开，而不是纵向深入地就某个问题深谈下去。在陈述中，要给对方充分搞清己方意图的机会，然后听取对方的全面陈述并搞清对方的意图。

良好的开场陈述，需要注意陈述的方式。开场陈述的方式虽然会随着谈判的地点、时间、内容和各种其他主客观因素的不同而有所区别，但主要有以下两种方式：第一种方式由一方提出书面方案并作口头补充，另一方则围绕对方的书面方案发表意见。第二种方式为在会晤时双方口头陈述。这种方法不提交任何书面形式的方案，仅仅在开场陈述阶段，由双方口头陈述各自的立场、观点和意向。

上述两种陈述方式各有优缺点，不过如果在陈述前双方都没有交换过任何形式的文件，那么在陈述之际，准备一份书面陈述的要点，对于陈述时能围绕问题的中心是有好处的。

双方分别作了开场陈述以后，各自对于对方的立场、观点和谈判方针均有一个大致了解时，为了取得建设性的成果，就需要提出倡议，即作出一种能把双方引向寻求共同利益的现实方向的陈述。互提建设性意见，使谈判能顺利进行下去。为此，应注意以下几点：提建议要采取直截了当的方式；建议要简单明了，具有可行性；双方互提意见；不要过多地为自己的建议辩护，也不要直接地抨击对方提出的建议。

4. 回顾与总结

在双方进入激烈的实质性洽谈之前，应对开始阶段的工作做出认真的总结与回顾。主要内容包括：自洽谈开始以来，对方表现如何；对方的实力在哪里；对方与己方的合作诚意如何；从开谈以来对方的表现看己方的谈判方针是否得当，确定我方是继续采取现行的方针，还是改用其他合适的方针；从对方对己方开场陈述所作的评价流露出来的迹象中，推断交易的前景并确定己方应采取何种措施才能使谈判成功地进行下去。

总结双方彼此的成功与失误之处及其原因，分析在下一阶段的谈判中双方彼此的实力，初步确定在洽谈阶段，己方对每个议题的最低目标和最高目标等。

5.2.2　谈判策略

1. 免触底线

谈判伊始，就价格、权益、条款等底线，向对方传递一个明确信息，什么可以谈，什么不可以谈。一旦触及底线，就暂停甚至没必要继续谈。

2. 稳扎稳打

谈判过程中，不要一下子抛出所有的可变量和对方谈，而是要谈好一个，确认一个，再谈下一个，步步为营。价格谈判，不要平白无故地让，切忌没有章法，每让一步，都要有所失有所得。谈判过程中，越到最后，压力越大，让步幅度也越小。价格因素以外，还要考虑付款方式、交货周期等内容的谈判。

3. 红脸白脸

谈判过程中，团队成员，有人坚持原则，绝不让步；有人则站在对方角度为其说好话。红脸白脸，共演一出戏，与对方周旋。这种方式，是试图在己方坚持的原则之间，找到一个平衡点，让对方易于接受。

4. 权限有限

用一份报给上级的报表说事，声称权限已掌握在上级手里，比如，就价格而言，客户再要求降价，就很难让步。自陷绝境，暗合博弈原理，拼的是底线，加强己方的地位。

5. 损失危机

要让对方共同意识到，谈判达不成共识，在没有使用产品或服务的情况下，某种损失正在悄悄发生。谈判中恰当提醒正在发生的损失，会对客户的情绪和心理产生影响，从而影响双方在谈判中的格局。

6. 有效时间

谈判过程中，如果有一方基于某种情况，急于要完成谈判，而另一方恰恰也看出了这点，自然也就会有意无意拖延。比如，销售最怕拖延，总希望高效率地结束谈判，导致有些销售无原则的让步。为避免此种情况，在有正常理由让步的同时，附加一个时间前提，使之仅在特定时间内有效。

7. 顺序出牌

谈判过程中，有时候让步虽然必要，但不能随便让，要让得有里子、有面子。适时安排不同层次的人员出场，对应客户不同层级人员或不同阶段，比如，销售出面抹零头，经理出面赠服务，老总出面让个点。适当安排领导出面，体现了为客户争取优惠，为让步找些理由，也给客户一些压力。

当然，谈判的策略还有很多，这就要求苦练内功，掌握技巧，有针对性地制定谈判策略，争取谈判成功。

5.2.3 谈判进行

双方就交易的具体内容进行反复磋商，它关系到谈判的成败和双方经济效益的问题。谈判的具体内容和做法，因交易的种类不同而不同。

1. 报价

谈判开始，双方分别陈述自己的条件，为寻求共同利益各自提出建设性的意见，谈判由一个广泛性洽谈转向对每一个议题的磋商。

广义而言的报价，包括了各项有关的交易条件，并非单指价格。一般都是一方开价，另一方还价，这种开价和还价的过程，就是报价阶段。报价得有艺术性，报价的好坏，直接影响谈判的成败。

报价，应当是一个符合情理的可行价，可以根据国际市场价、市场需求、购销意图、报价策略等来制定，要对报价者有利，成功的可能性较大。

报价要非常严肃、明确，切忌含含糊糊。报价要非常果断，毫不犹豫。这样才有可能给对方一种诚实而又认真的伙伴形象。报价要非常干练，不必做过多的解释或说明。

2. 还价

还价，是指受要约者对要约做出了更改或者受要约者超过了要约的有效期才做出的承诺，亦称新的报价或称新要约、反要约。面对面的谈判，当一方做出报价说明以后，另一方可以向对方提出还价，提出自己要求的交易条件。

还价前，要准确地弄懂对方的报价内容。比如：在谈论设备的价格时，可以向对方问明价格中是否包括佣金，是否包括一套必要的零配件费用，是否包括机器的调试及技术培训费等。提问完毕，总结复述，以检验双方在要约内容的理解上是否一致。还价也应是符合情理的可行价。

3. 议价

完成报价以后，双方各自坚持自己的立场，毫不相让，谈判拉锯，进入了最艰巨的议价僵持阶段。僵持时间有长有短，有友好，也有对立。此时，讨价还价的技巧与谋略，是对谈判者耐心的极大考验，足以表现一个谈判者素质的高低。

一般需要经过四个环节，才能使交易明确。

（1）探明对方报价或还价的依据

仔细检查对方开出的每一个条件，并逐项询问其理由。仔细倾听并认真记录好对方的回答。当对方想了解己方开价或还价的理由时，原则上应尽量把自己回答的内容限制在最小范围内，只告诉对方最基本的东西即可，无需多加说明与解释。

（2）对报价作出判断

判断双方的分歧，属于想象的分歧、人为的分歧还是真正的分歧。想象的分歧是由于一方没有很好地理解对方要求或立场而产生的，或者是由于不相信对方陈述的准确性而造成的。人为的分歧是由于一方为了种种目的，有意设置关卡而造成的。真正的分歧所产生的原因多种多样，解决的办法要有针对性。

在尽可能准确地分析双方之间的分歧之后，就要分析对方的真正意图。在己方的开价（或还价）中，哪些条件可能为对方所接受，哪些条件又是对方不太可能接受的。从对方对己方报价所做出的评价中流露出的迹象，以及通过直接观察对方言行所得出的一些答案中，推断对方对其他一些问题所持反对意见的坚定性将会如何，在每一个议题上对方讨价还价的实力如何，可能成交的范围怎样，也就是说，无论己方还是对方均可接受的最佳交易条件将是什么。

通过对双方分歧的分析和判断对方的真正意图后，如果发现双方之间存在着很大的真正分歧，那么，谈判者的选择有三个：建议中止谈判；全盘让步，接受对方条件；继续进行磋商，以求交易条件在互为让步的基础上达成一致。

（3）互为让步的磋商

互为让步的磋商，颇为棘手，若处理不当，将前功尽弃。

让步磋商的步骤：在详细分析整个谈判形势之后，决定哪些是必须坚持的，哪些条件是可以适当让步的。列出磋商清单。制造出一个和谐的洽谈气氛，并制定一个新的双方同意的磋商方案，进行实际性的让步磋商。

让步磋商的方法：在让步磋商时，尽量让对方先表达意向，并给予足够的时间让其表明所有的要求，然后尽量给其最圆满的解释，即使是相同的理由，也不妨多说一次。借助温和、礼貌、谦虚的言辞去制造和保持良好的洽谈气氛。双方让步可交替进行。要掌握好让步的程度和次数，以适当的速度向着预定的成交点推进。

（4）打破僵局

成功的谈判者都注意设法避免僵局，并且在出现僵局时，都会想方设法采取积极的措施尽快地加以解决，以促使谈判能顺利地朝着成交阶段迈进。

打破僵局一般有两种方法：一是坚持，谈判中常有这种情况发生，当你觉得再坚持下去已无希望，准备让步的一瞬间，对方实际上也已经准备放弃原有的立场。二是妥协，分析僵局引起的根源，判断双方分歧的类型是想象的、人为的还是真正的。寻找一条避开矛盾的道路。通过一些有说服力的资料和其他客观标准，采用耐心说服等技巧去提醒和引导对方，使对方意识到僵局对双方均无好处，也于事无益。更换引起僵局的商谈组员或负责人。更换谈判话题或谈判场地，缓和谈判气氛。顾全双方的面子。人们在谈判中之所以比较固执于自己的立场，原因之一就是怕丢面子。在解决僵局的过程中，不但要始终注意确保对方在不丢面子的情况下作出让步，而且还应该设法显示双方已经获得的好处，使对方意识到即将达成的协议是一项非常体面的协议。

5.3 谈判成交

经过艰苦的谈判，双方如果就各项条款都达成了一致的意见，符合法律上要约和承诺的规则，交易就告达成。表现在口头上的共识，形成了允诺；如果在重大商务谈判中，就要先签订意向书；在一般性谈判中，就直接进入签约阶段；这时双方就要协商用恰当的语言、用书面或其他法定形式将谈判内容固定下来，双方签订书面合同或其他书面协议文件，合同方能成立。

值得注意的是，只要双方没有签约，谈判仍有可能发生变化，甚至破裂。有时即使越过拍板阶段，直接进入签约，谈判双方仍然不能掉以轻心，以免节外生枝。

成交阶段主要任务包括：书面合同的草拟、书面合同的签署和做好谈判结束工作等。

1. 书面合同的草拟

达成的协议，必须尽快见诸文字。许多谈判后的争端，不少是因为没有将协议形成文字，无据可查。一方面，在执行过程中容易被曲解，另一方面，如果发生了破坏协议的事，也无章可循。

参加谈判的人员，必须具备草拟合同的基本知识和技能。书面合同由哪一方草拟，并无统一规定，但争取由己方负责草拟，则占据了一定的主动权。签署合同，十分重要，切勿草率行事。一般地，书面合同往往采用己方或对方印好的现成格式，在各类商务谈判中，则很少印有固定格式，可参考一些模版，从头到尾地全文草拟。

2. 书面合同的签署

书面合同，概念要清晰，内容要具体，文字要简洁。如果使用了模棱两可、含糊不清的词语，或者重要的细节没有交代清楚，关键性的概念不清晰，则合同在后期执行过程中，就很容易产生歧义和纠纷。

对方所草拟的合同，不管有意无意，自然对他有利，己方应该详细、谨慎地进行检查。必要时，可以自己准备一个合同草案，两相对照。不要轻易在对方拟订的谈判合同上签字，在确信没有问题后方可签字。否则，草率签字后，即使后来发现协议有陷阱，也只能硬着头皮去做，追悔莫及。

当书面协议起草完毕后，双方当事人应认真地审查各项条款，确认协议条款内容无误时，才交由双方的代表签署。面对面谈判成交的情况，由双方同时签署。如果是通过函电往来成交的，一般由己方签署后，将正本一式两份（或多份）寄交对方，经对方签署后寄回一份，作为履行合同的法律依据。

3. 谈判结束以后的工作

当谈判结束以后，通常有一种轻松的感觉。有的会举行一个告别酒会，庆祝双方合作愉快。双方回去后，除了准备履行协议，还需要立即去做如下工作：

（1）存档

把谈判资料及时整理归纳，存档。

（2）总结反思

及时总结本次谈判的经验教训，往往被人们所忽视，但对于搞好今后的工作是非常有益的。

谈判结束后的总结，内容有：己方的战略，包括谈判对手的选择、谈判目标的确定、谈判小组的工作作风等。谈判情况，包括准备工作、制定的程序与进度、采用的策略与技巧等。己方谈判小组的情况，包括小组的权力和责任的划分、成员的工作作风、成员的工作能力和效率，以及有无进一步培训和增加小组成员的必要等。对方的情况，包括工作作风、小组整体的工作效率、各成员的效率及其他特点、所采用的策略与技巧等。

（3）法律效应

通常，将合同经过公证部门公证，一旦一方违反，交涉无效，可以对簿公堂，寻求法律解决。

重大的商务谈判合同签订并公证以后，仍必须随时注意：有无影响协议执行的不可抗拒的因素会发生，力求防患于未然，以免造成无法挽回的损失。密切注意对方的经营状况，以防对方经营不善，造成合同无法执行。继续不断地研究合同，世界上不存在十全十美、没有漏洞的合同，尽管合同已经白纸黑字，不可更改，但有经验的谈判者，总是力求在解释合同的过程中，为己方谋求更多的利益，同时也防止对方对合同做出不利于己方的解释。

合同的签订并不是结束，而是一个新的起点，只有执行完毕，才算结束。

第6章 污水处理工艺模拟与优化运营

对污水处理厂托管运营来说，受托方需要凭借多年在水务运营中所积累的管理经验，真正做到严格控制污水处理服务的各个环节及关键界面，这种能力能够为委托的项目创造新的价值和增长点，而这种比较优势也正是受托方获取项目的核心竞争力所在。

对托管运营的污水处理厂进行管理，要根据污水进水的水质，利用最低的能耗和适量的化学药品，确保出水水质满足相应的标准要求。为使污水处理工艺能够满足污染物负荷不断变化的情况，就需要对进水水质进行连续的在线监测，此外还需要有辅助工具，来改善污水处理厂的运行，从而使其满足进水水量水质的随机变化和设备的良好运转。

为实现此目标，对托管运营的污水处理厂工艺进行模拟，目的是模拟任何污染负荷条件下污水处理厂的运行。通过运行模拟，会预测出污水处理厂在来水质量及负荷变化时出现的情况，从而可以根据预测情况，建立相应的运行程序。

受托方需要开发属于自己污水处理厂的具体模型，能达到下列目的：

1. 帮助操作人员优化操作（如：确定曝气量设定值，各工况运行阶段的持续时间，污泥抽取量等）。

2. 协助非正常情况下的决策。

3. 加强操作、技术人员培训，使其更好地理解污水处理厂的运行规律。

4. 预测特殊情况下的出水水质，定性分析其对财务方面的影响。

6.1 划分板块试验模型

根据污水处理厂的实际，按照污水处理生产方面的功能，划分成 2 个板块：生化处理板块、预处理和污泥处理板块。逐一分析其能耗变化规律，主要影响因素，完善自动控制手段等。以某污水处理厂为例，对该试验模型阐述如下：

6.1.1 生化处理板块

曝气系统（鼓风机）＋污泥泵系统（回流污泥泵、内回流泵）＋机械搅拌系统（搅拌器、刮吸泥机）。

生化处理板块能耗，占全厂能耗的 72.3% 左右。

1. 曝气系统

精确控制曝气量。托管运营前，污水处理厂的探头，多未使用或有缺陷。托管运营后，通过调查、调试、整改，测溶解氧 DO、氧化还原电位 ORP，在线监测设备识别过曝气程度，适时调整。通过优化设备运行，达到节能目的：曝气效率通过实际每千瓦时能耗产生的气量计算得出，曝气设备的稳定运行可由波动幅度反映。

由图 6-1 可见，供气量降低 45% 左右，能耗降低 22%，效果还是很明显的。

2. 污泥泵系统

托管运营前，污泥回流比较小，托管运营后，将污泥回流比提高了 10%，使之与水量、水质相适应，实现节能和工艺稳定运行双重目的。鉴于该污水处理厂实际进水量逐渐增大，污泥回流比需要经常调整。

3. 机械搅拌系统

该系统设备较多，根据生产实践，排出计划，对不必要开启的设备严格控制，及时关停，避免无效运转。

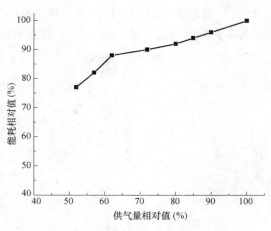

图 6-1　供气量与能耗相关性

6.1.2　预处理和污泥处理板块

污水泵及附属设施（格栅、输送机、砂水分离器）系统＋污泥处理（进泥泵、浓缩机、脱水机、出泥泵）系统。

1. 污水泵及附属设施（格栅、输送机、砂水分离器）系统

根据能量利用效率，以消耗的能量为输入能，以实际提升的机械势能为输出能，计算预处理板块的能量利用效率，给出评估指标。

利用效率 $$\eta = QgH/W$$

式中　Q——日提升水量（m^3/d）；

　　　H——提升高度（m）；

　　　W——日提升泵能耗（kW/h）；

　　　g——重力加速度。

污水泵比能耗分布（%）												表 6-1
百分比（%）	2.5	5	10	20	30	40	50	60	70	80	90	95	97.5
利用率（%）	53.7	55.6	61.1	63.4	64.9	65.3	66.8	67.5	68.9	70.6	73.2	77.5	79.9

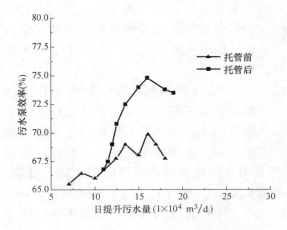

图 6-2　水量变化与污水泵的比能耗相关性

由表 6-1 可知，污水泵的能量利用效率波动幅度大，95% 的利用率在 53.7%～79.9% 区间，区间差 26.2%。附属设施（格栅、输送机、砂水分离器）能耗占全厂能耗的 0.69%，节能权重也相对较小。

图 6-2 表明，托管运营后，经过调整，该系统效率在 63%～81% 区间内，未来，仍有节能优化空间。

2. 污泥处理（进泥泵、浓缩机、脱水机、出泥泵）系统

能耗占全厂能耗的 6.9%，由图 6-3 可见，吨水比能耗变化明显，8、9 月最低，

1、11、12 月较高，其主要原因与温度变化、污泥无机成分降低、运行稳定有关。生产性试验表明，吨水比能耗缩小至 48%，该系统同比节能 8.9%。

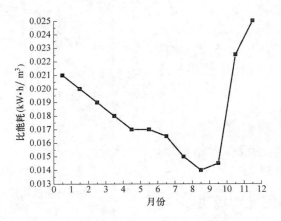

图 6-3　托管运营后污泥系统月平均比能耗演变

6.2　节能控制试验模型

对于污水处理厂来说，前期设计院的设计和后期运营团队的管理，是对立统一的一对矛盾。一般来说，设计院在设计时，都会留有一定的余量，其大小要根据设计者的风格而定。从某种程度上来看，这也恰恰给后期运营者提供了节能的空间。

以某污水处理厂为例，阐述节能控制试验模型。

该污水处理厂反应器，在运行中全部在线，对活性污泥系统而言，长期处于低负荷运行，不利于能量利用率提高。主要针对旱季调整反应器运行个数，实现节能。

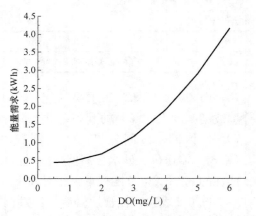

图 6-4　能耗与混合液中 DO 浓度相关性

均匀混合和氧气有效传递的基础，是来自于生物反应器内能量的输入，保持污泥悬浮状态的能量是最低能量输入值，如输入超过，反而不利于活性污泥的沉降。

DO 区间调整：保守生产及自动化系统状况不好，是导致生物反应池过量曝气的原因之一，不仅使污泥沉降性能差，而且严重耗能。该污水处理厂通过试验室微型工艺适时模拟办法，根据降解污水中有机物和硝化所要的需氧量最低值，供氧曝气，使 DO 浓度相对稳定。针对每日时间段（一般每日 12：00～21：00 需氧量大，其他时间需氧量小）进水负荷情况不同，调节鼓风机气量，保持 DO 浓度稳定。如图 6-4 所示。

6.3　BioWin 工艺模拟与控制参数优化

6.3.1　活性污泥系统模拟程序的编制及校核

　　活性污泥系统的模拟程序，就是将描述活性污泥生物反应的数学模型（ASM2d）与进行生物反应的反应器相结合，找出系统组分输入输出的数学关系，建立数学方程，并对其求解，以丰富直观的界面或图表形式输出各组分的出水值。ASM2d 包含 19 个组分，21 个反应过程，22 个化学计量参数以及 45 个动力学参数。由于参数众多以及动力学参数和各组分浓度的关系是非线性的，因此，构建的微分方程组较为复杂，目前很难求解。面对此种情况，一般利用数值积分逼近法，来求解这些方程组。通常，微分方程组求解的方法很多，比如：欧拉法、变步长欧拉法、龙格库塔法（Runge-Kutta，简称 R-K 法）等。其计算流程图通常如图 6-5 所示。

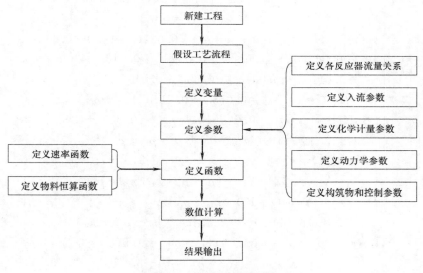

图 6-5　模拟程序流程图

6.3.2　活性污泥系统内的物料衡算方程

　　描述生化反应器过程模型的基本方程有三类：描述浓度的物料衡算方程，描述温度变化的能量衡算方程，描述压力变化的动量衡算方程。建立这三类方程的依据分别是：质量守恒定律、能量守恒定律、动量守恒定律。

　　由于污水生物处理生化反应器（曝气池）是一个开放的常压反应器，无需进行动量衡算。微生物生命过程的反应热热量不足以引起系统温度的改变，虽然由于季节变化，介质的温度会发生变化，但是温度变化对系统的影响可通过动力学参数的改变予以修正，所以也不进行能量衡算。因此，在模型中，只需要根据质量守恒定律进行物料衡算。衡算的时间基准可取某一瞬时的微分时间；衡算的空间范围，可以是整个反应器，也可以是反应器中的一部分；衡算的对象可以是某一组分，也可以是多个或所有组分。其基本关系式为：

$$\begin{pmatrix} 曝气池中基质 \\ 量的变化速率 \end{pmatrix} = \begin{pmatrix} 基质的 \\ 输入速率 \end{pmatrix} - \begin{pmatrix} 基质的 \\ 输出速率 \end{pmatrix} + \begin{pmatrix} 基质的 \\ 利用速率 \end{pmatrix} \tag{6-1}$$

由上述关系式，可得到任何一个生物反应器的物料恒算方程：

$$\frac{\Delta Z_i}{\Delta t} = \frac{1}{V}(QZ_{in} + r_i V - QZ_{out}) \tag{6-2}$$

式中 r_i——该组分反应速率。

ASM2d 模型中对应的反应速率如下：

$$S_F(i=1) \quad r_1 = (\rho_1 + \rho_2 + \rho_3) - 1.59(\rho_4 + \rho_6) - \rho_8 \tag{6-3}$$

$$S_A(i=2) \quad r_2 = -1.59(\rho_4 + \rho_6) + \rho_8 - \rho_{10} + \rho_{15} \tag{6-4}$$

$$S_{NH_4}(i=3) \quad r_3 = 0.01(\rho_1 + \rho_2 + \rho_3) - 0.022(\rho_4 + \rho_6) - 0.07(\rho_5 + \rho_7 + \rho_{12})$$
$$+ 0.031(\rho_9 + \rho_{13} + \rho_{17}) + 0.03\rho_8 - 4.24\rho_{16} \tag{6-5}$$

$$S_{NO_3}(i=4) \quad r_4 = -0.21(\rho_6 + \rho_7) - 4.17\rho_{16} \tag{6-6}$$

$$S_{PO_4}(i=5) \quad r_5 = -0.004(\rho_4 + \rho_6) - 0.02(\rho_5 + \rho_7 + \rho_{13} + \rho_{14} + \rho_{18}) + 0.4\rho_1$$
$$+ 0.01(\rho_8 + \rho_9 + \rho_{15} + \rho_{19}) + (\rho_{16} + \rho_{21} - \rho_{11} - \rho_{12} - \rho_{20}) \tag{6-7}$$

$$S_I(i=6) \quad r_6 = 0 \tag{6-8}$$

$$S_{ALK}(i=7) \quad r_7 = 0.001(\rho_1 + \rho_2 + \rho_3 - \rho_4) + 0.021(\rho_{12} + \rho_5) + 0.014(\rho_6 - \rho_8)$$
$$+ 0.036\rho_7 + 0.002(\rho_9 + \rho_{15} + \rho_{19}) + 0.009\rho_{10} + 0.016(\rho_{11} - \rho_{16} - \rho_{17})$$
$$+ 0.011\rho_{14} - 0.004\rho_{13} - 0.6\rho_{18} + 0.048(\rho_{20} - \rho_{21}) \tag{6-9}$$

$$S_{N_2}(i=8) \quad r_8 = 0.07\rho_{12} + 0.21(\rho_6 + \rho_7 + \rho_{14}) \tag{6-10}$$

$$S_{O_2}(i=9) \quad r_9 = -0.6(\rho_4 + \rho_5 + \rho_{13}) - 0.2\rho_{11} - 18\rho_{18} \tag{6-11}$$

$$X_I(i=10) \quad r_{10} = 0.01(\rho_9 + \rho_{15} + \rho_{19}) \tag{6-12}$$

$$X_S(i=11) \quad r_{11} = -(\rho_1 + \rho_2 + \rho_3) + 0.9(\rho_9 + \rho_{15} + \rho_{19}) \tag{6-13}$$

$$X_H(i=12) \quad r_{12} = (\rho_4 + \rho_5 + \rho_6 + \rho_7) - \rho_9 \tag{6-14}$$

$$X_{PAO}(i=13) \quad r_{13} = \rho_{13} + \rho_{14} - \rho_{15} \tag{6-15}$$

$$X_{PP}(i=14) \quad r_{14} = -0.4\rho_{10} + \rho_{11} + \rho_{12} - \rho_{16} \tag{6-16}$$

$$X_{PHA}(i=15) \quad r_{15} = \rho_{10} - 0.2(\rho_{11} + \rho_{12}) - 1.6(\rho_{13} + \rho_{14}) - \rho_{17} \tag{6-17}$$

$$X_{AUT}(i=16) \quad r_{16} = \rho_{18} - \rho_{19} \tag{6-18}$$

$$X_{TSS}(i=17) \quad r_{17} = -0.75(\rho_1 + \rho_2 + \rho_3) + (\rho_4 + \rho_5 + \rho_6 + \rho_7) - 0.15(\rho_9 + \rho_{15} + \rho_{19})$$
$$- 0.69\rho_{10} + 3.11(\rho_{11} + \rho_{12}) - 0.06(\rho_{13} + \rho_{14} + \rho_{17}) - 3.23\rho_{16} + 0.9\rho_{18} + 1.42(\rho_{20} - \rho_{21}) \tag{6-19}$$

$$X_{MeOH}(i=18) \quad r_{18} = 3.45(\rho_{21} - \rho_{20}) \tag{6-20}$$

$$X_{MeP}(i=19) \quad r_{19} = 4.87(\rho_{20} - \rho_{21}) \tag{6-21}$$

以上各组分反应速率方程中的系数，就是各组分在不同反应中对应的折算系数，它们的值是通过边界连续方程及典型参数值计算得出的，得到的值即是典型值。

6.3.3 污水处理工艺数学模拟软件 BioWin

BioWin 是由加拿大 EnviroSim 环境咨询公司推出的一款污水处理工艺数学模拟软件。BioWin 模型包含了国际水协会（IWA）推出的 ASM1 模型、ASM2 模型、ASM3 模型以及污泥消化模型等一系列活性污泥数学模型。它包含两个模块，一个是稳态分析器，假定进水流量和组分恒定；另一个是动态仿真器，使用的是时变输入。

BioWin 经过多年的开发研究，数学模拟软件几乎包括了其他各种软件的大部分功能，并形成了自身的特点，例如，能够模拟整个污水处理厂（包括污水、污泥以及污泥处理后的上清液的处理工艺）的 pH 变化，预测厌氧消化系统中的 pH 和沼气（包括 CO_2、CH_4 和 H_2）的构成，使用技术上优越的单一模型矩阵，这种广泛和综合的解决方案，使得模型校正要求大大减少，设计更加准确。

模拟程序中的参数体系，对模拟结果的精确性有较大影响。进水的水质和水量情况，构筑物的参数以及控制参数，基本可以通过对污水处理厂进行调查得到且变化较小，一般对模拟不会造成较大的影响。但化学计量参数和动力学参数受到进水水质情况、温度情况等各种具体环境因素的影响较大，进而对模拟精度影响明显。研究采用的处理方法是：在程序参数体系的初始定义中，全部采用国际水协会发布的典型值。在获得较好的分析结果后，可适当调整关键工艺控制参数，采用灵敏度分析的方法，根据模拟值和实测值之间的差距，对参数体系进行校核，得到适合具体水质情况和环境的参数体系（BioWin 软件使用的 ASM2d 模型的参数缺省值，来源于最新的科学研究结果和大量实际污水处理厂工艺系统的校正参数，因此在实际模拟过程中需要校正的很少）。

6.3.4 BioWin 系统的应用研究

研究采用 BioWin 软件建立 J 污水处理厂一期的工艺模型，在对近三个月的工艺运行数据模拟的基础上，提出了提高脱氮效果的改造方案。针对脱氮效率不高的问题，对延长缺氧段并保证好氧段的硝化效果，进行了详细的模拟分析，最终确定了改造方案。改造后运行稳定时的脱氮效率提高了 6％以上，与预期效果基本一致，证明了数学模拟技术的可靠性和实用性。该例主要说明了运用数学模拟技术可以对现有工艺进行分析和诊断，找出运行中存在问题的关键原因，并针对易于改善和改造的条件进行模拟分析，最终确定工艺优化和改造方案。

J 污水处理厂一期生化处理工艺采用 A^2/O（厌氧—缺氧—好氧）生物处理工艺，设计处理水量为 10 万 m^3/d，提标改造前，出水执行一级 B 排放标准。因碳源缺乏，该厂初沉池停止使用，进水经沉砂池后，超越初沉池进入厌氧池。好氧池采用"溶解氧—阀门开度"的 PID 闭环反馈系统，分四段控制反应池内的溶解氧浓度。各区容积和水力停留时间见表 6-2 所列。该厂各工艺的进出水均为完全混合水流。对照容积 V 和水力停留时间 HRT，调整厌氧池和缺氧池 DO 在 0.1mg/L 左右，曝气池 DO 在 1.42mg/L 左右，二沉池 DO 在 2.5mg/L 左右，工艺运行相对较优。

生化反应单元各阶段 HRT、容积 V 和 DO 控制量　　　　　　表 6-2

类别	厌氧池	缺氧池	曝气池	二沉池
HRT(h)	1.64	4.92	7.64	4
V(m^3)	6800	20400	32000	9160
DO(mg/L)	0.1	0.1	1.42	2.5

6.3.5 数据调研处理

常规基础数据，如构筑物尺寸，厌氧池、缺氧池内推进器功率，曝气池内曝气头数量、面积、高度、曝气能力等，根据 J 污水处理厂实际确定。工艺模拟期间，J 污水处理厂 2017 年 3 月、4 月和 5 月的污水处理量、内回流比、外回流比、泥龄如图 6-6 所示。工艺模拟期间的水温设定为 20℃。

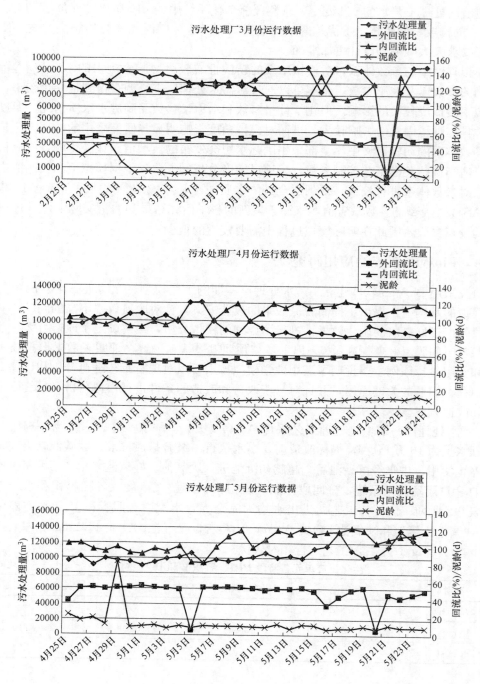

图 6-6　J 污水处理厂 3～5 月的污水处理量、
外回流比、内回流比和泥龄

6.3.6　进水水质组分分析与模型校准

根据 J 污水处理厂的常规监测数据，进水中氨氮占总凯氏氮的比例为 0.66，溶解性磷酸盐占总磷的比例为 0.5。根据相关研究成果，进水 COD 组分 F_{us} 确定为 0.001。其他组分参数均采用软件缺省值和文献参考值，见表 6-3、表 6-4 所列。

水质参数　　　　　　　　　　　　　　　　　　　　　　　　　　　　　　　　表 6-3

符号	组分意义	单位	校准值
F_{bs}	易生物降解物质	g COD/g of total COD	0.16
F_{ac}	醋酸盐	g COD/g of 快速生物降解 COD	0.15
F_{xsp}	非胶体快速生物降解有机物	g COD/g of 慢速可降解 COD	0.9
F_{us}	可溶性难生物降解有机物	g COD/g of total COD	0.001
F_{up}	颗粒性难生物降解有机物	g COD/g of total COD	0.013
F_{na}	氨氮	g 氨氮/g TKN	0.66
F_{nox}	颗粒性有机氮	g N/g 有机氮	0.5
F_{nus}	可溶解难生物降解凯式氮	g N/gTKN	0.02
F_{upN}	颗粒难生物降解物质的 N 和 COD 比	g N/gCOD	0.035
F_{po4}	磷酸盐	g 磷酸盐/g TP	0.5
F_{upP}	颗粒难生物降解物质的 P 和 COD 比	g P/g COD	0.011

动力学参数　　　　　　　　　　　　　　　　　　　　　　　　　　　　　　　表 6-4

符号	定义	数值	符号	定义	数值
μ_H	基于基质的最大生长速率	6	K_P	硝化菌 X_{AUT} 磷的饱和系数	0.01
b_H	溶菌和衰减的速率常数	0.4	k_{ALK}	异养菌 X_H 碱度的饱和系数	0.1
η_{NO_3}	反硝化的速率降低修正因子	0.8	μ_{AUT}	硝化菌 X_{AUT} 的最大生长速率	1
k_f	基于 S_F 的生长饱和系数	4	b_{AUT}	硝化菌 X_{AUT} 的衰减速率	0.15
q_{fe}	发酵的最大速率	3	K_{O_2}	硝化菌 X_{AUT} 的氧的饱和系数	0.5
q_{pp}	聚磷菌 X_{PAO} PP 贮存速率常数	1.5	K_{NH_4}	硝化菌 X_{AUT} 的氨氮的饱和系数	1
μ_{PAO}	聚磷菌 X_{PAO} PAO 最大生长速率	1	K_{ALK}	硝化菌 X_{AUT} 的碱度的饱和系数	0.5
b_{PAO}	聚磷菌 X_{PAO} X_{PAO} 溶菌速率常数	0.2	K_h	颗粒性基质 X_S 的水解速率常数	3
b_{pp}	聚磷菌 X_{PAO} X_{pp} 分解速率常数	0.2	η_{NO_3}	颗粒性基质 X_S 的缺氧水解速率降低修正因子	0.6
b_{PHA}	聚磷菌 X_{PAO} X_{PHA} 分解速率常数	0.2	η_{fe}	颗粒性基质 X_S 的厌氧水解速率降低修正因子	0.4
$\eta_{NO_3 PAO}$	聚磷菌 X_{PAO} 缺氧活性降低修正因子	0.8	K_X	颗粒性基质 X_S 的水解颗粒性 COD 的饱和系数	0.1
K_A	聚磷菌 X_{PAO} 乙酸饱和系数	4	q_{fe}	异养菌 X_H 发酵的最大速率	3
K_{PS}	聚磷菌 X_{PAO} PP 贮存磷饱和系数	0.2	K_{fe}	异养菌 X_H SF 发酵的饱和系数	4
K_{IPP}	聚磷菌 X_{PAO} XPP 的贮存的抑制系数	0.02	k_{PRE}	沉淀磷沉淀的速率常数	1
K_{PHA}	聚磷菌 X_{PAO} PHA 饱和系数	0.01	k_{RED}	沉淀再溶解的速率常数	0.6
K_{NO_3}	硝酸盐饱和抑制系数	0.5	k_{ALK}	沉淀碱度的饱和系数	0.5
K_{NH4}	氨氮的饱和系数	0.05	k_{max}	聚磷菌 X_{PAO} X_{PP}/X_{PAO} 的最大比率	0.34

6.3.7　模型验证

根据 J 污水处理厂 2017 年 3~5 月的工艺运行数据进行工艺模拟，为了验证工艺模型的有效性，输入污水处理厂生物单元的进水水量和水质数据，将动态模拟得到的出水水质情况与实际监测值进行比较。出水水质日内时变化规律以及模拟得到的出水水质情况如图 6-7～图 6-9 所示。从图中可以看出，生化单元出水的 COD、NH_3-N、TN 和 TP 的模拟

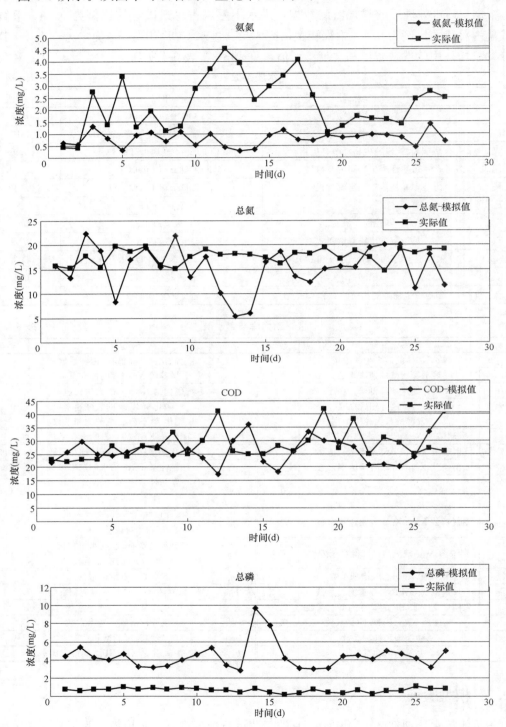

图 6-7 3 月份出水水质的模拟值与实际值

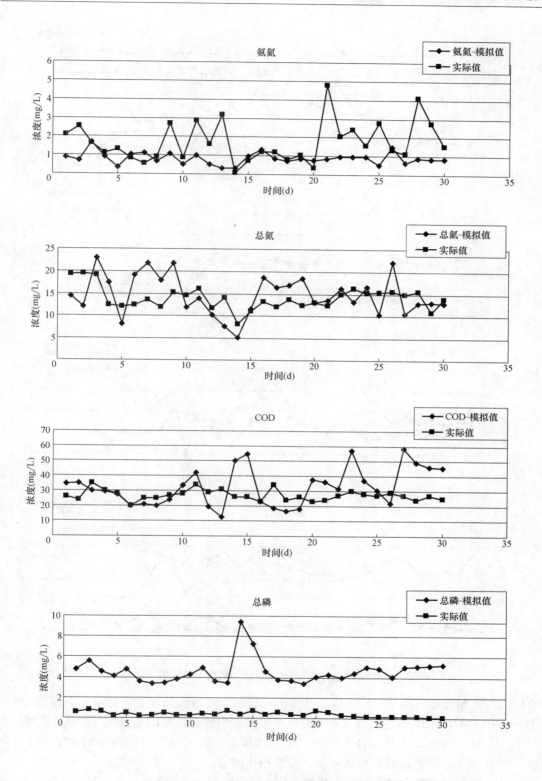

图 6-8　4 月份出水水质的模拟值与实际值

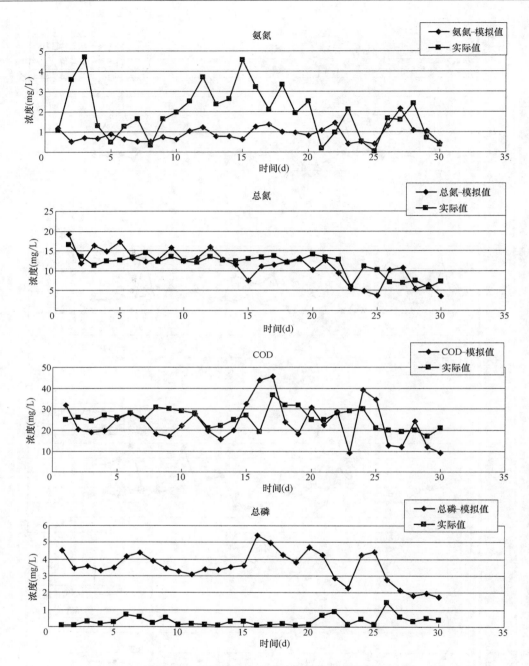

图 6-9　5 月份出水水质的模拟值与实际值

浓度值与实测浓度值基本相符，模型基本能够反映实际污水处理工艺的运行。在图 6-8 和图 6-9 中，第 14～15 日左右的 TP 模拟出水数据发生突变，原因是进水 TP 超标严重（如 4 月 7 日 21.2mg/L，4 月 8 日 10.6mg/L）。因模拟时未考虑化学除磷，因此实际出水可达一级 B 要求，而模拟结果却达不到。需要指出的是：

（1）模型中不考虑惰性溶解有机物（S_I）、氮气（S_{N_2}）、金属氢氧化物（X_{MeOH}）、金属磷酸盐（X_{MeP}）、总悬浮固体（X_{TSS}）共 5 个组分；认为该厂的供气量能满足曝气池中微生物生化反应所需的氧气量，好氧段溶解氧恒定为 1.42mg/L。经过以上简化，模型变成一个包含 13 个常微分方程的方程组。

（2）将曝气池分成 4 段，且把每段看成是全混反应器。

（3）二沉池不考虑微生物的物质代谢活动，仅起固液分离作用且完全分离。在回流污泥的浓度中，可溶性物质浓度与混合液中的浓度相同，颗粒性物质浓度是混合液浓度的倍数关系，随污泥回流比不同而改变。

（4）TP 的模拟浓度值与实际出水值，存在较大差异，其原因是该厂采用了化学辅助除磷工艺。

6.3.8　工艺优化

J 污水处理厂进水的水量水质和生物反应单元中污泥的活性时常变化，这就要求在运行中适时调整回流、曝气和排泥等工艺参数。BioWin 在准确模拟污水处理厂工艺运行的前提下，可以对不同的运行参数进行模拟，并对化学除磷金属盐的不同投加点和量、污泥的处置和回流、关闭部分处理单元等情况产生的影响进行评价，快捷地找出运行中存在的关键问题，针对易于调整的条件进行模拟分析，从而省时省力地确定工艺优化方案。试验期间，通过调整 DO 浓度值、污泥回流比和排泥量，获得了不同工艺控制运行条件下的出水水质变化（COD、TN、NH_3-N 和 NO_3-N），可为污水处理厂进行节能降耗实践提供技术指导和保障。如图 6-10～图 6-12 所示。

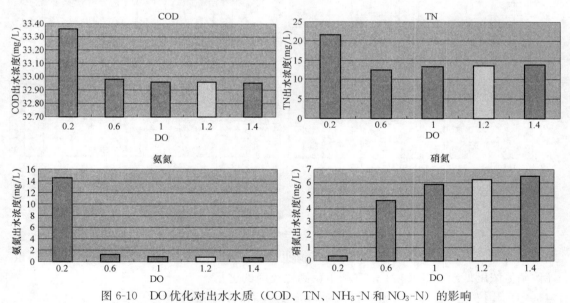

图 6-10　DO 优化对出水水质（COD、TN、NH_3-N 和 NO_3-N）的影响

1. DO 优化对出水水质的影响

（1）从优化结果看，在进水碳源有保证的前提下，控制 DO 从 1.2mg/L 下降至 0.6mg/L，对污水处理厂出水水质的影响不大，出水 COD 小于 33mg/L，出水 TN 为 12.52mg/L，氨氮 1.28mg/L，均可稳定达到一级 B 甚至一级 A 要求。由于 DO 与供氧量密切相关，而风机供氧电耗又是污水处理厂能耗的主要组成部分，因此，选择具有代表性的 DO 监测点，并灵活调整曝气量和 DO 浓度，有利于污水处理厂节能。

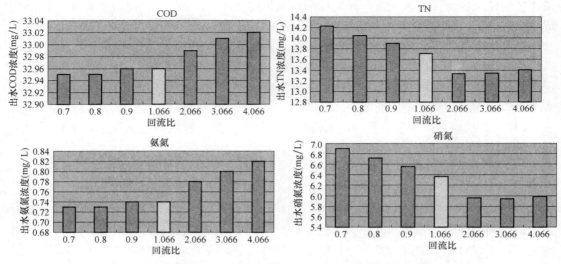

图 6-11　内回流比优化对出水水质（COD、TN、NH₃-N 和 NO₃-N）的影响

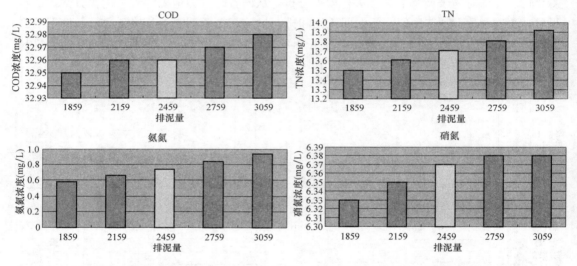

图 6-12　排泥量优化对出水水质（COD、TN、NH₃-N 和 NO₃-N）的影响

（2）当 DO 浓度从 0.6mg/L 降至 0.2mg/L 时，TN、氨氮均显著变化，氨氮浓度偏大，表明低含氧量导致硝化反应速率大幅降低，氨氮难以有效去除；与此相反，低含氧量导致硝氮浓度低至 0.37mg/L，有利于反硝化反应的进行。

（3）建议该厂的 DO 浓度控制在 0.6mg/L 左右，以降低能耗。

2. 内回流比优化对出水水质的影响

（1）提高内回流比，通常可提高反硝化的理论脱氮率，其原因是加大内回流比，虽然会造成反硝化的反应时间缩短，使缺氧出水的硝氮浓度升高，但缺氧段的硝氮浓度升高，却有利于提高反硝化速率。

（2）从模拟结果看，内回流比从 0.7 上升至 4.066，出水 TN 仍可稳定达到一级 A 排放要求，且提高了反硝化的效果，出水 TN 浓度从 14.23mg/L 下降至 13.41mg/L，硝氮浓度从 6.9mg/L 下降至 5.99mg/L。可知：

1) 由于污水处理厂缺氧段没有能力把回流的硝氮全部反硝化，即使提高内回流比，也并不能很好地提高总氮的去除率，反而极大增加了因内回流比增大而产生的额外能耗。

2) 污水处理厂的进水 TN 浓度不高，对脱氮率的要求为大于 60%。从该厂 3 月份的运行数据看，进水 TN 按 45mg/L 计，出水 TN 控制为 18mg/L 以下时，脱氮率为 60%。而根据该厂的内回流比与外回流比计算，得到的反硝化最大理论脱氮率为 63%，可满足要求。

(3) 内回流比的增加，也会导致好氧段的溶解氧过多进入缺氧段，使 DO 增大，消耗进水中的碳源。因污水处理厂大多进水碳源不足，因此为保证出水效果，内回流比应控制在一个合理的水平。

(4) 建议该厂的内回流比可控制在 0.85 左右，既保证出水稳定达标，又保证降低能耗。

3. 排泥量优化对出水水质的影响

(1) 排泥量有利于控制污泥浓度和泥龄。排泥少，微生物总量多，对提高污水处理厂的 TN 去除率有一定作用。但排泥较少时，污泥微生物的总量过大也会造成供氧量的增加，以及因供氧而产生的机械搅拌和混合动力能耗。此外，因污泥浓度的增加，还可能导致污泥沉积并影响生化池的有效利用率。

(2) 从优化结果看，控制剩余污泥排放量从 1859m³/d 上升至 3059m³/d 后，出水中的 TN 浓度有所升高，从 13.5mg/L 上升至 13.92mg/L，即 TN 去除率发生下降。这也表明在当前工艺控制条件下，提高生化池的污泥浓度，有利于提高 TN 的去除率。

(3) 对其他水质指标而言，排泥量的变化对其影响很小，均可稳定达到一级 B 排放要求。

(4) 此外，还应注意到，因排泥量大幅增加，将增大污泥输送泵提升能耗、药剂投加量、脱水设备运行工作时间、污泥脱水产量。鉴于污泥尚需要寻求经济、安全和高效的处理方式，尽可能将它留在生化池内是目前较为合适的选择。

(5) 建议该厂的污泥排放量可降至 1859m³/d，以节约能耗和运行费用。此外，在结合实际运行结果和气候条件、进水水质等因素综合考虑后，可研究进一步降低污泥排放量对实际出水水质和运行能耗的影响。

6.4　技术指标及运行研究

6.4.1　生物脱氮除磷技术指标

在硝化与反硝化过程中，影响其脱氮效率的因素是温度、溶解氧、pH 以及反硝化碳源。生物脱氮系统中，硝化菌增长速度较缓慢，所以，要有足够的污泥龄。反硝化菌的生长主要在缺氧条件下，并且要有充足的碳源提供能量，才可促使反硝化作用顺利进行。影响生物除磷的因素是要有厌氧条件（DO＝0），同时，要有可快速降解的有机物，即 BOD_5/P 比值恰当。同时，希望含磷污泥尽快排出系统，以免污泥中的磷又返回到液体中。

BOD$_5$ 与 N、P 的比值是影响生物脱氮除磷的重要因素，氮和磷的去除率随着 BOD$_5$/N 和 BOD$_5$/P 值的增加而增加。理论上讲，BOD$_5$/N>2.86 才能有效地脱氮，托管运营实际资料表明，BOD$_5$/N>3 时才能使反硝化正常进行。在 BOD$_5$/N=4~5 时，氮的去除率大于 60%，磷的去除率也可达 60% 左右。对于生物除磷工艺，要求 BOD$_5$/P=33~100，且 BOD$_5$/N>4。J 污水处理厂进水 BOD$_5$/N=4.57，BOD$_5$/P=40，能满足生物脱氮除磷对碳源的要求。实际上，生物脱氮除磷工艺对 BOD$_5$ 与 N、P 比值的要求是指进入曝气池的污水水质，而不是指原污水水质。因为在设有初沉池的情况下，其比值会有变化（表 6-5、表 6-6）。

沉淀池对污染物去除率比较（%）（mg/L）　　　　　　　　表 6-5

指标	BOD$_5$	COD	SS	N	P
托管运营前停留时间 0.6h	16.7	16.9	42.9	9.1	8.0
托管运营后停留时间 0.7h	25.3	25.1	50.1	9.3	8.2

初沉池出水 BOD$_5$/N 和 BOD$_5$/P 比较　　　　　　　　表 6-6

指标	BOD$_5$/N	BOD$_5$/P
托管运营前停留时间 0.6h 变化率（%）	4.2	36.2
托管运营后停留时间 0.7h 变化率（%）	4.0	35.1

6.4.2　设计参数校核和运行调整

1. A^2/O 生化池

功能：利用厌氧、缺氧和好氧区的不同功能，进行生物脱氮除磷，同时去除 BOD$_5$。以 J 污水处理厂一期工程为例。

参数校核：10 万 m^3/d，分为 2 组，每组 2 座，共 4 座，每座规模 2.5 万 m^3/d；

污泥负荷：0.12kg BOD$_5$/(kgMLSS·d)；

容积负荷：0.42 kg BOD$_5$/(m^3·d)；

污泥浓度：MLSS=3.5g/L；

总停留时间：HRT=9.5h；

有效水深：6.0m；

厌氧区停留时间：1.5h，单座有效容积 1562.5m^3；

缺氧区停留时间：2.0h，单座有效容积 8333.3m^3；

缺氧区反硝化速率：55mgNO$_3$-N/(gMLSS·d)；

好氧区停留时间：6.0h，单座有效容积 6250m^3，硝化速率 22 mgNO$_3$-N/(gMLSS·d)；

供气总量：34500m^3/h；

气水比：6.4:1。

为了确保污水浓度低、曝气量较小时污泥不至于沉淀，在好氧池内也设 2 台水下搅拌器，每台功率 6.0kW，平时不运行，仅在低浓度时开启。

好氧池曝气器，采用国外进口管膜式微孔曝气器，每个长度 750mm，出气量为 8m^3/m·h。曝气器 5760 个，每池配 1440 个。好氧池至缺氧池的混合液内回流比，由 200% 调整至 190％效果更好。

运行方式：厌氧池和缺氧池水下搅拌器连续运转，调整转速，使污泥处于更好的悬浮状态。好氧池溶解氧由调节鼓风机送风量，从 1.8mg/L 调至 1.95mg/L 更好。

2. 配水井、污泥泵房

功能：使二沉池配水均匀，回流活性污泥至 A^2/O 生化池，提升剩余污泥至浓缩、脱水车间。

参数校核：最大污泥回流比 100％，$Q_{max}=4166.7m^3/h$；剩余污泥总量 12300kg/d，含水率 99.4％，计 2050m³/d。

运行方式：回流污泥根据 A^2/O 池污泥浓度控制合理回流量。

3. 鼓风机房

功能：为 A^2/O 生化池好氧区充氧，提供气源。

参数校核：总供气量 34500m³/h；供气压力 0.7bar。设 3 台 KA22S-GL225 型鼓风机，每台风量为 17500m³/h；压差 0.7bar，转速 3000r/min，配套电机功率 400kW。

运行方式：根据好氧池溶解氧浓度的反馈，控制机组开停及调节风量。出风量通过调节进口导流叶片角度，进行自动调节，调节范围 45％～100％，实际运行结果表明，在 85％左右效果更好。

4. 二沉池

功能：进行混合液固液分离，确保出水 SS 和 BOD_5 达到排放标准。

参数校核：设计流量 $Q_{max}=13$ 万 $m^3/d=5416.7m^3/h$；表面负荷 0.85m³/(m²·h)；沉淀时间 3.5h；有效水深 3.0m。

运行方式：4 座中心进水、周边出水辐流式沉淀池，每座池内径 45m，池边水深 3.5m，底斜坡高 1.1m，泥斗高 2.4m，超高 0.5m，总高度 7.5m。沉淀池出水采用环形集水槽，双侧溢流堰出水，最大堰上负荷为 1.57L/(s·m)。

刮吸泥机、沉淀池与生化池协调连续运行，排泥与污泥泵房协调运转。

5. 污泥浓缩

功能：将污水处理过程中产生的污泥进行浓缩、脱水，降低含水率，便于污泥运输和最终处置。

参数校核：剩余污泥干重 12300kg/d，需浓缩污泥量 2050m³/d，含水率 99.4％；浓缩后污泥量 246m³/d，含水率 95％；脱水后污泥量 49.2m³/d，含水率 75％；絮凝剂投加量，浓缩：0～0.5kg/Tds；脱水：3～4.5kg/Tds（表 6-7）。

运行方式：与沉淀池排泥协调进行。

污染物去除量（mg/L）　　　　　　　　　　　　　　　　表 6-7

指标	BOD_5	COD	SS	TN	TP
托管运营前	31	62	37	6.6	0.75
托管运营后	35	66	42	7.3	0.83
增加去除量	4	4	5	0.7	0.8

第7章 托管运营污水处理厂设备维修

7.1 污水处理厂维修问题分析

7.1.1 维修概述

污水处理厂的市场化经营，比如托管运营，涉及相关各方利益，以市场观念、全局观念、发展观念统一思想，也是实现污水处理厂市场化经营的关键环节和首要环节，早做早好。

随着全国各地污水处理厂纷纷建成运营，每个厂的管理水平参差不齐，维修问题就逐渐摆到了管理者的面前。如何科学管理，维修到位，节约资金，自然是一个重要的课题，系统进行研究，意义深远。据住房和城乡建设部统计，截至 2016 年 6 月底，全国设市城市、县累计建成城镇污水处理厂 3934 座。如果都经过科学的维修管理和培训，假设每个污水处理厂每年节约 10 万元维修费，则每年可节约 3.934 亿元，而且各地的污水处理厂还在不断新建，这个数据还将增大。

污水处理厂的维修涵盖很多方面内容，包括维修政策、维修手段和技术、维护保养、成本控制等。对于一个具体的污水处理厂来说，维修是与设备的正常状况相对应的，设备正常状况的特点有：设备性能良好，各主要技术性能达到原设计或满足污水处理生产工艺要求；操作控制的安全系统装置齐全、动作灵敏可靠；运行稳定，无异常振动和噪声；电气设备的绝缘程度和安全防护装置符合电气安全规程；设备的通风、散热和冷却、隔声系统齐全完整，效果良好，温升在额定范围内；设备内外整洁，润滑良好，无泄漏；运转记录、技术资料齐全。

7.1.2 维修问题分析

由于污水处理厂设备所处的工作环境较为恶劣，而设备又是污水处理厂运行的重要组件，如果有问题，即使有好的管理也会失效。如何做到设备故障率低、复修率低，设备保养是其中的关键。一般来说，对设备要做到：合理保养，实时维护，及时更换。根据设备统计台账，认真核算每一个设备的关键控制点、保养频次，对照说明书，对每台设备制定一个详细的保养计划，并责任到人，而且有监督、有检查。建立一个良好的保养、维修、大修、更换体系，十分重要。在这一点上，专业的运营公司和非专业的运营公司区别很大。

1. 大修及设备更换界定

设备使用了一段时间，就有可能要进行小修、中修或大修。有的设备，制造厂明确规定了它的小修、大修年限；有的设备没有明确规定，就要根据设备的复杂性、易损零部件的耐用度以及保养条件等因素，确定修理周期。维修周期是指设备的两次维修之间的工作时间，大修周期应根据具体设备使用手册决定。

大修通常是指按计划对设备整体定期进行恢复性的修理。修理时应将设备大部或全部解体，修复基准件，修复或更换磨损的全部零部件，同时检查、修理、调整设备的电气系统，全面消除故障和缺陷，并进行外部喷漆，以恢复设备规定的精度、性能和外观。设备运行到设备制造厂建议的运行时间或突然出现无法运行的重大故障时，就必须对设备进行大修。

中修是对设备进行部分解体，修理或更换主要零部件、基准件和需要更换的其他零件。当设备运行到设备制造厂建议的运行时间值或设备局部出现较大故障时，要对设备进行中修。

小修是按照设备定期维修规定的内容、日常点检和定期检查中所发现的问题，拆卸有关零部件，检查、修复、调整或更换失效的零件，以恢复设备的正常功能。

2. 维修费用

托管运营要取得成功，一个能够使委托方和受托方的利益始终得以保障的包括维修费用的托管运营方案非常关键。为避免特许经营时普遍承诺经营者固定回报要求（固定水量，分期提高污水处理费）的做法，可以采取分段水量价格结算方案，即当日处理污水量在不同区间时，采取不同的水价，双方每月按照平均日污水处理量进行一次结算。这种价格结算方法，既能够在项目实施初期、水量较低时，保护好受托方的合理收益，又能够使委托方享受到将来满负荷运行规模运营成本降低时的实惠，减少了经费支出。

包括维修费用的经费补贴模式，一直是人们普遍关心的问题。既要保证补贴真正用在直接发生的成本上，又要把补贴的项目尽量选在双方都愿意控制的对电耗、水耗的差价进行补贴上。由于这些项目也是受托方要竭力控制的成本支出，所以这种差额补贴既能体现补贴的价值，又能使支出总额得到合理控制。这种较为弹性的经费补贴模式，可以在避免补贴不足导致受托方压力过大的同时，也避免了补贴浪费现象的发生，能够有效规避来自外界、受托方不可控的因素导致的成本失控带来的毁约风险。

其中包括维修费用的收费价与处理价的价差部分，财政给予一定的补贴，从而为实现市场化管理奠定了物质基础。此外，污水处理费如何收、怎样拨付，补贴的体现、核准与支付，涉及不同行政系统的不同环节，而每一个环节又都足以制约整个资金链，因此，必须获得各方面的认可支持才能保证其畅通有效。还有就是要组织好一个高质量的评标委员会，才能降低委托方低价竞标，中标后无法保证正常运行的风险。评标委员会对托管运营项目进行认真评标，保证本次招标达到处理水价最低，中标单位资质、资信或运营能力最佳。

维修费用的核定，依据是针对当前污水处理厂的设备实际使用情况，分析历史维修记录和费用，查看现时设备的保养运行状况，预测设备未来维修更换的可能性等，对维修费用做一个具体测算。

对于政府旗下自己管理的污水处理厂来说，维修费用一般会纳入当年的财政预算，申请划拨。

对于 BOT 或 TOT 项目管理的污水处理厂，维修费用一般会体现在当初投资方和政府签订合同的水价里面。

对于托管运营的污水处理厂来说，维修费用是最重要的合同条款之一，它能直接反映出受托方的管理水平、技术水平和统筹能力。包括两部分：其一是日常修理和维修保养费用，测算出一个数值；其二是大修更换费用，在事前得到托管方的批准，可按实际发生额向其实报实销。通常是委托方和受托方签约前，商定大修费用的界定，比如，对某台设备一次性修理或更换，费用超过4万元的，视为大修及更换，并且费用由委托方全额承担或在水价中体现。

3. 设备维修管理

（1）正确使用

设备操作规程主要根据设备制造厂的说明书和现场情况相结合而制定。仔细阅读理解产品说明书，对照设备，熟悉设备的品种、型号、规格及工作特点；掌握操作要领、注意事项、安全规程及加油的部位、所加油脂的品种、每次换油的间隔等；掌握说明书上故障的原因及排除方法、维修时间、注意事项等。同时，了解设备不足之处，摸索出相应的解决措施。员工必须严格按照操作规程进行操作，设备使用过程中要如实作工况记录。

寻找设备最佳运行工况，根据实践，积累经验，使设备在良好的状态下运行，尽量减少无效或低效运转，保证设备的使用寿命，争取能延长其使用寿命。

（2）勤于保养维护

根据说明书，结合现场情况，每台设备都应制定保养条例，包括清洁、调整、紧固、润滑和防腐等内容，使其成为操作规程的一部分。保养工作可分为：例行保养、定期保养、停放保养、换季保养。保养工作同样应作记录。

日常维护内容有：每日巡视检查，定期清扫与清洗、校验与标定。有故障时，对故障进行分析，对部件进行更换，以及检修后校验等。维护分为一级和二级，其中，一级维护是以操作员工为主，维修员工协助，按计划对设备局部拆卸和检查，清洗规定的部位，疏通油路、管道，更换或清洗油线、毛毡、滤油器，调整设备各部位的配合间隙，紧固设备的各个部位等。二级维护是以维修员工为主，操作员工协助。二级维护列入设备的检修计划，对设备进行部分解体检查和修理，更换或修复磨损件，清洗、换油、检查修理电气部分，使设备的技术状况良好。

（3）实时检修

设备在运行中会出现一些小毛病，也许当时不影响运行，但不及时处理，则会引发大的故障而造成停机，严重时会酿成事故。在重要的连接部位，例如联轴器、法兰、电机的基座、桥式设备的钢轨、各种行走轮支架等，应定期用扳手检查其螺栓，如有松动，及时紧固。如果有些部位螺栓经常松动，为保证安全，应增加防松脱措施，如用防松垫圈或加防松胶等。

有很多零部件是对设备和人身安全起保护作用的，如漏电保护器、空气开关、限位开关、紧急停止开关、滤清器报警装置等。实时检修这些设备，使其保持正常工作状态，可以避免很多重大事故隐患。

设备防腐，是一项重要工作。污水里的有害物质会造成钢铁的严重锈蚀，防腐涂料会逐渐磨损、老化、脱落。为此，要经常检查这些涂层的情况，并随时修补。

制定设备检修标准，通过检修，恢复技术性能。明确大、中、小修界限，分工落实。明确检修周期，定期检修。对常规修理，应制定检修工料定额，以降低检修成本。每次检修都应作详细记录。

（4）系统管理

系统的管理涵盖设备的生命周期，是从设备购置、安装、调试、验收、使用、保养、检修直到报废，以及更新的全过程。每个环节的管理均需有计划、有组织、有控制，做到环环相扣。

系统管理要突出重点，格栅除污机、刮泥机、污泥浓缩机、潜水推进器等是运行工艺段重要的大型设备，使其时刻保持各部位运转良好，尤其需要重点关注。润滑油除了使设备在运转中减少摩擦、磨损之外，还有防腐、防漏及降温等功能。

（5）巡回检查

污水处理厂中心控制室，可以对设备实现远距离监控。这些监控必须在 24h 内不间断地进行，这样一旦发生故障，可以及时远程控制停机，并马上到现场处理。

污水处理厂有的设备处于室外，分布分散，因此，严格执行巡回检查制度就格外重要。三级巡检，是指将设备巡检按三级进行安排，部门负责人和专业工程师为一级巡检人员，重点巡检关键和核心设备；班组技术员为二级巡检人员，对所有相关设备进行巡检；值班人员为三级巡检人员，按要求不间断巡检。一般来说，对 24h 不间断运行的设备，每天应每 2～3h 检查一次，夜间也至少安排 2～3 次检查。在巡查中如发现设备有异常情况，如卡死、异常声响、堵塞、异常发热等，应及时停机采取措施。

（6）档案明晰

建立明晰的设备档案，至关重要。设备档案包括技术资料、运行记录、维修记录三个部分。第一部分，是设备的说明书、图纸资料、出厂合格证明、安装记录、安装及试运行阶段的修改洽谈记录、验收记录等。这些资料是运行及维护人员了解设备的基础。第二部分，是对设备每日运行状况的记录，由运行操作人员填写。如每台设备的每日运行时间、运行状况、累计运行时间，每次加油的时间，加油部位、品种、数量，故障发生的时间及详细情况，易损件的更换情况等。第三部分，是设备维修档案，包括大、中修的时间，维修中发现的问题、处理方法等。这将由维修人员及设备管理技术人员填写。设备使用了一段时间以后，必须进行小修、中修或大修。

根据以上三部分档案，设备管理人员可对设备运行状况和事故进行综合分析，对下一步维修保养提出要求，制定出设备维修计划或设备更新计划。如果与生产厂家或安装单位发生技术争执或法律纠纷，完整的技术档案与运行记录，也使污水处理厂处于有利的地位。

设备的资料、档案是否齐全，对于日常维护、故障判断及处理，都有着非常重要的意义。每台设备都要建立独立的档案卡。下面，以某台仪表设备为例，档案卡内容包括：

1）设备位号（一般应与设计图纸编号一致）。

2）设备名称、规格型号。

3）精度等级。

4）生产厂家。

5）安装位置、用途。

6）测量范围。

7）投入运营日期。

8）校验、标定记录（标定日期、方法、精度校验记录）。

9）维修记录（包括维修日期、故障现象及处理方法、更换部件记录）。

10）日常维护记录（零点检查，量程调整、检查，外观检查，定期清洗等）。

11）原始资料（应包括设计、安装等资料，线缆的走向，信号的传递，以及厂家提供的合格证、检验记录、设计参数、使用维护说明书）。

4. 维修成本控制

维修是有成本的，既有人工费、材料费，又有因维修影响生产的费用等。那么，如何控制成本、降低费用，自然是运营管理者需要思考的。掌握设备性能，正确使用，良好的保养维护，及时维修等，都能降低成本。同时，控制配件采购费用，培训专业的维修队伍，也是成本控制的重要因素。

5. 相关因素

针对污水处理厂的维修，相关因素很多，以托管运营的污水处理厂来说，对维修尽职调查详细程度、科学管理体系建立、员工磨合、专业维修队伍调配、合理的水价调价兑现、托管费用的及时划拨、进水稳定性状况、与监管部门协调及时有效等，这些都或多或少会影响到污水处理厂维修的效率和执行效果。

7.1.3　城北污水处理厂托管运营后维修示例

C 市城北污水处理厂，顺应市场化的潮流，通过公开招标，选择了一家环保公司来对其进行托管运营。受托方自接管城北污水处理厂运营以来，克服维修人员严重不足，设备亟待保养的困难，从总部调派维修骨干力量，加强设备管理，完善设备管理制度和相关的操作规程。

（1）受托方接管北污水处理厂之后，首先对主要工艺设备进行了润滑保养，对主要电气设备进行了除尘保养，并检查接线箱及接线端子；组织电气技术人员，消除电气设备跳闸隐患，对变配电间进行通风降温改造，停用了原先 24h 连续运行的高耗电空调，既保障了安全又节约了能耗。

（2）对紫外消毒系统灯管进行了更换和清洗，并开启运行，定期检测水下设备绝缘情况，对存在问题的推进器进行维修维护，检查和校准在线仪表，对损坏的出水 COD 仪表送设备制造厂家修复。

（3）对进水泵进行维护，更换轴套、改造自来水冲洗管路，拆除了止回阀，消除了水锤，保证了设备和管道安全；对 4 个沉淀池刮泥机进行彻底大修，实施增加滚轮、胶皮技改，修复严重变形的刮泥板，改善出水水质，防止出现死区和大块浮泥问题，消除之前维修不彻底、一年需 2～3 次放空的隐患。

（4）通过摸索，提高了集水井的控制液位约 0.6m，降低了提升泵实际扬程，合理控制剩余污泥泵和中水回用泵的启停，在满足夜间厂区照明的情况下，合理调整路灯开启时间，将污水处理厂内两盏高杆灯照明灯泡平分为两路控制。

（5）对脱泥车间两台污泥螺杆泵进行大修改造；进行了 1 号、3 号脱水机大修改造，为启用原先已经停用半年之久的 2 号脱水机，不惜成本花费 6 万多元购买了进口的滤带安装使用，并联系国产滤带厂家，开展特种滤带的试用，提高了污泥脱水处理能力。

（6）按要求对污水处理厂内起吊行车等特种设备进行了安监检测，对高杆灯等进行了防雷检测，确保安全。

（7）为了加强进水水质预警监控，组织实施进水在线仪监控内部控制指标报警方案；增设提升泵房内液位报警，防止液位过高对干式提升泵房的威胁；报警系统投入使用后效果良好。

总之，污水处理厂的所有设备都有它运行、操作、保养、维修的内在规律，只有按照规定的工况和运转规律，正确地操作和维修保养，才能使设备处于良好的技术状态。同时，机械设备在长期运行过程中，因摩擦、高温、潮湿和各种化学反应的作用，不可避免地会造成零部件的磨损、配合失调、技术状态逐渐恶化、作业效果逐渐下降等情况，因此，必须准确、及时、快速、高质量地拆修，使设备恢复性能，处于良好的工作状态。

7.2 ESM 模式

7.2.1 ESM 概念

ESM 模式是由苏州水星提出的，是将设备、销售、管理三者融合在一起，针对托管运营的一种新的模式。

ESM 模式的核心就是：业主在对一个水处理项目（包括自来水、污水及泵站等）的全部或部分设备、安装及材料整体采购时，ESM 服务商提供整套设备及安装；在不增加业主资金支出的情况下，在后期运行一定年限内免费服务于业主，提供全部设备的增值服务。ESM 模式最大限度节省采购成本，保障水处理设施的正常运行，减少后期维护费用，让业主腾出精力，集中开展公司核心业务。

ESM 模式的路线是：整合优质设备（Equipment）→销售给业主（Sale）→对全部（或部分）设备进行管理（Manage）。

ESM 模式不能简单地理解为设备厂商针对自己卖出的设备增加几年质保时间，而是为业主实施全部或大部分设备的维护、保养及维修。实施精细化管理，设备运行记录、档案管理；在无法分清管线问题、自动化运行问题还是设备故障问题时，全方位地协调解决整个系统故障。同时，可以实现短时间内的突击改造、抢修活动。

对于实施 ESM 管理模式的服务商来说，需要极强的工艺技术能力、该领域全部的设备维修能力、工程实施能力；需要有快速的反应能力，各种设备的维修经验，精细化的管理能力。通常，一个设备厂商、维修门店或机电安装企业，很难满足客户的真实需求，ESM 模式恰恰能解决这个问题。

其中：

设备——E（Equipment），在水处理行业指业主进行一项水处理工程所需的相关设备。这里的概念广义上可扩大为工程所需的设备、管材、电气、自动化等一系列硬件的组合系统。

销售——S（Sale），卖方卖的不只是设备，实际上卖的是为了达成水处理项目正常运行而需要的设备功能，这些也是买方购买的实质内容。所以基于买方需要，提供整体服务方案以满足买方对于水处理项目功能的需要。

管理——M（Manage），此处是指业主为了实现其水处理项目正常运行、达标处理的目标，以人为中心对设备进行的一系列协调、组织活动，以保障买方对设备功能的需要。

ESM 模式的优点：让客户免于多方采购、各方协调及现场管理混乱的局面，并且可以节省建设资金，减少采购费用；让客户摆脱了零星设备坏了，给设备厂商报修后的漫长等待、高昂费用、服务态度差的状况；让客户免于分不清管路问题、电气线路问题、自动化运行问题还是设备故障问题时的困扰，减少环保监管的压力；让客户摆脱设备坏了修，修了坏，支出琐碎，维护经费难以控制的局面。

一个新模式的诞生不只是来源于一个好的主意，还需要辅以很强的配套能力，快速反应能力，齐全的物资储备能力，复杂的后期处理能力，才能满足客户的需求。

7.2.2 ESM 模式解析

1. ESM 模式商谈

建设初期，业主根据项目需要确定设备及材料的档次；根据业主设备档次需要，遴选设备品牌推荐给业主并确认；根据商定的水处理设备品牌，初步报出总的价格及 ESM 管理条款；业主对所需采购的各类设备自行询价，将价格进行汇总，经比对后同 ESM 模式服务商进行价格谈判，达成一个合理的总包价格（可含安装及自动化）；业主选择符合自己需要的服务内容，同时确认 ESM 服务条款。

2. 签订 ESM 合同

双方本着实现双赢的原则，确定 ESM 模式服务条款，包括服务年限、合同价格等；在没有增加业主额外支出的情况下，签订设备采购打包合同和 ESM 服务合同。设备管理人员准备入驻水处理项目现场，进行托管。

3. 管理、移交

按照 ESM 模式，在服务年限内，按照合同条款，为业主做好服务。设备所有权归属业主；服务期间，业主可检查服务情况及检修记录等，如果没达到服务标准，业主可按照合同条款对其处罚。服务期满，将运行完好的设备及完整的记录档案等资料，无偿移交给业主。

4. 续签合同

业主有前期已运行项目或其他不在本次采购打包范围内的设备，也需要管理，双方可商谈服务价格，统一进行托管。ESM 合同服务期满，如果双方满意，对后续服务价格进行商谈，续签合同，继续托管。

7.2.3 设备管理规范

设备是水处理项目固定资产的主要组成部分，是企业生产能力的基础。为了充分发挥设备的效率，对所有生产设备必须严格管理和监督，做到科学管理，正确使用，精心维护，定期保养，计划检修，防止非正常的磨损和损坏。

1. 五项纪律

操作工使用设备必须遵守"五项纪律"。

(1) 凭操作证使用设备，严格遵守操作规程。

(2) 管理好工具附件，不得遗失。

(3) 不准在设备运转异常时离开设备，并立即排查，自己处理不了的故障应及时报告主管。

（4）不准擅自拆卸零部件当作他用。

（5）遵守交接班制度，做好清洁、润滑工作，做到不做好润滑工作不开工，不做好清洁工作不下班。

2. 三好

（1）管好

操作者对所有使用的设备负有保管责任，未经领导和本人同意，不准别人动用自己使用的设备；操作者对设备及附件或其他装置保持清洁、完整无损；设备开动后，不准擅离工作岗位；认真做好设备运转台账记录和日常点检记录；认真做好交接班，并详细准确填好交接记录。

（2）用好

操作者严格执行操作规程，严禁精机粗用和超负荷使用设备，更不准滥用设备；坚持做好日常维护保养，做到每天一小擦，每周一大擦，并经常清洗油毡、油线，保证设备无油垢、无铁屑、无杂质脏物，各油孔清洁畅通。

（3）维护好

操作者熟悉设备的转动系统和结构性能，掌握设备操作原理，经常保持设备处于良好状态；能排除设备的一般常见故障，以及进行局部的精度调整，在维修人员的帮助下，逐步掌握更多的维修技术；按时认真进行设备的一级保养，配合维修人员进行二级保养。设备大修时，参加拆卸、总装和试车工作。

3. 四会

（1）会使用

操作者不仅要遵守操作规程，还要熟悉每台设备操作手册的使用方法，防止发生设备误操作事故或丧失设备的精度；对新设备或未操作过的设备，在操作前应先熟悉设备性能及操作机构的作用，在确有把握时，方可上机操作；熟悉设备性能和加工范围，选用合适的切削用量或工作负荷，发挥设备的最大效能，选用合适的工具和刀具及其他辅助装置。

（2）会保养

操作者要经常保持设备内外清洁，工具、工件（或产品）堆放整齐，做到班前润滑、班后擦拭清扫；保证设备无滴漏（油、水、汽、电），设备滑动面无油垢、无碰伤、无锈蚀；按设备润滑表加油，保持油标醒目，油窗明亮，油路畅通，油毡、油线清洁完整；认真做好例行保养和定期保养。

（3）会检查

操作者在设备开动前，必须检查各操纵系统，挡铁、限位器及其他操纵控制装置是否灵敏可靠，各运转滑动表面润滑是否良好，一切正常后再开机。如果发现问题，不得开机，并及时上报；设备运行过程中，应经常观察各部位运转情况，听取设备运转声音，如有异常，应立即停机检查，会同维修人员一起分析原因；了解设备精度的检查项目、检查方法和精度要求，并进行检查。

（4）会排除故障

设备的一般机械故障（不需要拆开较大的箱盖等），操作者应能够排除。较大的故障应与维修人员共同排除；操作者在电气人员指导下，经常熟悉设备电气系统，如遇电气故障，应协助电工排除；设备发生事故，要立即采取措施，保护现场，并及时报告领导和有关人员。

4. 四项要求

（1）清洁

设备内外清洁，各滑动面、丝杆、齿条、齿轮箱、油孔等处无油污，各部位不漏油、不漏水、不漏气，设备周围铁屑杂物、脏物等应清扫干净。

（2）整齐

工具、配件、工件（或产品）应放置整齐。管道、线路等应保持整洁。

（3）润滑

按时加油、换油，不断油。油压正常，油标明亮，油路畅通，油质符合要求。油壶、油枪、油标、油毡清洁。

（4）安全

努力学习和熟悉设备结构及安全操作规程，不超负荷使用设备，设备安全防护装置齐全可靠，做到无设备人身安全事故发生。

7.2.4 设备维修流程

1. 设备维修流程

（1）设备计划维修（含二级保养）和常规维修，由生产部调度，提前通知调度室及车间，对待修设备作修前准备：停机、停电、关闭阀门及场地准备。

（2）维修人员接到维修通知后，应及时了解维修内容、维修目的，根据设备情况，安排人员准备工具、准备防护用品、备品备件备辅料。对于特种设备、复杂设备或不熟悉的设备，还应准备相关图纸进行分析、熟悉或制定维修方案。

（3）维修人员到达维修现场，要通知相关车间操作工协助配合维修人员工作。

（4）维修人员开始维修前，必须对维修环境进行检查，确认已断电、断泥、断水，无危险后，才能检修设备。

（5）维修过程中，维修人员必须根据车间特点，合理使用防护用品及工具，严格遵守车间规定。

（6）维修过程中，维修人员必须根据设备维修规定程序，合理拆卸、安装，如有疑难问题，应及时与有关人员进行商议，严禁盲目、野蛮作业。

（7）设备按要求修好后，应首先按规定进行整机运行前检查、润滑，调试准备，确认符合运行条件后投入试运转。

（8）设备修好后应及时交与操作人员，共同试车确认后填写完工单。

（9）设备维修完毕，操作工应配合机修工，清理现场，恢复运行环境。

（10）一般零星维修、应急维修，生产车间或调度室，可根据具体情况直接通知维修队伍派员维修，维修过程应严格按以上条款执行。

2. 潜水搅拌器维护保养示例

潜水搅拌器属于水下设备，一般每年检查二次，特殊情况可增加频次。

（1）外部检查

更换损坏的部件；检查、上紧所有的紧固螺钉；检查支承手柄、提升环、链条、电缆；检查导向杆腐蚀情况及垂直情况。

（2）搅拌器壳和叶轮检查

更换丧失功能的旧部件；检查叶轮外沿与搅拌器壳的间隙，超过 2mm 时需更换磨损的环。

（3）油的检查

油量：将搅拌器放倒，油孔朝上，打开油塞螺钉（注意用布盖住螺钉，以防油溅出），检查油是否够，若少应加油。油质：将一根软管插入油孔吸取一些油检查，若油呈奶白色，应换油。换油后一星期应再次检查油质，若仍含有水，应查明原因。

（4）定子室内液体检查

将搅拌器放倒，拆去检查螺钉，并使检视孔向下，若能倒出油或水，应查明原因，给予解决。

（5）电缆

检查电缆外皮，如有破损，应更换；检查电缆应没有大的弯折或压扁，否则应查明原因，并根据检测情况确定电缆能否继续使用；检查电缆入口有无泄漏，电缆夹应紧固。

（6）保养检查启动及监控设备

使用 1000V 绝缘摇表检查电机相间及相对地绝缘应大于 1MΩ。在水下长期不使用的搅拌器应提出水面，防止渗水。在泄漏探测器上"定子高温"报警后，应将搅拌器提出水面作全面检查。正常使用的搅拌器，电压 380V 时，电流超出额定范围，应将设备停机，提出水面检查。

7.2.5　ESM 模式带给客户的价值

1. 建设初期省钱

建设初期业主可对所需采购的各类设备询价，将价格进行汇总，经比对后谈判出一个合理的总包价格。总价可控，并且可以节省分散采购产生的差旅、交通运输、装卸看护等费用。流程少、便于管理，并且省钱。

2. 后期省心、省钱、快速

水处理项目中，一般 1 万～3 万 m^3/d 的污水处理厂配置 3～6 名维修人员，3 万～10 万 m^3/d 污水处理厂配置 6～10 名维修人员。进行 ESM 管理后，维修技师进驻污水处理厂，更加快速便捷地服务。污水处理厂只需要配置 1 名机电管理人员监督管理（或不配，其他人代管），最大限度地节约人员投资、管理费用及更换部件的费用，同时省去了管理上的琐碎事务，还降低了发生安全事故的风险。

3. 管理专业、规范

水处理项目中，污水处理厂建成后，设备管理不善会影响环保考核的设备完好率，甚至影响水质达标。ESM 专业维修人员的及时性、专业性，保障了设备的正常运行；业主的精力主要放在工艺流程的控制上，合理分工，有效地保障了污水达标排放。

建立完善的设备台账，按照制定的计划、流程实施保养及维修，为业主提供更准确的设备状态，保障设备安全运行。

4. 延长设备使用寿命

精细化管理的实施，能够保证设备运行完好率达到 100%，维修保养计划实施及时率达到 100%，防患于未然，减少不需要的磨损等，有序的管理可以将设备的使用寿命延长 2~5 年。

5. 其他

针对工艺部件深挖研究，能够对能耗单元进行优化，减少电能及药剂的消耗，节能减排。

7.3 江南污水处理厂托管运营维修方案实战介绍

U 公司在接手托管江南污水处理厂的运营以后，针对该厂设备维修现状，编制了设备资产管理方案，从设备的维护、小修到大修重置，提出了一套维修方法，通过合理的维修，取得了良好的效果，保证了托管合同的顺利进行。同时，对遇到的一些问题加以阐明，提醒管理者重视和改进。

7.3.1 托管前运营维修存在的问题

江南污水处理厂设计能力 30 万 m^3/d，实际生产进水量 23 万 m^3/d；采用 A^2/O 工艺；服务人口 65 万，85% 的污水为生活污水；出水水质执行《城镇污水处理厂污染物排放标准》GB 18918—2002 一级 B 标准，部分达到一级 A 标准。江南污水处理厂工艺流程，如图 7-1 所示。

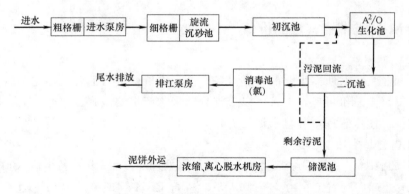

图 7-1 江南污水处理厂工艺流程

托管运营前，江南污水处理厂的设备大修主要由设备厂家承担，小修则由污水处理厂员工承担，效率低下，效果不好，生产受到严重影响。存在的问题主要有：因关键设备维修不及时，导致出水不达标现象时有发生；因维修问题导致生产成本大幅增加；没有自己的专业维修队伍，过分依赖设备供应商，工作被动，疲于应付；维修费用采取财政拨款方式，不能及时到位，欠账很多，严重影响维修效率；管理体制没有理顺，维修员工责任心不强等。

W 市政府为了加强对江南污水处理厂的监管，引进先进技术，避免政府角色重叠，彻底解决维修中存在的问题以及提高总体管理水平，决定托管运营。通过竞争性谈判，U

公司获得了江南污水处理厂的托管运营权，合同期 7 年。

7.3.2 托管运营维修方案

U 公司在获得江南污水处理厂的托管运营权后，即成立了项目公司。对该厂采取的维修路线如下：设备移交→编制设备资产管理方案→制定维护和维修方案→维修→效果评价→实时更新。

1. 设备移交

由托管双方的技术和管理人员组成设备移交小组，根据设备清单，现场对照，观察设备的运行是否正常，逐一检查测试，登记造册。通过移交，注明设备的状况，将责任界定清楚，双方签字确认。

例如，对排江泵房内的 1 台大的干式泵（流量 2900m³/h，扬程 10m，功率 110kW）进行检查测试，对干式泵各运行参数进行登记，见表 7-1 所列。干式泵运转正常，可确定移交。

排江泵房干式泵移交示例　　　　　　　　　表 7-1

外表	转速	声音	漏油	漏水	部件	维修历史	是否在额定参数内运行
整洁	均匀	正常	否	否	完整	无	是

如移交时出现设备不正常情况，则按下述方法处理。

例如，在移交粗格栅间的 1 台螺旋输送器（能力 2.6m³/h）时，因设备声音出现异常，双方协商，通知设备厂家前来检查并处理，产生的费用等责任主体仍然属于委托方，但是，U 公司有义务协助。待一切正常后再另行移交。

2. 编制设备资产管理方案

（1）设备资产管理方案编制原则与方法

编制江南污水处理厂设备资产管理方案，纳入 U 公司的全球设备统一维护政策系统。通过收集设备的操作目标、标准、维护要求、性能监控、过程控制及性能基准的数据和信息，将操作理念和方法一起写进设备资产管理方案中，具体如下：

1）编写设备的资产清单数据库，包括设备规格内容和生产商的详细信息。

2）将设备的行业规定、服务水平和操作目标整合形成评估标准。

3）评估每项设备资产，根据状况和性能分级分组。

4）监控设备资产运行和维护数据。

5）将数据整合进数据库，并随时间变化分析。

（2）设备资产管理方案编制示例

对正在使用中的 1 台电动细格栅，其设备资产管理方案编写如下：

1）将电动细格栅的设备规格（电动、栅条间距 5mm）、生产商（××环保设备厂）和生产安装时间等编入数据库。

2）电动细格栅的评估标准由这些内容组成：自动化程度高、分离效率高、动力消耗小、无噪声、耐腐蚀性能好；无人看管可连续稳定工作；发生故障时，过载安全保护装置会自动停机，避免超负荷运行；详细的安全操作规程；自动、手动拦截和清理固体杂物工况均良好。

3）根据设备状况和性能好坏，分级成：优、良、中、差，对应 A、B、C、D；分组成：暂不需维护保养、维护保养、维护小修、大修重置，对应 a、b、c、d。该电动细格栅对照上述标准，属于优而且需要维护保养型（A 级 b 组）。

4）监控电动细格栅运行状况，将自运行以来的工况、异常、维护、维修等数据编入数据库，并不断更新。

5）根据上述资料，完善数据库，由系统软件随时间变化对该电动细格栅做定量分析。

3. 维护和维修方案制定及实施

根据江南污水处理厂设备使用的实际情况，制定具体的维护和维修方案，主要有预防性维护、小修、大修及重置 3 部分。

（1）预防性维护

预防性维护是避免设备发生故障的预防措施，可以定期进行，也可以根据监控记录的设备参数状况来安排维护。维护周期视具体情况而定，分为周、半月、月、季度、半年和一年。工作将分派到全年度内，而不是将所有的维护都集中在某些时段。需要加强设备日常检测，降低因磨损引发设备损坏的发生率，减少维修人员工作量。

1）维护参照

基于运行状态（性能）的维护包括：根据设备运行时间进行维护；根据设备运行数量进行维护；根据仪表读数漂移超过某一百分比进行维护；根据特定详细参数（包括振动、热分析、油分析等）的维护。

2）维护的优先次序

设备可靠性、服务需求、工艺需求、健康和安全、生产成本、服务成本、出问题时的处理成本、设备性能。设备经理将会审阅这些短期、长期的运行成本及维护成本，来确定维护、维修的优先性。

3）检查清单

预防性维护计划还应包括每日和每周的检查清单，该检查清单由操作人员填写，并记录是否有任何异常情况，以备进一步检查。检查人员要如实正确填写检查报告，并更新升级。在进行检查和维护任务之前，所有的员工都要接受培训。

4）备品备件

预防性维护的内容应该详细到使备品备件（购置）库存量达到最小化，并要制定相关规程，确保备品备件得到及时供应和配置。

5）维护计划审核

维护经理把所有检测、检修和维护报告，以及报告中的注释及评论等资料与运行经理讨论和分析，然后制定维护计划。设备经理每年会对维护计划评估和审核。

6）预防性维护示例

预防性维护的基本任务是根据设备生产商的要求和 U 公司的经验，进行计划和调整。表 7-2 是潜水排污泵和电机维护任务示例。

（2）小修

小修是针对生产过程中设备出现的小故障，及时检修排除，避免设备带病运行，累积成大的毛病。需要快速准确判断设备故障发生位置，并尽快有效地排除故障，恢复运行。具体维修人员按照设备管理方案中的故障判断及排除的操作规程，在设备出现故障时，能知道如何做出反应，紧急情况时也清楚地知道如何正确应对。

潜水排污泵和电机维护任务示例 表 7-2

类别	维护参照时间(月)	优先次序侧重点	检查清单	备件可否及时提供	是否已审核
潜水排污泵和电机	维护 1 次	健康和安全、可靠性、生产成本	机械密封条件、泵体腐蚀情况、线圈的状态、电机的过载保护等	可以	是

1）维修的优先次序

快速判断（能否解决）→采取安全措施（将对环境和社区的任何影响降至最低）→仔细检查（撰写整改计划）→资源调动（人员、受托方、材料）→修理→编写问题报告（提出如何避免将来发生类似的问题）。对于设备管理方案中未涉及的维修事件，要上升到维修经理或更高的经理级别，负责制定整改计划并且安排相应的资源。

2）及时性

对于每一个主要的设备故障事件，维修经理均要在当天发生问题的时候，立即对其进行判断、评估并处理。如果发生在正常工作时间之外，也要马上采取安全措施（比如可以换用备用设备），如果对工艺不立即造成影响，可以考虑在随后的工作日马上进行完整的事件评估处置。

3）小修示例

某水下搅拌器位于缺氧区，功率为 6.5kW，叶片轻度损伤，需要维修。维修次序如下：快速判断（可以解决）→合理调度（维修时对生产和安全无影响）→检查并确定只需更换叶片即可→有该型号叶片备件（领取材料）→更换叶片并整体养护 1 遍→分析原因，编写维修总结报告→输入设备资产管理方案中。

（3）大修及重置

设备大修及重置，事关工艺的正常运营，耗费较大，需慎之又慎。此项工作是在 U 公司的资产管理团队的协助下完成的，该资产管理团队由污水处理、设备维护和资产管理方面的专家组成，为当地项目公司提供 3 方面支持：审核现有设施及污水处理厂的维护体系；推荐一套整改方案，来改善设备状态；帮助当地项目公司团队执行该整改方案等。

1）设备大修优先原则

在合同执行期间，决定恢复性大修及重置的优先原则：①完整性。测定项目包括：组件、资产的物理状态。②耐久性。测定项目包括：组件、资产的服务寿命。③可靠性。测定项目包括：组件、资产满足预期运行服务水平的能力。④能力。测定项目包括：组件、资产满足正常运行所需的物理输出能力。⑤效率。测定设备输出能力与运行成本的情况。⑥安全。测定在设备出现故障时，对操作者、公众的风险。⑦环境。测定设备继续运行对社区环境的影响。

2）大修费用

大修项目费用预算，要包括在合同约定之内，否则，维修结束，结算必然很困难。这就需要在合同签订前，针对主要设备可能需要大修的情况，对照资产设备管理方案，预算费用，与委托方沟通好，并备案。该项目合同约定，单个设备一次性维修费超过 4 万元的，视为大修费用。

125

3）大修时间选择

选择关键设备的大修时间，必须确保维修对污水处理厂处理能力的影响最小，要确保设备在必要时都能立刻运转，将维修对运行产生的影响与风险降到最低。例如，进水泵的大修要避开 6～9 月的雨季，确保泵组的能力可以满足将污水运送到污水处理厂内，避免污水管网被充满后引发的外渗。选择好时间以后，要将大修报告和方案以及应急预案，上报江南污水处理办公室和环保局，得到批准后再实施。

4）大修和重置示例

对脱水机房 1 台离心机（能力 80m³/h，功率 75kW）旋转轴进行了大修，流程如下：

上报大修需求→U 公司的资产管理团队派出设备专家代表，与污水处理厂维修人员会诊→根据大修优先原则提出更换旋转轴方案（包括费用预算、大修具体时间、材料准备、与生产商沟通、人员安排、开启备用离心机等）→上报江南污水处理办公室批准，报告市环保局→大修→分析原因，编写大修总结报告→输入设备资产管理方案中。

（4）外包及经济性

1）外包

就维修和维护而言，U 公司的战略目标是组建一支精干的、技术全面的专职维修队伍来维护江南污水处理厂的设施、设备。但是，有时为了平衡现有的维护方面的人力资源情况，也会将某些维修项目外包给其他有技术、经验和业绩的专业维修队伍。外包维修服务包括：高压设备、SCADA、遥感勘测、泵的电机维修等。另外，为节约成本和避免采购那些和公司核心业务不相关的设备，有些资产的维护也外包：景观美化和地面维护、车辆维护保养、房屋维护保养、室内服务设施的维护保养（空调、加热器、电梯等）。U 公司会考虑选择具备相应能力且价格具有竞争力的当地服务受托方来完成此类外包任务，确保把因这些外包服务引发的风险降到最低。

2）经济的维修

U 公司在合同执行期间，鼓励促使经济的维修，对维修计划不断进行审核和改进，包括设备运行周期的成本、状况、报废期、维修费用及重置等，确保最高水平的经济性维护。

4. 维修效果评价

托管运营前因维修技术较差，又不能及时排除故障，导致设备的完好率低，维修成本高，不能达到预期维修标准。托管运营后，各项指标完全达到预期维修标准，水质达标率提高，维修成本降低。

7.4 对受托方的管理措施

7.4.1 管理目的

委托方派出代表，对污水处理厂运营过程中的计量、设备监管、成本核算、水质监测进行监督管理以及提供服务等。

本方案为建立对受托方维修的管理和考核办法，用以规范管理和考核过程中的各项活动。

7.4.2　管理措施

1. 受托方的引进

受托方由委托方的对口部门运行部负责管理，并办理一切相关事宜。

受托方的引进条件，必须有至少两年以上相关设备维修经验；应具有独立法人资格，持有工商行政管理部门核发的法人营业执照，按国家法律经营；应有足够的人力、技术及资金；没有处于被责令停业的状态；没有处于被建设行政主管部门取消投标资格的处罚期内。

2. 日常管理要求

（1）例会制度

委托方运行部应每月组织受托方工作例会。参加人员包括：运行部负责人、设备工程师、自控工程师、运行人员代表和受托方代表。

会议的主要议题为：上月的维修执行情况；通报受托方上月存在的问题和考核情况；传达委托方最新的管理制度和工作要求；受托方反映工作中存在的问题；布置下阶段的工作任务。

（2）组织管理

受托方在进场前，必须指定一名负责人与委托方运行部设备工程师联系，并得到认可；受托方负责人对委托方认为不符合要求的受托方员工，应立刻进行更换；受托方负责人安排法定节假日值班人员并报委托方运行部；受托方必须建立和完善内部管理制度。

（3）工作总结

受托方应每月编制月工作总结，应通过行文发送委托方运行部设备工程师。

（4）维修人员工作管理

委托方运行部根据设备的运行情况，下达工作任务；维修人员工作开展前，受托方应编制维修方案，经委托方运行部设备工程师、负责人及分管领导确认后，方可实施；委托方运行部设备工程师、负责人审查维修方案，但不转移维修过程中的一切责任，并进行现场监督；维修人员工作结束后，应做到工完、场地清，及时反馈维修人员工作的信息，填写维修报告，并递交委托方运行部。

（5）安全管理

受托方应建立内部安全管理体系，同时遵守委托方相关安全管理制度。

受托方应定期进行安全活动，形成书面文件，并上报委托方运行部；受托方负责人传达委托方的相关管理制度，委托方运行部定期进行检查。

（6）受托方的考核与评价

对受托方的考核从五方面进行，考核项目见表 7-3 所列。

受托方维修月度考核表　　　　表 7-3

项目	考核内容	考核标准
安全管理	积极配合开展安全管理工作	违反扣 10 分
	安全学习活动不少于 1 次	违反扣 5 分
	安全管理不到位,受到委托方管理人员的批评	每次扣 5 分
	无安全违规行为	违反扣 10 分

续表

项目	考核内容	考核标准
综合管理	按时上报月总结等汇报材料	违反扣 10 分
	根据通知安排合适人员按时参加有关会议	违反扣 5 分
	按时整改委托方发出的工作联系单	违反扣 10 分
培训管理	认真学习委托方组织的各项培训	违反扣 10 分
维修管理	维修完成率≥98%	每降低 1% 扣 5 分
	按规定时间及时响应维修人员工作	每延迟或未响应 1 次扣 10 分
	2 个月内同一台设备维修≥2 次	每超过 1 次扣 5 分
	风险分析不到位	每发现 1 次扣 5 分
	维修人员工作完成后 2 天内完成维修报告	未按期完成并递交每份扣 5 分
	维修报告和维修记录质量	检查不合格每份扣 5 分
经验反馈	对维修活动中的问题提出建议或分析报告	每次加 5 分

（7）考核办法

考核按《维修受托方月度考核表》进行，总分值为 100 分，每方面分值在总分中所占比例，见表 7-4 所列。

考核分值比例

表 7-4

项目	安全管理	综合管理	培训管理	维修管理	经验反馈
比例(%)	20	10	5	55	10

按上表比例统计受托方总分，作为受托方的总体考核成绩，并作为阶段维修费用支付及续签维修合同的依据。

7.4.3 移交

1. 移交前准备

（1）成立移交小组

在托管运营项目即将结束的移交日前 3 个月，双方成立项目移交小组，负责商定移交的程序步骤与内容，并处理项目移交过程中的各项事宜。一般来说，双方移交小组人员组成，委托方包括该项目经理、技术负责人及总部相关人员等，受托方包括区域负责人、技术负责人及项目管理人员等。

（2）移交前的问题确认

项目移交小组到污水处理厂现场确认影响到正常运营的相关问题，并提出整改意见。

（3）测试性能应包括的内容

1）按相关规范对原功能进行测试，污水收集管网是否存在沉降、淤积、渗漏等现象，厂区内建（构）筑物的主要功能是否完善，能否满足运行的要求。

2）结合工艺设备对污水处理能力的测试，设备的运行状况，对污水的处理效果及部分厂区活性污泥的培养。

3）自动化控制和在线监测设备的测试可聘请第三方。

（4）人员安置

人员安置在项目移交日前 2 个月，委托方负责安排污水处理厂人员的接收事宜，包括人员生活设施的完善、去留情况统计以及水、电、气、网络改户等影响到人员正常生活工作的情况。受托方对人员进行必要的培训，保证这些人员能够胜任污水处理厂的运营管理和维护，并熟悉和掌握污水处理厂的工艺特点以及主要设备的性能等相关问题，保证在项目移交后，这些人员能从事项目的技术及管理工作和保证污水处理厂的正常运行。培训人员包括生产管理、技术以及运行管理人员。运行管理人员在污水处理厂生产岗位上直接参加正常的运行管理，保证移交后能够维持污水处理厂的正常运行。

2. 移交实施步骤

在托管运营项目移交日前 3 个月，委托方和受托方会谈并协商确定项目的移交程序和实施步骤。

委托方负责提供要移交的建（构）筑物、设备、设施和物品的清单，以及负责移交的人员名单。

项目移交程序主要包括：委托方提交移交清单，项目移交小组（甲乙双方共同组成）考察项目的总体状况，提出整改建议，整改方案的实施，设施设备性能测试，确认移交的内容，委托方按照移交清单对移交的建（构）筑物、主要设备运行原始资料和管理经验、技术文件等分别按照类别装订成册交给委托方。

3. 移交范围

托管运营项目在移交日受托方应向委托方移交范围主要如下：

（1）受托方托管的污水处理厂建（构）筑物。

（2）受托方托管的污水处理厂工艺设施及设备清单［含设备的数量（几用几备）、功率、电耗统计、设备供应商单位、负责人、联系电话、设备的基本性能和使用维护方法、保修内容、保修范围、保修期限、保修金额和支付方法］。

（3）工艺正常运行所需的消耗品、备品备件、剩余化学药品及其供应商名单等。

（4）运营和维护项目所要求的知识产权等无形资产。

（5）在用的各类管理章程和运营手册包括专有技术、生产档案、技术档案、文秘档案、图书资料、设计图纸、文件和其他资料［包括项目建设材料、建设审批流程相关的资料（包括可研报告等）、环评资料、排污许可证、收水管网竣工图纸、厂内构（建）筑物的竣工图、厂区给水排水配套管网竣工图、厂区电缆走向竣工图等，电气仪表等设备安装和试运行记录、运行记录（水质、水量、电量、污泥）、管网巡查记录、设备维护记录、水质监测报告等其他与运营有关的资料］，以使项目能平稳正常地继续运营。

（6）移交人员的具体资料、工资及考勤考核记录。

（7）是否有负债、土地征用和拆迁补偿费未还清的情况。

7.4.4　合同延续

在维修合同到期前 2 个月，委托方运行部依据受托方维修服务工作的完成情况、人员维修技能、服务态度、安全管理等作出评价，提出结束或续签合同的建议，以供领导决策。

第8章 衍生的污泥堆肥项目

目前，对污泥处置，要求越来越严格，简单的焚烧或填埋，已经不具备多少优势，污泥资源化利用，逐渐得到环保行业的重视。

8.1 好氧堆肥技术

J污水处理厂的污泥，是送往垃圾焚烧厂与垃圾一起焚烧的。随着污水处理量的增大，污泥也逐渐增多，垃圾焚烧厂已无法接纳更多污泥。同时，垃圾填埋场，距离较远，垃圾填埋能力也渐趋饱和。为此，多余的污泥，需要寻找新的出路。经过论证，J市郊区有一个规模相当大的林业苗圃基地，每年需要大量肥料。通过市场调研，并请J市政府有关部门协调，苗圃愿意购买使用J污水处理厂污泥堆肥生产的肥料，给苗木施肥。

8.1.1 污泥堆肥项目概况

污泥堆肥厂选址，采用原料就近原则，位于J污水处理厂围墙外，紧邻污泥处理车间附近的一块空地，土地由J市无偿划拨。采用BOT方式，由受托方投资。

因为J污水处理厂绝大部分进水为市政污水，工业污水量非常少，而且不含有重金属等有毒、有害物质，污泥堆肥风险较小。考虑到污泥堆肥销量及投资等因素，该项目分三期建设，一期2t/d；二期2t/d；三期4t/d。总共达到8t/d的规模。

项目亮点：

（1）解决多余污泥出路问题。

（2）发挥受托方污泥处置方面的专业特长。

（3）利用J污水处理厂污泥生产有机肥，作为有机废弃物的无害化处理和资源化利用项目，具有原料充沛、成本低廉等优势。

8.1.2 堆肥技术的可行性分析

污泥作为污水处理厂在净化污水过程中产生的废弃物，含有丰富的有机质和矿物质。J污水处理厂生活污泥烘干样品的平均含量：氮4.17%，磷1.20%，钾0.45%；有机质含量60%~80%，总灰分20%~40%。

污泥中含有大量的有机质和植物所需的营养元素，利用污泥作肥料，既可以促进土壤团粒结构形成，加速土壤熟化，又能保水、保肥、提高土壤温度，利于作物生长发育，因而它是优质的土壤改良剂。

项目生产出的肥料需要满足《城镇污水处理厂污染物排放标准》GB 18918—2002和《农用污泥中污染物控制标准》GB 4284—1984的有关规定，满足《有机-无机复混肥料》GB 18877—2009标准的相关要求。

8.1.3 好氧堆肥技术

1. 好氧堆肥原理

好氧堆肥是在有氧存在的条件下，利用好氧微生物（如：细菌、放线菌、真菌等）产生的酶，将物料分解为溶解性有机质，溶解性有机质可以渗入微生物细胞内，微生物通过新陈代谢，把一部分溶解性有机质氧化为简单的无机物，为微生物的生命活动提供能量，其余溶解性有机物，被转化为营养物质，形成新的细胞体，使微生物不断增殖，从而促进物料中可被生物降解的有机质向稳定的腐殖质（腐殖酸、氨基酸等）转化。腐殖质不再具有腐败性。

理论上，一次发酵的生化反应，主要有葡萄糖在真菌、兼性真菌作用下的分解；淀粉在糖化酶的作用下水解；纤维素在纤维素酶的作用下逐渐水解为葡萄糖；蛋白质在蛋白酶和肽酶的作用下降解为氨基酸等；脂肪在甘油酯水解酶的作用下，水解成脂肪酸和甘油，脂肪酸经过 β 碳原子的氧化而降解；木质素是苯基类丙烷的复杂聚合物，它也能被真菌和放线菌所降解。

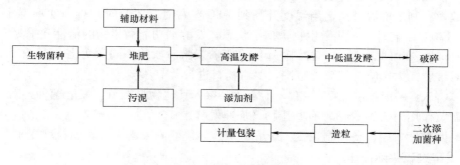

图 8-1　污泥堆肥工艺流程图

2. 好氧堆肥工艺

复合微生物菌"好氧堆肥"工艺可简单描述为：污泥和辅助材料混合形成物料，为物料添加复合微生物菌发酵剂，平面条垛式地面堆置发酵，激活有益菌群。在高温发酵阶段，投入添加剂，根据物料堆内部温度，机械控制适时翻堆，使微生物菌做功，进行中低温发酵，破碎并二次添加菌种，根据市场需求肥料造型——球形颗粒或圆柱颗粒，然后包装。污泥堆肥工艺流程，如图 8-1 所示。

对物料的发酵应在车间、大棚内进行，合适的季节也可在露天进行，通过翻堆，强制供给氧气，以利于好氧微生物菌做功。在堆肥初始阶段，由于物料自身含氧，基本可以满足数量尚少的微生物菌需要。大约 24h 左右，菌种成对数增殖，好氧微生物菌，首先分解易腐质，并吸取一部分有机物的碳、氮营养成分，用于发酵菌自身繁殖，营养成分被分解为二氧化碳和水，放出热量，使堆温上升。当温度处于 25～45℃时，中温菌微生物比较活跃；随着堆温不断升高，当温度处于 45～65℃时，高温微生物如嗜热菌、放线菌等逐渐占据主导地位，中温微生物受到抑制甚至死亡，有机质进行更快速的分解，使堆温迅速上升到 60～70℃或更高温度，这时除易腐有机质继续分解外，部分纤维素和木质素也逐渐被分解，腐殖质开始形成。实践证明，堆肥温度在 60℃以上 3 天，就能杀死物料中的寄生虫卵、病原菌和杂草种子，达到堆肥无害化的目的；但同时，堆肥温度不宜超过

70℃，否则就会造成有益微生物菌的休眠甚至死亡。

污泥原料堆置高度和宽度并没有严格的限制，但是，物料堆过低过窄，不利于堆温上升；过高过宽，对内容易形成厌氧发酵模式。翻堆机作业能力，视物料堆而定，一般掌握在高 0.8～1.2m、宽不大于 2.5m 即可。

物料有机质的降解，主要是在上述描述的发酵阶段完成，发酵时间的长短因发酵条件的不同而不同，一般应在 7～10d 完成物料发酵。如果对发酵过程的各种参数能够进行有效控制，可以提高发酵的效率和产品质量。在此发酵基础上，随着堆肥温度的下降，中温微生物菌又开始活跃起来，堆肥进入二次发酵，这段时间可以称之为后陈化阶段。这有利于较难分解的有机物全部分解变成腐殖质、氨基酸等比较稳定的有机物，使肥效大大提高。

3. 发酵相关条件

（1）含水量：污泥物料的含水率一般保持在 65%～75%，含水量过大，物料间隙含氧不能满足微生物菌对氧的需求。

（2）供氧量和温度：好氧堆肥的实际通风时间，根据堆温测量值控制。初期可以减少翻堆次数，有利于堆温升高，当温度升高到 70℃左右时，要及时翻堆，使堆温不至于超过 70℃。70℃以上时，一些微生物呈孢子状态，发酵剂功能微生物的活性几乎为零。

（3）pH：在堆肥过程中，物料的 pH 会随着发酵阶段的不同而变化，pH 在 5.5～7.5 之间，对堆肥无大影响，偏离此范围，要对物料进行调节。

（4）C/N：一般控制在 25 左右，不合适要掺入其他物料调节。发酵菌种，对 C/N 有一定的调节作用，C/N 合适，有利于物料加速发酵。

（5）团粒度：用设备控制在 15～30mm 为宜，随物料发酵进程，团粒度变小。

4. 发酵过程实际操作

将准备用作生产有机肥的物料，添加微生物菌种，参照发酵所需要的相关条件，作适当的配料调整，菌种要搅拌均匀，保持适当的松散状态，物料堆的体积以正式投产后，机械翻堆时物料的体积为参考，3 天堆温可升高至 50～65℃。堆温上升是否理想，可用温度计插入物料堆内测试。当温度达到 65℃时，及时翻堆搅拌，一般每天 1 次。

7～10d 后，物料可以腐熟，进入后陈化阶段。物料水分能够降至 15% 以下，经过筛分即可作粉状商品肥出售。至于制粒，需针对原料，确定设备工艺。在湿法、干法中，选取挤压颗粒、滚动造粒或制核造粒。

后陈化阶段，亦可称为二次发酵。后陈化阶段是在车间内进行，即发酵腐熟后，筛分出的粉状肥或湿法造粒后，含水量较大的颗粒肥，在深加工车间进行二次发酵。二次发酵后的颗粒肥，可进行无机肥包装，生产有机无机复混肥。

5. 技术指标

堆出的肥料技术指标合格，效果良好。见表 8-1、表 8-2 所列。

重金属含量主要技术指标对比表（mg/kg） 表 8-1

技术指标 （重金属含量）	项目实施前 （脱水污泥）	项目实施后（有机—无机—微生物 三维复合肥）	行业标准（GB 4284—1984 国家 污泥农用标准）
总铬	221	110.9	600
镉	3.95	0.66	5

技术指标 (重金属含量)	项目实施前 (脱水污泥)	项目实施后(有机—无机—微生物 三维复合肥)	行业标准(GB 4284—1984 国家 污泥农用标准)
铅	65.6	42.8	300
总汞	1.27	0.69	5
砷	10.2	2.1	75

有机肥料含量主要技术指标对比表　　　　　　　　表 8-2

有机肥料 含量(%)	项目实施前 (脱水污泥)	项目实施后(有机—无机—微生物 三维复合肥)	有机肥料标准 NY525—2012
总氮	0.92	2.78	
总磷	0.439	3.60	总氮＋总磷＋钾≥5.0%
钾	0.219	1.78	
有机质		47.8%	≥45%

8.2　污泥生物干化工艺的控制模型

采用两段法进行污泥好氧堆肥时，第一阶段主要利用嗜热菌如芽孢杆菌、高温放线菌等微生物消化分解污泥中的易降解有机质，进行发酵反应，释放热量，提升污泥混合料温度，通过翻堆或鼓风曝气的方式，将水分以水蒸气的形式，快速排出系统外，降低污泥含水率，可视作污泥生物干化阶段；第二阶段，主要利用中低温菌如放线菌、真菌等微生物，消化分解残余的可利用有机质（如木质素、纤维素等），在中低温下将其转化为稳定的腐殖质和类腐殖质。其中，第一阶段生化反应，控制对提高污泥好氧堆肥处置的负荷率、处理周期、肥效、运行能耗等效果至关重要。因此，结合开展的箱式污泥生物干化试验，采用间歇曝气模式，建立该过程的物质和能量平衡方程式，建立污泥生物干化工艺控制模型，并结合实际检测数据，对模型进行初步验证，便于后续开展温度、湿度、通风、氧浓度等操作条件对水分去除和能量利用的影响研究，为污水处理厂污泥处置项目的运行管理，提供技术保障。

污泥生物干化过程中的物质平衡计算：

1. 污泥生物干化过程中的固体物质减少

污泥生物干化过程中的固体物质减少，主要是易降解有机质被微生物消化分解为 CO_2 和 H_2O，并在鼓风曝气时被排出系统外。其中，易降解有机质的微生物消化分解量与供氧量、发酵温度、含水率、时间等密切相关。

污泥中的易降解有机质，主要来源于微生物细胞组织，可用分子式 $C_{60}H_{87}N_{12}O_{23}P$ 表征其易降解有机质的分子式。采用的污泥干化调理剂为蘑菇渣，其易降解有机质主要为粗蛋白，可用蛋白质分子式 $C_4H_9NO_2$ 表征其易降解有机质的分子式。二者与氧气发生完全分解反应的反应式如下：

污泥：

$$C_{60}H_{87}N_{12}O_{23}P + 86.5O_2 + 60CO_2 \rightarrow 43.5H_2O + 6H_2O_5 + 0.5P_2O_5 \qquad (8\text{-}1)$$

蘑菇渣：

$$C_4H_9NO_2 + 6.5O_2 \rightarrow 4CO_2 + 4.5H_2O + 0.5N_2O_5 \tag{8-2}$$

式（8-1）和式（8-2）中，氮和磷的氧化物写为 N_2O_5 和 P_2O_5，目的是在好氧条件下，实现完全氧化和氮、磷的固定化，避免氮、磷流失。此外，CO_2 和 H_2O 排出系统外，二者的质量和与消耗的氧气质量的差值，即为干化系统固体物质减少的质量。根据上述反应式，结合本书的初始参数设定，可得到如下关系式：

（1）易降解有机质含量与供氧量的关系

污泥含水率约为 80%，干基中有机质含量约为 40%～45%，按中位数计算为 42.5%；蘑菇渣含水率约为 40%，干基中有机质含量约为 50%～55%，按中位数计算为 52.5%。污泥与蘑菇渣的混合比例约为 1:1，则可算出污泥与蘑菇渣中的易降解有机质的质量比约为 0.27:1。从该比例可看出，采用蘑菇渣作为辅料，可有效提高污泥混合料中的有机质含量。

由式（8-1）可知：单位质量的氧气，可分解污泥中的易降解有机质为 0.4954kg/kgO_2，产生的水分量为 0.2829kg/kgO_2，干物质减少的质量为 0.2366kg/kgO_2。

由式（8-2）可知：单位质量的氧气，可分解污泥中的易降解有机质为 0.4952kg/kgO_2，产生的水分量为 0.3894kg/kgO_2，干物质减少的质量为 0.2356kg/kgO_2。

根据污泥与蘑菇渣中的易降解有机质质量比，可以得到污泥混合料的易降解有机质消耗量为 0.4952kg/kgO_2，产生的水分量为 0.3668kg/kgO_2，干物质减少的质量为 0.2358kg/kgO_2。

（2）温度对易降解有机质的影响

微生物消化分解易降解有机质，也会受到温度的影响，尤其是达到一定高温后（如>70℃），微生物活性大幅减弱甚至消失。为评价温度对易降解有机质消化量的影响，并使之符合微生物反应的特征，考虑采用 R·T·Haug 用 Schultz 试验的原始数据关联的好氧速率公式的基础上变换的反应速率常数的温度校正公式：

$$k_{\text{dm}} = 0.0126[1.066^{(t-20)} - 1.21^{(t-60)}] \tag{8-3}$$

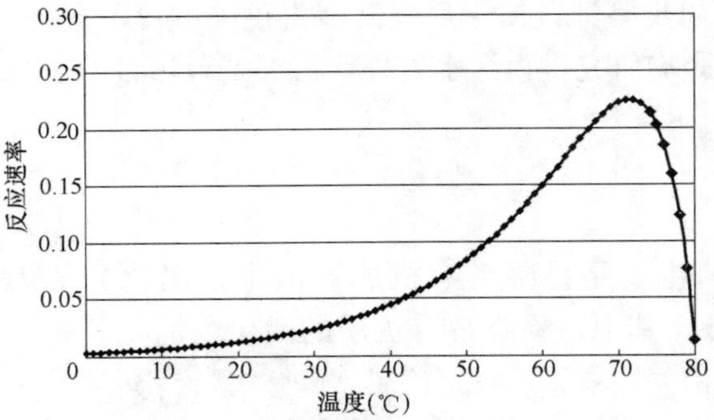

图 8-2 反应速率随温度变化关系图

其中，0.0126 是 20℃时的速率常数；$[1.066^{(t-20)} - 1.21^{(t-60)}]$ 项即为温度对微生物反应体系的反应速率（等同于有机质变化量）影响的体现。如图 8-2 所示，可知温度为 20℃时，反应速率较小；而当温度高于 72℃后，反应速率急剧下降；当温度超过 80℃后，反应速率甚至出现负值。体现了温度对反应速率常数的影响。

因此，从温度对易降解有机质消化量的影响，可以体现对有机质完全氧化所释放热量的影响。由于采用间接曝气模式，周期内的反应速率变化，可近似为易降解有机质消耗量的变化，且定义当 $T=20℃$ 时，温度常数值设为 1。

$$C_t = C_{20}g[1.066^{(t-20)} - 1.21^{(t-60)}] = 1 \tag{8-4}$$

则有 $C_{20} = 0.5287$，故温度校正因子可记为下式：

$$C_t = 0.5287[1.066^{(t-20)} - 1.21^{(t-60)}] \tag{8-5}$$

（3）含水率对易降解有机质的影响

含水率对微生物消化有机质的影响体现在，水分作为介质溶解有机质，并进入微生物体内参与代谢反应。当污泥混合料中的含水率较低时，水溶性成分的转移受到影响，从而影响微生物代谢，也影响到氧气的充分利用。理论情况下，含水率越高，越有利于消化有机质。参考 R. T. Haug 总结的依试验数据推导出的反应速率常数受含水率影响的校正系数公式：

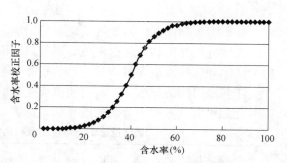

图 8-3　反应速率随含水率变化的曲线

$$C_m = 1 - 17.3(1 - P_m)^{6.94}, P_m \geqslant 40\% \tag{8-6}$$
$$C_m = 20.6614 P_m^{4.06}, P_m < 40\% \tag{8-7}$$

其中，P_m 为污泥混合料的含水率（%）。

函数图像如图 8-3 所示。含水率接近 100% 时，反应速率达到最大；含水率接近于 0，基本不发生反应。这与实际观察到的现象相符（不考虑含水率增大对混合堆料孔隙率的影响）。

（4）供氧量与污泥混合料的孔隙率的关系

采用间歇曝气工艺对污泥混合料进行供氧。通过设定适当的曝气时间和曝气间隔，使鼓风机鼓入污泥混合料的空气中，一部分带走水蒸气、二氧化碳等微生物代谢产物，另一部分留在污泥混合料的孔隙中，完全用于微生物代谢分解有机质。则，这部分空气的容积为：

$$V_A = V_S \cdot E \tag{8-8}$$

其中，V_A 为参与微生物代谢反应的污泥混合料的孔隙容积（m^3）；E 为污泥混合料的孔隙率，V_S 为污泥混合料的体积（m^3），可测量污泥混合料的高度 h、反应装置的长度 L_a 和反应装置的宽度 L_b 得到。

$$V_S = L_a \cdot L_b \cdot h \tag{8-9}$$

根据实际测量，污泥混合料的孔隙率与温度存在如下关系：

$$E(t) = -2 \times 10^{-5} t^2 - 0.012t + 0.2476 \tag{8-10}$$

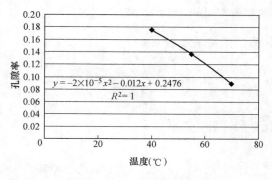

图 8-4　污泥混合料的孔隙率与温度的关系

污泥混合料的孔隙率与温度的关系，如图 8-4 所示。

温度超过 70℃ 后，孔隙率将急剧下降至 0.1 以下；温度超过 80℃ 后，孔隙率将急剧下降至 0.01 以下，极大地限制污泥混合料中的供氧过程。

干空气的密度（kg/m^3）与温度（℃）可查询得到，或可采用下式计算：

$$\rho_{dry-air} = 0.00001t^2 - 0.0047t + 1.2944 \tag{8-11}$$

空气中的氧气体积约占干空气体积的

21%，可得供氧量（kg）与污泥混合料的孔隙率的关系：

$$M_{O_2}=0.21\rho_{dry-air} \cdot V_A=0.21(0.00001t^2-0.0047t+1.2944) \cdot V_S \cdot E \quad (8-12)$$

（5）曝气间隔时间对氧气消耗量的影响

在实际污泥生物干化过程中，曝气后间隔时间越长，氧气消耗量越大，污泥混合料孔隙中的饱和氧气浓度含量，从初始的100%逐渐下降。因此，有必要为氧气消耗量提供一个关于间隔时间的函数。在有机质供应充足的条件下，通过检测不同温度下的不同曝气间隔的孔隙中氧气占饱和氧浓度的比例，见表8-3所列。

氧含量比例与污泥混合料的温度和曝气间隔时间的关系 　　　　　　表 8-3

时间（s）　温度（℃）	0	300	600	900	1200	1800	2400
20	100%	73.00%	53.00%	35.00%	15.00%	6.50%	4.50%
35	100%	60.00%	34.00%	21.00%	7.00%	3.40%	1.60%
50	100%	43.00%	15.00%	9.00%	3.50%	1.90%	0.40%
65	100%	20.00%	8.50%	5.00%	1.50%	0.50%	0.30%
70	100%	18.00%	7.00%	4.00%	1.40%	0.40%	0.30%

可知，该氧含量比例与污泥混合料的温度和曝气间隔时间有关，如图8-5所示。采用1stOpt分析软件对上述数据进行拟合，结果如图8-6所示，主要参数设置如图8-7所示。

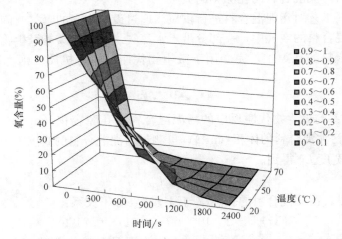

图 8-5　氧含量比例与污泥混合料温度和曝气间隔时间的关系曲线

可以得到氧气残余量与温度和曝气间隔的数值模拟关系式：

$$C_{O_2}=f(t,T) \quad (8-13)$$

从而可以得到曝气间隔对氧气消耗量影响的关系式：

$$C_T=1-f(t,T) \quad (8-14)$$

综上，可得污泥混合料的易降解有机质消耗量的计算关系式：

$$M_{VS-consume}=0.4952C_t \cdot C_W \cdot M_{O_2} \cdot C_T$$

$$=0.2618[1.066^{(t-20)}-1.21^{(t-60)}][1-17.3(1-P_m)^{6.94}][0.21(0.00001t^2-$$

$$0.0047t+1.2944)V_S \cdot E]\{p_1+p_2 \cdot \ln(t)+p_3 \cdot [\ln(t)]^2+p_4 \cdot T\}/\{1+$$

$$p_5 \cdot \ln(t) + p_6 \cdot [\ln(T)]^2 + p_7 \cdot T + p_8 \cdot T^2\} \tag{8-15}$$

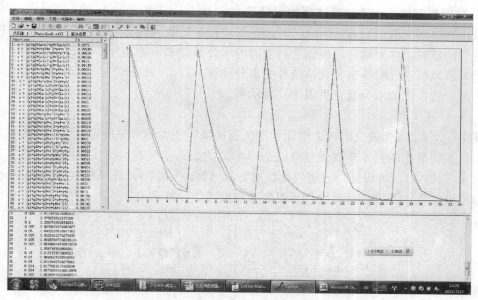

图 8-6　采用 1stOpt 分析软件对氧浓度数据的模拟结果

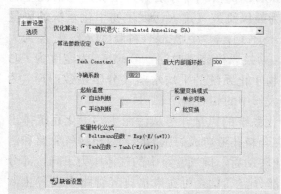 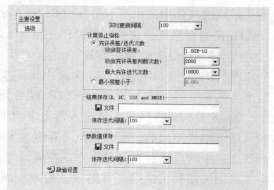

图 8-7　采用 1stOpt 分析软件的主要控制参数设置

水分产生量的计算关系式：

$$
\begin{aligned}
M_{\text{water-produce}} &= 0.3668 C_t \cdot C_W \cdot M_{O_2} \cdot C_T \\
&= 0.1939[1.066^{(t-20)} - 1.21^{(t-60)}][1 - 17.3\,(1 - P_m)^{6.94}][0.21(0.00001t^2 - \\
&\quad 0.0047t + 1.2944)V_S \cdot E]\{p_1 + p_2 \cdot \ln(t) + p_3 \cdot [\ln(t)]^2 + p_4 \cdot T\}/\{1 + \\
&\quad p_5 \cdot \ln(t) + p_6 \cdot [\ln(T)]^2 + p_7 \cdot T + p_8 \cdot T^2\}
\end{aligned} \tag{8-16}
$$

固体物质减少量的计算关系式：

$$
\begin{aligned}
M_{\text{sludge-reduce}} &= 0.2358 \cdot C_t \cdot C_W \cdot M_{O_2} \cdot C_T \\
&= 0.1247[1.066^{(t-20)} - 1.21^{(t-60)}][1 - 17.3\,(1 - P_m)^{6.94}][0.21(0.00001t^2 - \\
&\quad 0.0047t + 1.2944)V_S \cdot E]\{p_1 + p_2 \cdot \ln(t) + p_3 \cdot [\ln(t)]^2 + p_4 \cdot T\}/\{1 + p_5 \cdot \\
&\quad \ln(t) + p_6 \cdot [\ln(T)]^2 + p_7 \cdot T + p_8 \cdot T^2\}
\end{aligned} \tag{8-17}
$$

其中，$M_{\text{VS-consume}}$ 为污泥混合料的易降解有机质消耗量（kg）；$M_{\text{water-produce}}$ 为污泥干化

系统内微生物代谢分解有机质新产生的水分（kg）。$M_{\text{sludge-reduce}}$为固体物质减少量（kg）。

2. 鼓风周期内排出干化系统外的水分量

采用间接曝气的供氧方法。鼓气时，主要通过风机鼓入的空气带走污泥混合料中的水分；鼓气间歇时，主要通过污泥混合料表面的水分蒸发来带走水分。

（1）鼓风机鼓气时排出干化系统外的水分计算

污泥干化系统的水分衡算可用下式表示：

$$M_{\text{cont,eva}} = M_{\text{eff-eva}} - M_{\text{in-eva}} \tag{8-18}$$

其中，$M_{\text{cont,eva}}$为鼓气时污泥干化系统因鼓风曝气减少的水分质量（kg）；$M_{\text{eff-eva}}$为从污泥干化系统排出的热水蒸气质量（kg）；$M_{\text{in-eva}}$为鼓入空气的水蒸气质量（kg）；

$M_{\text{eff-eva}}$和$M_{\text{in-eva}}$均可通过理想气体状态方程（$PV = nRT$），鼓风机鼓风量，干化系统进出口空气温度、湿度，污泥混合料温度等参数近似计算求出。

$$M_{\text{eff-eva}} = M_{\text{W,water}} \cdot \frac{p_{\text{eff}} \cdot \Delta V}{R(t+273.15)} = \frac{0.018Q \cdot T_{\text{cont}} \cdot \alpha \cdot p_{0,\text{t}}}{R(t+273.15)} \tag{8-19}$$

$$M_{\text{in-eva}} = M_{\text{W,water}} \cdot \frac{p_{\text{in}} \cdot \Delta V}{R(t_a+273.15)} = \frac{0.018Q \cdot T_{\text{cont}} \cdot \beta \cdot p_{0,\text{t}_a}}{R(t_a+273.15)} \tag{8-20}$$

其中：

1）$M_{\text{W,water}}$为水的摩尔质量（0.018kg/mol）；p_{eff}和p_{in}分别为排出和进入污泥生物干化系统的气体中的水蒸气分压（Pa）；ΔV为鼓风机鼓气进入污泥生物干化系统的风量（m^3）；R为理想气体常数 $[8.31\text{Pa} \cdot m^3/(\text{mol} \cdot \text{K})]$；$t$为污泥混合料温度（℃）；$t_a$为大气温度（℃）；$Q$为鼓风机流量（$m^3/s$）；$T_{\text{cont}}$为鼓风机鼓风时间（s）；$p_{0,\text{t}}$为温度为$t$时的水蒸气饱和蒸汽压（Pa）；$\alpha$为排出污泥生物干化系统的平均水蒸气分压系数；$p_{0,\text{t}_a}$为温度为$t_a$时的水蒸气饱和蒸汽压（Pa）；$\beta$为大气中的相对湿度。

2）此处假定鼓风机鼓气进入污泥生物干化系统的风量，与从污泥生物干化系统排出的风量大小是相同的。因鼓风机为克服污泥混合料孔隙造成的压力降，风机排气管路和污泥混合料中的气体存在一定压力；在风机停止转动后，排气管路中的气体压力下降，部分空气将倒流回到风机排气管路中。为减少此部分空气量，可在风机排气管路中设置止回阀，或尽量延长鼓风机鼓气时间。

3）此处假定排出污泥生物干化系统的气体温度为污泥混合料的温度，且其中所含的水蒸气接近于饱和水蒸气，此处取$\alpha \approx 0.9$。β可根据试验期间的湿度计得到，或简易计算，夏季取65%，冬季取80%。

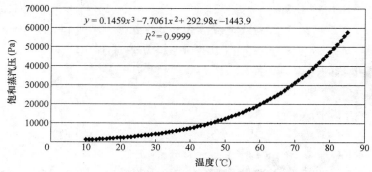

图8-8　水蒸气饱和蒸汽压与大气温度的关系曲线

4）$p_{0,t}$ 和 p_{0,t_a} 可根据饱和水蒸气的蒸汽压-温度曲线（图 8-8）求出。

$$p(t)=0.1459t^3-7.7061t^2+292.98t-1443.9 \tag{8-21}$$

（2）鼓风曝气间隔时的水分蒸发量计算

污泥生物干化过程中，污泥混合料表层的水分蒸发通常包括两个主要过程：

第一阶段，为表面气化控制阶段。在生物干化初期，污泥混合料含湿量大，污泥颗粒内部的水分可迅速扩散到污泥混合料颗粒表面，蒸发速度受污泥混合料表面的水分气化速率控制。

第二阶段，为降速干化阶段。污泥混合料的含水率降至临时含湿量后，即进入降速干化阶段。此时，污泥混合料颗粒表面含水量较少，水分自颗粒内部向颗粒表面传递的速率，低于颗粒表面水分的气化蒸发速率，干化速率受水分在污泥混合料颗粒内部的传递速率所控制。随着含水率不断降低，颗粒内部的水分迁移速率也逐渐下降，因此干化速率也会逐渐下降。

上述两个过程是持续交替运行的。在污泥生物干化过程中，污泥混合料发酵干化的终止含水率为 40%，且污泥混合料的颗粒大小控制在 20mm 以下，因此为方便进行模拟，鼓风曝气间隔时的水分蒸发，按第一阶段表面气化控制阶段进行模拟。

上述两个过程的持续、交替进行，基本上反映了干化的机理。干化是由表面水气化和内部水扩散这两个相辅相成、并行不悖的过程来完成的。

污泥混合料表面蒸发可采用空气动力学进行近似计算，其蒸发量与污泥混合料表层和大气之间比湿差成正比，与空气动力学阻力成反比。污泥混合料表层在鼓风曝气间隔时的水分蒸发公式可近似表示如下：

$$E_g=\rho_a\frac{q_g-q_a}{r_d}=\rho_a\frac{h_r q_{sat}(t_g)-q_a}{r_d}=\rho_a\frac{\exp\left[\dfrac{\psi_g g}{R_w(t_g+273.15)}\right]\cdot q_{sat}(t_g)-q_a}{r_d} \tag{8-22}$$

其中：

1）E_g 为单位面积的污泥混合料的表面蒸发水量 [g/(m²·s)]；ρ_a 为湿空气密度（kg/m³）；q_g 为污泥混合料的表层比湿；q_a 为污泥混合料表层上方的空气比湿，与污泥混合料的表层水势和污泥混合料表层的温度有关；r_d 为空气动力学阻抗；h_r 为污泥混合料表层水蒸气相对湿度，采用 Philip 公式计算；ψ_g 为污泥混合料表层水势（Pa，为负值）；g 为重力加速度（9.8m/s²）；R_w 为水蒸气气体常数 [461.53 J/(kg·K)]，t_g 为污泥混合料表层温度；$q_{sat}(t_g)$ 为污泥混合料表层饱和比湿。

2）ρ_a 可根据干空气密度和水蒸气密度求出：

$$\rho_a=\rho_{dry\text{-}air}+\rho_{water\text{-}eva}=(0.00001t_a^2-0.0047t_a+1.2944)+M_{w,water}\cdot\frac{\beta\cdot p_{0,t_a}}{R(t_a+273.15)} \tag{8-23}$$

其中：$\rho_{dry\text{-}air}$ 为干空气的密度（kg/m³）；$\rho_{water\text{-}eva}$ 为气化在空气中的水的密度（kg/m³）；$M_{w,water}$ 为水的摩尔质量（0.018kg/mol）；β 为大气中的相对湿度；p_{0,t_a} 为温度为 t_a 时的水蒸气饱和蒸汽压（Pa）；R 为理想气体常数 [8.31Pa·m³/(mol·K)]；t_a 为大气温度（℃）。

3）r_d 空气动力学阻抗参照刘绍民等人根据彭曼方法测得的空气动力学阻抗计算公式：

$$r_d=94.909u_z^{-0.9036} \tag{8-24}$$

其中：u_z 为污泥混合料表层大气的风速（m/s）。

4）q_a 为污泥混合料表层上方的空气比湿，为气化在空气中的水的质量与湿空气的质量的比值。可根据相对湿度和干空气密度联合求出。

$$q_a = \frac{M_{water-eva}}{M_{wetair}} = \frac{\rho_{water-eva}}{\rho_{air} + \rho_{water-eva}}$$

$$= \frac{M_{W,water} \cdot \dfrac{\beta \cdot p_{0,t_a}}{R(t_a + 273.15)}}{(0.00001t_a^2 - 0.0047t_a + 1.2944) + M_{W,water} \cdot \dfrac{\beta \cdot p_{0,t_a}}{R(t_a + 273.15)}}$$

$$= \frac{M_{W,water} \cdot \dfrac{\beta \cdot (0.1459t_a^3 - 7.7061t_a^2 + 292.98t_a - 1446.9)}{R(t_a + 273.15)}}{(0.00001t_a^2 - 0.0047t_a + 1.2944) + M_{W,water} \cdot \dfrac{\beta \cdot (0.1459t_a^3 - 7.7061t_a^2 + 292.98t_a - 1446.9)}{R(t_a + 273.15)}}$$

(8-25)

5）$q_{sat}(t_g)$ 可根据下式求出：

$$q_{sat}(t_g) = \frac{M_{W,water} \cdot \dfrac{\beta \cdot (0.1459t_g^3 - 7.7061t_g^2 + 292.98t_g - 1446.9)}{R(t_g + 273.15)}}{(0.00001t_g^2 - 0.0047t_g + 1.2944) + M_{W,water} \cdot \dfrac{\beta \cdot (0.1459t_g^3 - 7.7061t_g^2 + 292.98t_g - 1446.9)}{R(t_g + 273.15)}}$$ (8-26)

6）t_g 按 $t_g = 0.5(t_a + t)$ 计算，t 为污泥混合料温度。

7）ψ_g 根据砂土和粉土的土水势推算得到，可根据图 8-9 计算。

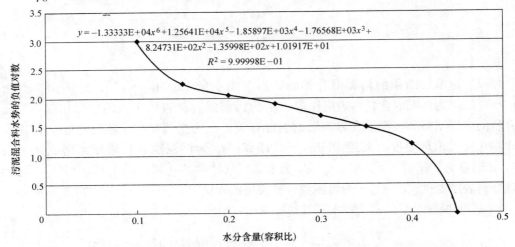

图 8-9　污泥混合料水势 $[\lg(-\psi_g)]$ 与水分含量 P_V（容积%）的关系曲线

其中，水分含量 P_V 可根据污泥混合料的含水率与污泥混合料体积计算求出，即可写成下式：

$$P_V = \frac{\dfrac{M_{sludge} \cdot P_m}{\rho_{water}}}{V_S} = \frac{M_{sludge} \cdot P_m}{1000 \cdot L_a \cdot L_b \cdot h}$$ (8-27)

P_m 为污泥混合料的含水率（%）；ρ_{water} 为水分密度（1000kg/m³）。

综上，可得污泥干化系统间歇曝气周期内（鼓气+间隔）的水分质量变化关系式：

$$M_{\text{T,water}} = M_{\text{cont,water}} + M_{\text{inter,water}} - M_{\text{water-produce}} \tag{8-28}$$

污泥混合料的含水率计算式：

$$M_{\text{sludge}}(T_{i+1}) = M_{\text{sludge}}(T_i) - M_{\text{sludge-reduce}} - \left[M_{\text{sludge}}(T_i) \cdot P_{\text{m}}(T_i) - \Delta M_{\text{T,water}} \right]$$
$$\tag{8-29}$$

$$P_{\text{m}}(T_{i+1}) = \frac{M_{\text{sludge}}(T_i) \cdot P_{\text{m}}(T_i) - \Delta M_{\text{T,water}}}{M_{\text{sludge}}(T_{i+1})} \tag{8-30}$$

上式即为在污泥生物干化过程中的含水率在相邻曝气周期内的计算式。其中：M_{sludge} (T_{i+1}) 为第 T_{i+1} 周期时的污泥混合料质量（kg）；$M_{\text{sludge}}(T_i)$ 为第 T_i 周期时的污泥混合料质量（kg）；$P_{\text{m}}(T_{i+1})$ 为第 T_{i+1} 周期时的污泥混合料含水率；$P_{\text{m}}(T_i)$ 为第 T_i 周期时的污泥混合料含水率。

相关的参数主要与污泥混合料温度 t，大气温度 t_a，鼓风曝气周期（$T_{\text{cont}} + T_{\text{inter}}$），污泥混合料表面湿润区域面积 A_{wet} 有关。通过实际检测上述各参数，可对上述计算式进行验证。此外，将污泥干化的含水率降低至 40%，期间污泥干化的温度需结合后续的能量平衡关系式来综合确定。

8.3　污泥生物干化过程中的能量平衡计算

污泥生物干化的周期过程中，易降解有机质被微生物消化分解产生的热能，主要用于提供污泥混合料升温消耗热量、鼓入的空气升温消耗热量、水分蒸发消耗相变热量、生物干化系统外壁散热和表面辐射流失热量：

$$Q_{\text{VS}} = Q_{\text{solid}} + Q_{\text{water}} + Q_{\text{air}} + Q_{\text{water-air}} + Q_{\text{evap}} + Q_{\text{rad}} + Q_{\text{cond}} \tag{8-31}$$

污泥生物干化系统的能量平衡，如图 8-10 所示。

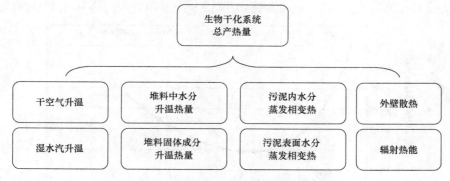

图 8-10　污泥生物干化系统的能量平衡图

8.3.1　易降解有机质被微生物分解代谢的产热量（kJ）

该部分产热量主要发生在污泥生物干化的鼓气间隔周期内。每个鼓风曝气周期内鼓入污泥生物干化系统的空气中，只有停留在污泥混合料孔隙中的氧气，才有参与代谢易降解有机质的过程，即易降解有机质量可由此部分氧气求出，可得产热量计算式：

$$Q_{\text{VS}} = M_{\text{VS-consume}} \cdot H_{\text{C}} \tag{8-32}$$

其中：

（1） Q_{VS} 为易降解有机质生物降解产热量（kJ）；$M_{VS\text{-}consume}$ 为易降解有机质消耗量（kg）；H_C 为有机质燃烧热（kJ/kg）。

（2） 根据实际检测，以生活污水为主的市政污泥可暂定为21000kJ/kg。

8.3.2 污泥混合料升温消耗热量（kJ）

该部分产热量主要发生在污泥生物干化的鼓气间隔周期内。污泥混合料中包括了固体成分和水分。因二者含量始终在变化，故单独计算有利于更好地进行分析。此外，污泥混合料在温度达到一定高温后（如60℃），则此部分升温消耗热量逐渐减小。其中的干固体和水分升温消耗热量计算关系式如下：

$$Q_{solid} = M_{solid} \cdot C_{solid} \cdot \Delta t_p = M_{sludge}(1 - P_m) \cdot C_{solid} \cdot \Delta t_p \qquad (8\text{-}33)$$

$$Q_{water} = M_{water} \cdot C_{water} \cdot \Delta t_p = M_{sludge} \cdot P_m \cdot C_{solid} \cdot \Delta t_p \qquad (8\text{-}34)$$

其中：

（1） Q_{solid} 为污泥混合料中的固体成分升温所需热量（kJ）；M_{solid} 为污泥混合料中的干固体质量（kg）；C_{solid} 为污泥混合料中的干固体比热容 [kJ/(kg·℃)]；Δt_p 为一个处理周期内的堆料温度变化量（℃）；Q_{water} 为污泥混合料中的水分升温所需热量（kJ）；M_{water} 为堆料中的水分质量（kg）；C_{water} 为堆料中水分的比热容 [kJ/(kg·℃)]。

（2） 在进入50℃以上的高温发酵期后，为控制好氧发酵快速进行，鼓风曝气导致降温的幅度一般应小于1～1.5℃。

（3） 砂石的比热容为0.92 kJ/(kg·℃)，干泥土的比热容为0.84 kJ/(kg·℃)，可暂定污泥中的干物质比热容为0.9 kJ/(kg·℃)。辅料中的干物质多为有机物，按软木塞的比热容约为2.0 kJ/(kg·℃)计算，污泥与辅料的混合比例为1:1，则有污泥中的干物质的比热容为：

$$[0.9 \times 1 \times (1 - 80\%) + 2.0 \times 1 \times (1 - 40\%)] / [(1 - 80\%) + (1 - 40\%)] = 1.725 \text{kJ/(kg·℃)}$$

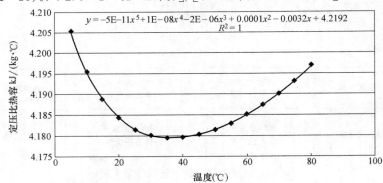

图 8-11　饱和液态水的定压比热容与温度的关系

（4） 饱和液态水的定压比热容与温度的关系，如图 8-11 所示。为简化计算，取水的比热容为20～60℃区间的平均值，为 4.1825 kJ/(kg·℃)。

8.3.3 鼓入空气升温消耗热量（kJ）

该部分热量主要发生在污泥生物干化的鼓风曝气过程中。鼓入的空气中，包含干空气和水蒸气，进入污泥混合料后，因空气质量与污泥混合料质量相差较大，故空气温度可上升至接近于污泥混合料的温度，则可以得到如下的消耗热量计算式：

$$Q_{air}=M_{air} \cdot [H_{air}(t)-H_{air}(t_a)]=\rho_{air} \cdot Q \cdot T_{cont} \cdot [H_{air}(t)-H_{air}(t_a)] \tag{8-35}$$

$$Q_{water-air}=\Delta M_{water-air} \cdot [H_{water-air}(t)-H_{water-air}(t_a)]=M_{in-eva} \cdot [H_{water-air}(t)-H_{water-air}(t_a)]$$

$$=\frac{0.018 \cdot Q \cdot T_{cont} \cdot \beta \cdot p_{0,t_a}}{R(t_a+273.15)} \cdot [H_{water-air}(t)-H_{water-air}(t_a)] \tag{8-36}$$

其中：

（1）$H_{air}(t)$ 和 $H_{air}(t_a)$ 分别为干空气在温度为 t 和 t_a 时的热焓值（kJ/kg），关系式可简写为：

$$H_{air}(t)=1.0037t-4\times10^{-14} \tag{8-37}$$

干空气热焓值与温度的关系，如图 8-12 所示。

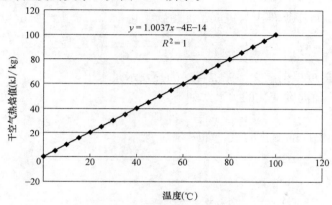

图 8-12　干空气热焓值与温度的关系

（2）$H_{water-air}(t)$ 和 $H_{water-air}(t_a)$ 分别为水蒸气在温度为 t 和 t_a 时的热焓值（kJ/kg），关系式可简写为：

$$H_{water-air}(t)=1.7486t+2502.9 \tag{8-38}$$

空气中的水蒸气热焓值与温度的关系，如图 8-13 所示。

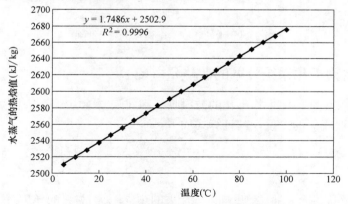

图 8-13　空气中的水蒸气热焓值与温度的关系

8.3.4　水分蒸发相变热量（kJ）

该部分热量发生在污泥生物干化的鼓风曝气和间隔周期中。污泥混合料中的原有水分和微生物分解易降解有机质产生的水分，从液相转变为气相的水蒸气，需消耗大量相变热量。在一个鼓风曝气周期内，由两部分组成：一部分是鼓风曝气时水分从液相转变为气相消耗相变热量，一部分是鼓风曝气间隔时污泥堆料表面的水蒸气从液相转变为气相消耗相变热量。其关系式如下所示：

$$Q_{evap} = \Delta M_{cont,evap} \cdot L_{water}(t) + \Delta M_{inter,evap} \cdot L_{water}(t_{surface}) \tag{8-39}$$

其中：

（1）Q_{evap} 为一个鼓风曝气周期内堆料中的水分从液态转变为气态所需相变热量（kJ）；$\Delta M_{cont,evap}$ 为鼓气时发生相变的水蒸气质量（kg）；$L_{water}(t)$ 为水在温度 t 时的相变焓（kJ/kg）；$\Delta M_{inter,evap}$ 为鼓气间隔时发生相变的水蒸气质量（kg）；$L_{water}(t_{surface})$ 为水在温度 $t_{surface}$ 时的相变焓（kJ/kg）。

（2）$\Delta M_{cont,evap}$ 可根据排出与进入污泥生物干化系统的水蒸气质量差求出，即：

$$\Delta M_{cont,evap} = M_{eff-eva} - M_{in-eva} = \frac{0.018Q \cdot T_{cont}}{R} \cdot \left(\frac{\alpha \cdot p_{0,t}}{t+273.15} - \frac{\beta \cdot p_{0,t_a}}{t_a+273.15} \right) \tag{8-40}$$

（3）$\Delta M_{inter,evap}$ 可根据前文污泥混合料的蒸发水量求出。

（4）$L_{water}(t)$ 随温度变化的关系式如下：

$$L_{water}(t) = -2.4394t + 2502.8 \tag{8-41}$$

水的相变焓随温度的变化曲线，如图 8-14 所示。

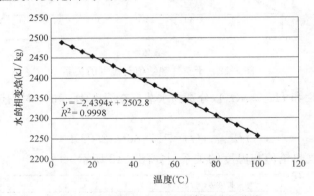

图 8-14　水的相变焓随温度的变化曲线

8.3.5　污泥生物干化系统外壁的散热量（kJ）

该部分热量发生在污泥生物干化的鼓风曝气和间隔周期中。污泥生物干化系统外壁的散热量主要是侧壁流失的热量，其计算式如下：

$$Q_{cond} = \frac{\lambda}{\delta} \cdot A_{cond} \cdot (t-t_a) \cdot (T_{cont} + T_{inter}) \tag{8-42}$$

其中：

（1）Q_{cond} 为污泥混合料通过侧壁向外界流失的热量；λ 为材料的导热系数 [W/(m·K)]；δ 为反应器壁的厚度（m）；A_{cond} 为反应器侧面接触面积；t 为堆料温度（℃）；t_a 为大气温度（℃），$(T_{cont} + T_{inter})$ 为一个鼓风曝气周期时间（s）。

（2）采用聚苯乙烯泡沫塑料（简称 EPS，是以苯乙烯为主要原料，经发泡剂发泡而成的一种内部有无数密封微孔的材料）作为保温材料。可发性聚苯乙烯泡沫塑料的导热系数在 0.033～0.044W/（m·℃），安全使用温度－150～70℃；硬质聚苯乙烯泡沫塑料的导热系数在 0.035～0.052W/（m·℃）。

参照 GB 10801—1989《隔热用聚苯乙烯泡沫塑料》的《绝热用模塑聚苯乙烯泡沫塑料》GB/T 10801.1—2002 和《绝热用挤塑聚苯乙烯泡沫塑料（XPS）》GB/T 10801.2—2002 的规定，采用厚度为 $\delta=5cm$ 的聚苯乙烯泡沫塑料的导热系数为：

$$\lambda=0.041W/(m·℃)=0.000041kJ/(s·m·℃) \tag{8-43}$$

（3）A_{cond} 与污泥混合料的堆高（h）、反应装置长度（L_a）、反应装置宽度（L_b）有关，可用下式表示：

$$A_{cond}=2h·(L_a+L_b) \tag{8-44}$$

8.3.6 污泥生物干化系统表面辐射流失热量（kJ）

该部分热量发生在污泥生物干化的鼓风曝气和间隔周期中。敞开式污泥生物干化系统中，还需考虑到表面的辐射热量流失，其计算式如下：

$$Q_{rad}=\varepsilon·A_{top}·C_0·[(t_{top}+273.15)^4-(t_a+273.15)^4]·(T_{cont}+T_{inter}) \tag{8-45}$$

其中：

（1）Q_{rad} 为污泥混合料通过上表面向大气辐射所流失的热量（kJ）；ε 为污泥混合料的辐射发射率，A_{top} 为污泥混合料的上部与大气接触的表面积（m^2）；C_0 为污泥混合料上表面的热辐射系数 $5.67×10^{-11}kJ/(s·m^2·K^4)$；$t_{top}$ 为污泥混合料的温度（℃）；t_a 为大气温度（℃）。

（2）木头的辐射发射率为 0.9，水的辐射发射率为 0.95，泥土的辐射发射率为 0.93，故近似考虑，污泥混合料表面的辐射发射率 $\varepsilon=0.935$。

（3）A_{top} 近似取为反应装置上表面积的 1.2 倍，即 $A_{top}=1.2L_a·L_b$。

（4）t_{top} 为污泥混合料的温度（℃），可近似取为 $t_{top}=0.5(t+t_a)$。

则，可根据上述各过程建立能量平衡模型：

（1）鼓气过程中不发生有机质消耗。鼓入的空气和水分升温所需热量，污泥中水分由液态转变为气态所需相变热量，表面辐射和侧壁散热均需消耗热量。该热量供给主要通过污泥中的干固体和水分降温实现，即：

$$Q_{air}+Q_{water-air}+Q_{evap}+Q_{rad}+Q_{cond}=-(Q_{solid}+Q_{water}) \tag{8-46}$$

（2）鼓气间隔过程中，微生物代谢有机质，产生的热量用于使污泥中的干固体和水分升温，并供给表面水分蒸发、辐射和侧壁散热所消耗的热量。

$$Q_{VS}=Q_{solid}+Q_{water}+Q_{evap}+Q_{rad}+Q_{cond} \tag{8-47}$$

上述能量平衡方程相关的参数主要与污泥混合料温度 t、大气温度 t_a、鼓风曝气周期（$T_{cont}+T_{inter}$）有关。通过试验检测上述各参数，可对上述计算式进行验证。

8.4 污泥生物干化物质和能量平衡模型的工艺模拟

在上述物质和能量平衡分析的基础上，采用 Office 2003 中 excel＋VB 编程解析上述污泥生物干化控制过程的方程式，上述公式的计算已经嵌套在 excel 的单元格中，编写的宏程序主要用于发酵过程中温度的数值求解、过程控制和数据输出，主要程序代码如下：

```
Sub aaa ()
Dim i, j, k, a, b, x, s, t, Fast, Max-
Temp, DuraTime, SumEnergy, SluSo-
lEne, SluWatEne, SufEvaEne, DifEne,
RadEne, DryAirEne, WetWatEne, Inner-
WatEvaEne, Timer

x = 0.01

For i = 1 To 100
    b = Cells (6, 21)
    Cells (6, 35) = b + i / 10
    If (1−Cells (6, 36)) < x Then
        b = Cells (6, 35) −0.1
        GoTo 10
    End If
Next
Cells (6, 35) = 0
GoTo 1000

10: For i = 1 To 10
    Cells (6, 35) = b + i / 100
    If (1−Cells (6, 36)) < x Then
        b = Cells (6, 35) −0.01
        GoTo 20
    End If
Next

20: For i = 1 To 10
    Cells (6, 35) = b + i / 1000
    If Abs (1−Cells (6, 36)) < x Then
        b = Cells (6, 35) −0.001
        GoTo 30
    End If
Next

30: For i = 1 To 10
    Cells (6, 35) = b + i / 10000
    If Abs (1−Cells (6, 36)) < x Then
        b = Cells (6, 35)
```

```
        GoTo 40
    End If
Next

40: Cells (6, 35) = b

t = Cells (6, 3) + Cells (6, 4)

Fast = 0

MaxTemp = Cells (6, 6)

DuraTime = 0

SumEnergy = Cells (6, 70)

SluSolEne = Cells (6, 64)

SluWatEne = Cells (6, 65)

SufEvaEne = Cells (6, 66)

DifEne = Cells (6, 67) + Cells (6, 57)

RadEne = Cells (6, 68) + Cells (6, 58)

DryAirEne = Cells (6, 54)

WetWatEne = Cells (6, 55)

InnerWatEvaEne = Cells (6, 56)

Timer = 0

k = 0

For j = 7 To 1500
    Cells (j, 10) = Cells (6, 10) *
(0.000027526 * Cells (j−1, 1) ^ 4 −
0.0011024 * Cells (j−1, 1) ^ 3 +
```

```
0.016018 * Cells (j−1, 1) ^ 2−0.10162
  * Cells (j−1, 1) + 0.99554)
      Cells (j, 12) = Cells (j−1, 31)
      Cells (j, 13) = Cells (j−1, 32)
      Cells (j, 15) = Cells (j−1, 35)

      For i = 1 To 100
          b = Cells (j, 15)
          Cells (j, 21) = b−i / 10
          If (Cells (j, 22) −1) < x Then
              b = Cells (j, 21) + 0.1
              GoTo 50
          End If
      Next

      Cells (j, 21) = 0
      GoTo 1000

50:      For i = 1 To 10
          Cells (j, 21) = b−i / 100
          If (Cells (j, 22) −1) < x Then
              b = Cells (j, 21) + 0.01
              GoTo 60
          End If
      Next

60:      For i = 1 To 10
          Cells (j, 21) = b−i / 1000
          If (Cells (j, 22) −1) < x Then
              b = Cells (j, 21) + 0.001
              GoTo 70
          End If
      Next

70:      For i = 1 To 10
          Cells (j, 21) = b−i / 10000
          If (Cells (j, 22) −1) < x Then
              b = Cells (j, 21)
              GoTo 80
          End If
```

```
      Next

80:      Cells (j, 21) = b

      For i = 1 To 100
          b = Cells (j, 21)
          Cells (j, 35) = b + i / 10
          If (1−Cells (j, 36)) < x Then
              b = Cells (j, 35) −0.1
              GoTo 90
          End If
      Next

      Cells (j, 35) = 0
      GoTo 1000

90:      For i = 1 To 10
          Cells (j, 35) = b + i / 100
          If (1−Cells (j, 36)) < x Then
              b = Cells (j, 35) −0.01
              GoTo 100
          End If
      Next

100:     For i = 1 To 10
          Cells (j, 35) = b + i / 1000
          If (1−Cells (j, 36)) < x Then
              b = Cells (j, 35) −0.001
              GoTo 110
          End If
      Next

110:     For i = 1 To 10
          Cells (j, 35) = b + i / 10000
          If (1−Cells (j, 36)) < x Then
              b = Cells (j, 35)
              GoTo 120
          End If
      Next
```

```
120: Cells (j, 35) = b

    s = t
t = Cells (j, 3) + Cells (j, 4) + s
Cells (j, 1) = (t / 3600 / 24)

    If Fast = 0 Then
        If Cells (j, 15) > 50 Then
            Fast = Cells (j, 1)
        End If
    End If

    If Cells (j, 15) > MaxTemp Then
        MaxTemp = Cells (j, 15)
    End If

    If Cells (j, 15) > 50 Then
        If Cells (j, 21) > 50 Then
            DuraTime = DuraTime +
(Cells (j, 3) + Cells (j, 4)) / 3600 / 24
        End If
    End If

    SumEnergy = SumEnergy + Cells
(j, 70)

SluSolEne = SluSolEne + Cells (j, 64)

    SluWatEne = SluWatEne + Cells
(j, 65)

    SufEvaEne = SufEvaEne + Cells (j,
66)

    DifEne = DifEne + Cells (j, 67) +
Cells (j, 57)

RadEne = RadEne + Cells (j, 68) +
Cells (j, 58)

    DryAirEne = DryAirEne + Cells (j,
54)

    WetWatEne = WetWatEne + Cells
(j, 55)

InnerWatEvaEne = InnerWatEvaEne +
Cells (j, 56)

    If k < 41 Then
        If Cells (j, 1) > (k * 0.5 +
0.5) Then
            k = k + 1
            Cells (k + 6, 79) = 0.5 *
k
            Cells (k + 6, 80) = Cells
(j, 14)
            Cells (k + 6, 81) = Cells
(j, 15)
        End If
    End If

    If Cells (j, 33) < 0.4 Then
        GoTo 1000
    End If

Next

1000: Cells (2, 1) = j

Cells (2, 2) = Cells (7, 3)

Cells (2, 3) = Cells (6, 4)

Cells (2, 4) = Cells (6, 5)

Cells (2, 5) = Cells (6, 6)

Cells (2, 6) = Cells (6, 9)
```

Cells（2，7）= Cells（6，10）

Cells（2，8）= Cells（6，11）

Cells（2，9）= Cells（j，1）

If Fast = 0 Then
　　Cells（2，10）= " 始终低于50℃ "
Else：Cells（2，10）= Fast
End If

Cells（2，11）= MaxTemp

Cells（2，12）= DuraTime

Cells（2，13）= Cells（j，33）

Cells（2，14）= Cells（j，35）

Cells（2，15）=（Cells（6，12）-Cells（j，31））/ Cells（6，12）

Cells（2，16）=（Cells（6，13）-Cells（j，32））/ Cells（6，13）

Cells（2，17）= SumEnergy

Cells（2，18）= SluSolEne / SumEnergy

Cells（2，19）= SluWatEne / SumEnergy

Cells（2，20）= SufEvaEne / SumEnergy

Cells（2，21）= DifEne / SumEnergy

Cells（2，22）= RadEne / SumEnergy

Cells（2，23）= DryAirEne / SumEnergy

Cells（2，24）= WetWatEne / SumEnergy

Cells（2，25）=InnerWatEvaEne / SumEnergy

Cells（k + 7，79）= Cells（j，1）
Cells（k + 7，80）= Cells（j，33）
Cells（k + 7，81）= Cells（j，35）

End Sub

图 8-15　模拟运算的中间数据

污泥生物干化的控制要素对污泥生物干化过程的影响

表8-4

序号	敲气(s)	间隔(s)	风量(m³)	气温(℃)	风速(m³/s)	堆高(m)	污泥质量(kg)	干化周期(d)	达50℃时间(d)	最高温(℃)	大于50℃时间(d)	最终含水率(%)	最终温度(℃)	序号	固体消耗占原固体比(%)	水分蒸发占原水分比(%)	有机质总产热(kJ)	固体升温占总产热比(%)	水分升温占产热比(%)	表面水相变占产热比(%)	侧壁散热占产热比(%)	辐射散热占产热比(%)	干空气升温占产热比(%)	湿水汽升温占产热比(%)	内部水相变占产热比(%)
01	30	900	0.10	20	0.25	1.00	900.00	9.35	2.24	69.33	6.93	39.98	47.96	01	8.77	59.48	1391907.99	16.34	45.02	17.36	8.35	12.61	8.26	0.09	45.48
02	30	900	0.10	25	0.25	1.00	900.00	8.13	1.29	70.44	6.84	39.98	52.76	02	8.34	59.29	1323639.42	16.49	45.21	18.52	7.61	11.80	7.28	0.11	46.80
03	30	900	0.10	30	0.25	1.00	900.00	7.38	0.79	71.26	6.61	40.00	56.29	03	7.95	59.09	1261993.87	16.55	45.16	19.87	6.94	11.06	6.44	0.13	47.91
04	30	900	0.10	35	0.25	1.00	900.00	6.92	0.46	71.96	6.46	39.97	59.07	04	7.61	58.98	1207563.73	16.60	45.03	21.24	6.31	10.35	5.69	0.15	48.99
05	30	900	0.05	25	0.25	1.00	900.00	9.91	1.11	73.94	8.82	39.98	64.82	05	9.15	59.65	1452029.41	12.76	35.41	26.13	9.86	15.67	4.76	0.07	34.38
06	30	900	0.15	25	0.25	1.00	900.00	8.13	1.29	70.44	6.84	39.98	52.76	06	8.34	59.29	1323639.42	16.49	45.21	18.52	7.61	11.80	7.28	0.11	46.80
07	30	900	0.20	25	0.25	1.00	900.00	9.00	1.58	65.20	5.58	39.99	37.15	07	8.02	59.14	1273608.25	18.22	49.58	14.77	6.73	10.25	9.67	0.15	53.01
08	30	900	0.10	25	0.25	1.00	900.00	13.17	2.20	55.81	3.80	40.00	30.45	08	8.02	59.12	1273384.20	19.50	51.97	12.29	6.31	9.46	12.20	0.18	56.10
09	15	900	0.1	25	0.25	1.00	900.00	9.72	1.09	73.99	8.64	39.99	64.96	09	9.10	59.62	1444600.12	12.71	35.27	26.23	9.75	15.46	4.78	0.07	34.52
10	30	900	0.1	25	0.25	1.00	900.00	8.13	1.29	70.44	6.84	39.98	52.76	10	8.34	59.29	1323639.42	16.49	45.21	18.52	7.61	11.80	7.28	0.11	46.80
11	45	900	0.1	25	0.25	1.00	900.00	9.23	1.62	55.23	5.69	40.00	36.93	11	8.05	59.14	1278094.26	18.24	49.61	14.74	6.83	10.41	9.67	0.15	52.84
12	60	900	0.10	25	0.25	1.00	900.00	13.98	2.33	55.23	3.81	40.00	30.34	12	8.08	59.15	1283437.91	19.53	52.00	12.23	6.50	9.77	12.21	0.18	55.75
13	30	600	0.1	25	0.25	1.00	900.00	5.59	1.02	72.03	4.57	39.98	57.92	13	7.90	59.11	1254128.05	19.04	51.91	14.02	5.86	8.88	8.04	0.12	54.03
14	30	900	0.10	25	0.25	1.00	900.00	8.13	1.29	70.44	6.84	39.98	52.76	14	8.34	59.29	1323639.42	16.49	45.21	18.52	7.61	11.80	7.28	0.11	46.80
15	30	1200	0.1	25	0.25	1.00	900.00	11.36	1.72	68.15	9.00	39.99	45.43	15	8.76	59.47	1390540.08	14.34	39.54	22.08	9.20	14.43	6.78	0.10	40.91
16	30	1500	0.1	25	0.25	1.00	900.00	16.19	2.34	65.10	10.75	39.99	37.82	16	9.21	59.67	1462620.86	12.49	34.59	24.87	10.72	16.88	6.44	0.10	35.86

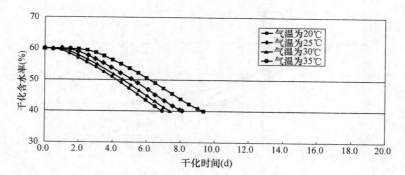

图 8-16　污泥生物干化含水率与大气气温的关系

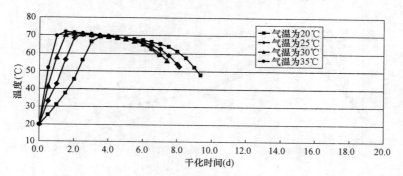

图 8-17　污泥生物干化温度与大气气温的关系

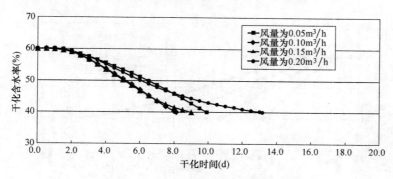

图 8-18　污泥生物干化含水率与鼓气风量的关系

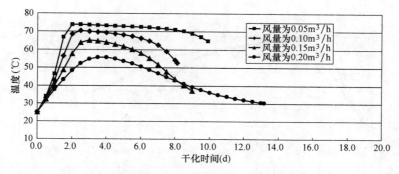

图 8-19　污泥生物干化温度与鼓气风量的关系

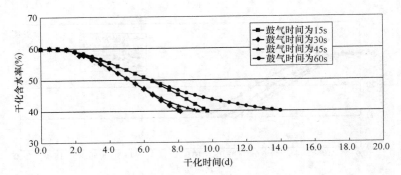

图 8-20　污泥生物干化含水率与鼓气时间的关系

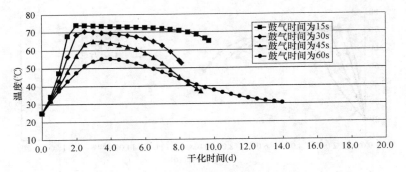

图 8-21　污泥生物干化温度与鼓气时间的关系

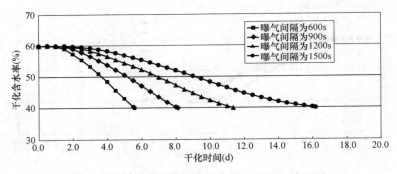

图 8-22　污泥生物干化含水率与曝气间隔的关系

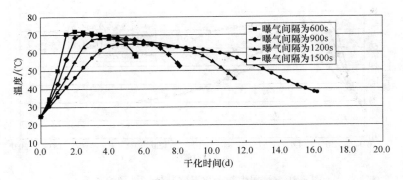

图 8-23　污泥生物干化温度与曝气间隔的关系

从上述模拟结果可知：

1. 污泥生物干化过程指标与大气气温的关系

（1）当大气气温从 20℃逐渐上升至 35℃时，污泥生物干化周期快速降低，含水率从 60%降至 40%所需的时间从 9.35d 下降至 6.92d，这也说明气温较高的南方较为适合进行污泥堆肥处理。

（2）污泥生物干化温度达到 50℃的时间也从 2.24d 快速降至 0.46d。污泥生物干化的快速升温也有利于快速除臭，降低除臭能耗，提高节能效果。此外，污泥生物干化温度大于 50℃的时间均满足大于 5d 的要求，可有效杀灭病原菌。

（3）污泥生物干化的最高温度略有上升，从 69.33℃上升至 71.96℃。虽然发酵温度越高，越有利于杀菌和除臭，但也会造成大量生物干化有益菌的死亡，且因温度越高造成污泥孔隙率的快速减小，导致污泥发酵所需风压增大，进而造成曝气不均匀和产物质量不均匀，将增加翻堆能耗和臭气收集与处理能耗。因此，应适当加强温度控制方面的优化。

（4）污泥生物干化截止时的温度仍较高，应尽量控制在室温左右较合适。

（5）从能量消耗的角度看，大气气温越高，污泥中的干物质消耗量越少，从 8.77% 降至 7.61%，从而可以提高污泥生物干化有机肥的产量。

（6）表面水汽蒸发所需的热量，占总产热比也相应从 17.36%升至 21.24%，这就表明表面蒸发的水分比例有所增加。

（7）大气气温越高，侧壁散热和辐射散热所需的能量比例也相应降低。

（8）结合干空气升温和水蒸气相变热占总产热比可知，大气气温越高，产生的热量用于使水分蒸发的比例也越高。

因此，大气气温越高，越有利于进行污泥生物干化。

2. 污泥生物干化过程指标与鼓气风量的关系

（1）当鼓气风量从 0.05m³/s 逐渐上升至 0.20m³/s 时，污泥生物干化周期出现了先减小后增大的趋势，从 9.91d 下降至 8.13d，再上升至 13.17d。从发酵最高温度看，从 73.94℃下降至 55.81℃。从污泥发酵温度大于 50℃的时间看，从持续 8.82d 下降至 3.80d。根据上述模拟结果可知，应存在一个较为合理的鼓气风量，使得污泥发酵温度维持在合适的范围内，从而在生物干化周期和发酵高温维持时间中获得平衡。

（2）污泥生物干化温度达到 50℃的时间也从 1.11d 一直增大至 2.20d。可见风量的增大，不是特别有利于快速升温和除臭。

（3）污泥生物干化截止时的温度呈逐渐下降的趋势，并接近于大气温度。

（4）从能量消耗的角度看，污泥生物干化的固体消耗量有所下降，有机质总产热量也呈下降趋势。这就表明鼓气风量的增大，使污泥生物干化过程在较低的温度下进行，有利于提高有机质的利用率。

（5）从污泥水分升温占总产热比，侧壁散热、辐射散热占总产热比看，鼓气风量的加大，造成每次鼓风时水蒸气带走的热量和鼓入的空气升温的热量，都相应增加，污泥发酵温度降低，散热、辐射的占比逐渐下降，水分、固体升温占总产热比逐渐上升。因温度较低，表面水汽相变热量占比减小，但内部水汽相变热量占比却显著增大，两者之和也随之增大，这就表明有机质产热的能量更多地用于使水分蒸发，即能量的有效利用率逐渐提高。

因此，鼓气风量越高，越有利于提高有机质和产热量的利用率，越有利于节能，但应注意生物干化周期不宜过长，且应注意维持高温发酵时间，以满足卫生要求。

3. 污泥生物干化过程指标与鼓气时间的关系

（1）从原理上看，鼓气时间与鼓气风量的乘积一定时，污泥生物干化过程应基本上是类似的。在模拟结果中也较好地体现了这一观点。当鼓气时间从 15s 逐渐上升至 60s 时，污泥生物干化周期出现了先减小后增大的趋势，从 9.72d 下降至 8.13d，再上升至 13.98d。从发酵最高温度看，从 73.99℃下降至 55.23℃。从污泥发酵温度大于 50℃的时间看，从持续 8.64d 下降至 3.81d。根据上述模拟结果，以及不同鼓气风量的模拟结果，可知：应存在一个较优的鼓气风量与鼓气时间的乘积，获得较为平衡的污泥生物干化周期，并满足快速升温除臭的要求。

（2）污泥生物干化温度达到 50℃的时间也从 1.09d 一直增大至 2.33d。可见鼓气时间的增大，不是特别有利于快速升温和除臭。

（3）污泥生物干化截止时的温度呈逐渐下降的趋势，并接近于大气温度。与上述不同鼓气风量的结果存在相似性。

（4）从能量消耗的角度看，污泥生物干化的固体消耗量有所下降，有机质总产热量也呈下降趋势。这就表明鼓气时间的增大，使污泥生物干化过程在较低的温度下进行，有利于提高有机质的利用率。

（5）从污泥水分升温占总产热比、侧壁散热、辐射散热占总产热比看，鼓气时间的增大造成了发酵温度的降低，散热、辐射的占比逐渐下降，水分、固体升温占总产热比逐渐上升。因温度较低，表面水汽相变热量占比减小，但内部水汽相变热量占比却显著增大，两者之和也随之增大，这就表明有机质产热的能量更多地用于使水分蒸发，即能量的有效利用率逐渐提高。

因此，鼓气时间对污泥生物干化指标的影响与鼓气风量类似，应存在一个较优的鼓气风量与鼓气时间的乘积。

4. 污泥生物干化过程指标与曝气间隔的关系

（1）曝气间隔延长时，污泥生物干化过程中氧气的消耗量也随之增大，有机质产热量更高，污泥发酵温度相应增大，生物干化周期相应缩短。但曝气间隔的增大，也会造成污泥侧壁散热量、辐射散热量和表面水分蒸发量的增大，从而造成污泥发酵温度降低，延长干化周期。

（2）当曝气间隔从 600s 上升至 1500s 时，污泥生物干化周期显著延长，含水率从 60%降至 40%所需的时间从 5.59d 上升至 16.19d。这也说明当污泥中有机质含量较高且易于消化时，应尽量保证污泥发酵过程中的含氧量，可达到缩短干化周期的目的。

（3）污泥生物干化温度达到 50℃的时间也从 1.02d 上升至 2.34d。但污泥发酵维持高温的时间从 4.57d 延长至 10.75d，更好地保障了杀菌的效果。其中，曝气间隔 600s 的污泥生物干化过程，维持高温时间仅为 4.57d，其原因是污泥生物干化周期较短，故有效杀菌时间略有不足。实际生产过程中可适当延长干化周期。

（4）污泥生物干化的最高温度略有下降，从 72.03℃下降至 65.10℃。发酵最高温度的下降，有利于维持良好的孔隙率，提高发酵的质量。

（5）从能量消耗的角度看，曝气间隔越长，污泥中的干物质消耗量增大，从 7.90%～

9.21%，导致污泥生物干化的产量有所下降。

（6）表面水汽相变热量占比显著增大，污泥内部水汽相变热量占比显著减小，二者之和有所下降，表明有机质产热的利用率有所下降。

（7）侧壁散热和辐射散热所需的能量比例也相应增大。

因此，曝气间隔越大，越不利于进行污泥生物干化，能量利用率也随之减小。但过短的曝气间隔，容易导致风机频繁启动，增加设备损坏风险与维修费用。

8.5　控制模型的初步应用

根据模拟结果，结合实际污泥生物干化监测数据进行分析。含水率与温度变化的结果如图 8-24、图 8-25 所示（其中，模拟结果结合实际的控制条件，在 55℃、60℃和 65℃时进行了降温控制）。可知：

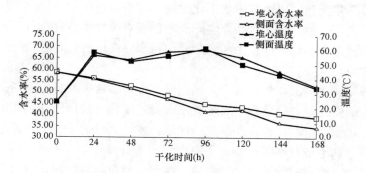

图 8-24　实际的含水率与温度变化示意图

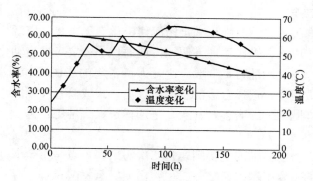

图 8-25　模拟的含水率与温度变化示意图

（1）含水率从初始的 60%降至 40%共历时 177h（约 7.4d），实际的含水率从 60%降至 40%共历时约 168h（约 7d），表明模拟的过程存在一定的合理性。

（2）污泥生物干化过程中，温度经历快速升温后，达到 50～55℃的中高温期，此时应控制鼓气和间隔时间，使污泥好氧发酵维持在保证灭菌所需的中高温，又不使污泥为维持过高温度而过度消耗有机质。从模拟结果来看，中高温期维持时间约为 150h（约 6.25d），完全可以满足灭菌所需的中高温维持时间要求。

（3）模拟结果中温度的最高值（约 65.6℃）出现在约 100h 左右，这与实际观测到的结果存在一定偏差（实际约为 60℃和 96h）。出现这种情况的主要原因在于实际控制过程中，为观察鼓气降温现象并监测部分试验参数，通常会大幅延长曝气时间或调整间隔时间，但这些过程调整不会出现在本模拟过程中。

（4）本次模拟过程中部分参数需进一步优化，尤其是耗氧量与间隔时间的关系。采用氧浓度仪的检测结果表明，在发酵升温期，污泥堆料温度为 45℃，间隔时间分别为 10min、15min、20min 和 30min 时，污泥孔隙中的氧气浓度约为 31%、10%、4% 和小于 1%，即后续应增加间隔时间这一氧气消耗量的控制参数。

8.6 相关问题讨论

通过结合能量平衡方程和物质平衡方程，可用于预测和分析污泥生物干化过程的干化周期、能量利用效率。通过调整鼓风曝气以及间隔时间，可有效调控污泥发酵温度，合理调配微生物发酵热量消耗，以达到缩短干化时间、减小占地面积、提高有机质利用率的目的。因此，在后续工作中，应注意结合实际监测数据对模型参数进行进一步优化，以提高工艺控制模型的适用性和稳定性，为托管运营的污水处理厂污泥处置项目的节能与工艺控制，提供技术支撑与保障。

堆肥需要根据实际情况，解决几个关键问题，方可实施，并且要不断跟踪污水处理厂因进水水质发生的变化，而导致重金属种类及含量的变化，确保土地利用的安全性。适合堆肥的情况有：进水为市政污水，并且截流区域污水水质来源稳定，如污泥含氮磷太少，无机灰分又太多，就不适合堆肥；适宜于中小型污水处理厂，生产出来的肥料就近使用，降低成本；需要地方政府的政策支持和鼓励，堆肥肥料市场有出路；就近有好的掺合材料来源，比如蘑菇渣、稻壳、秸秆末、锯末等。下述问题值得探讨：

1. 选择合适的工艺

要选择合适的堆肥工艺，原则是满足污泥稳定化、无害化、资源化的要求；投资及运营成本低、技术工艺成熟、操作管理方便、占地面积小；要考虑自动化控制，尽量减少人工操作。工程在选择建设地址时，一般应避开人口密集的居民区和重要的经济文化区域，并且，根据环境的敏感度，选择合适的发酵槽（池）式或筒仓式堆肥工艺。目前，国内采用发酵槽（池）式堆肥工艺的居多，其次，是选择条垛式堆肥工艺。

2. 重金属问题

污泥堆肥应用，目前面临的主要问题是二次污染，重点是重金属问题，这也是污泥堆肥应用推广过程中的主要限制因素之一。尽管污泥好氧发酵过程，存在一定的重金属生物钝化作用，但作用效果不稳定，且效率较低。目前，对于污泥重金属含量的监测是控制重金属流向的有效手段，重金属超标的污泥所生产的物料，可用于填埋场覆盖土，重金属不超标的污泥所生产的物料，可根据实际情况用于农业、林果业或园林绿化；未来开发多功能快速检测仪器，是该领域技术的发展趋势。

当然，对重金属的控制，需正确选择堆肥的污水处理厂、污水进入厂区监测控制、污水处理厂内通过优化工艺流程去除或钝化重金属、对堆肥肥料指导科学使用、对使用过堆肥肥料的土地长期跟踪监测等。安全生产，科学使用，良好的售后监测服务，才能真正实现污泥的资源化。

3. 除臭气问题

污泥堆肥臭气的排放不仅污染环境，而且还威胁到作业人员的身体健康。很多堆肥项目无法做到系统全封闭，尤其是好氧发酵物料进出仓的自动化、无人化，是整个系统全封闭的关键点和难点。国内的科研单位和企业正在研究，已开发出污泥专用的布料设备，不久，将最终实现污泥堆肥过程的全流程无人化、自动化，彻底解决臭气对操作人员和周围环境的威胁。

比如，有一种工艺，优化生物堆肥过程的发酵和氧气供应，减少臭气物质的产生，显著降低了其环境危害。该工艺可根据发酵堆体的温度、氧气含量等工艺参数，进行智能化反馈控制，通过调节曝气量使堆体在发酵过程中的氧含量处于最佳状态，抑制堆体中臭气的产生，从而解决了臭气问题，创造了优良的堆肥环境。

4. 肥效及质量问题

腐熟阶段的主要问题是，保存腐殖质和氮素等植物养料，充分的腐熟，能大大提高污泥堆肥肥效与质量。为了减弱有机质矿化作用，避免肥效损失，可采取压紧堆肥，造成厌氧状态的措施。好氧堆肥时含水率以 $50\%\sim60\%$ 为最佳，含水率过高时，部分污泥将产生厌氧发酵而延长有机物分解时间，含水率过低时，有机物不易分解，当含水率低于 $12\%\sim15\%$ 时，微生物活动几乎停止。污泥中 C/N 越小，堆肥所需时间越长。

判断堆肥腐熟度的物理评价指标，又称表观分析法，有人将腐熟堆肥的表现性质归纳为：堆肥后期温度自然降低，不再吸引蚊蝇，不再有令人讨厌的臭味；由于真菌的生长，堆肥出现白色或灰白色菌丝，堆肥产品呈现出疏松的团粒结构。此外，高品质的堆肥是深褐色，肉眼看上去很均匀，并散发出泥浆味。

确保好的肥效和质量，才能根本解决污泥堆肥的市场需求问题。

5. 节能降耗问题

污泥堆肥，尽量不翻堆或减少翻堆，节约能耗。减少堆放时间，及时外运。污泥堆肥的影响因素，包括物料系统和操作条件两个方面。从物料系统上讲，优化的预混合，保证系统均匀和良好的透气性，减少翻堆引起的气味物质排放。温度、氧含量以及湿度的控制，对堆肥效果至关重要。利用生化反应中各相关因素本身所存在的必然联系，建立控制模型，并优化氧浓度、温度、湿度和通风，可以显著改善堆肥效果。

只有设计一流，工艺优化，运营管理到位，实现节能降耗才有可能，污泥堆肥出路才会更加广阔。

6. 市场需求问题

污泥堆肥项目隶属于市政公用行业，政府的主导意见非常重要，在政策支持下，市场营销才会有效。需要消除农用产品使用者的心理障碍，使非常优质的堆肥肥料进入大田；需要打破园林绿化部门既有的肥料供求网络壁垒，进入绿化部门市场。污泥堆肥作为有机肥原料的来源，其特点是连续和稳定的，而农业生产的季节性，决定了肥料供给的间断性需求。因此，考虑污泥堆肥的销售，要符合肥料生产行业全年生产、季节销售的特点，利用污泥堆肥低成本优势和政策优势，开辟适合于大田作物、果树林木、城市绿化、土壤改良和生态修复等多方面的销售渠道，从而确保污泥得到及时处置。有机肥产业的核心竞争力是适度的生产经营规模，因为只有适度的生产规模，才能满足有机肥原料来源分散、销售半径短的特点，只有实现本土化生产、本土化销售，才能真正实现本土原料与市场资源的优化配置。

　　污泥堆肥运营与污水处理厂运营有着很大的不同，只有通过专业化的运营策划，才能充分发挥资源优势，实现效益最大化。为此，在污泥堆肥项目建设过程中，引入肥料行业，或者与最终用户相关的民间资本采取 BOT 运作模式，对于污泥堆肥项目建成后顺利运营，具有积极的战略意义。另外，也要考虑到污泥堆肥的多元化利用措施，比如：垃圾覆盖土、制砖，甚至必要时进行焚烧等。

7. 对地力的改良程度问题

　　堆肥的营养成分对施用土地地力的肥效影响和改善情况如何，需要较长时间的跟踪测试。随着我国化肥工业迅速发展，农作物施肥结构也发生了很大变化。有机肥料已逐渐让位于化肥，长期施用化肥导致土壤盐化板结，污染饮用水源，破坏生态环境。试验表明，施用污泥堆出的肥料提高了土壤活性，有效地修复了因长期施用无机肥而造成的土壤板结硬化情况；利于农作物的吸收和营养的均衡，活性菌群大大促进了土壤中残留的氮、磷、钾等养分的有效释放。

第9章　衍生的中水回用项目

围绕工业用水治理，按照资源化利用、生态化建设、无害化处理、分布化实施、创新化管理、社会化发展的原则，探索实施水系统的高效循环利用。全力打造民生水务、智能水务、高效水务和文化水务。

9.1　中水回用概述

9.1.1　中水定义

中水，也称再生水，它的水质介于污水和自来水之间，是城市污水、废水经净化处理后达到国家标准，能在一定范围内使用的非饮用水，主要用于城市绿地灌溉、道路喷洒清洗、城市景观美化、农业浇灌、洗车、工业冷却、厕所冲洗、消防等不与人体直接接触的杂用水。为了解决水资源短缺问题，城市污水再生利用显得日益重要，城市污水再生利用与开发其他水源相比，具有明显优势。首先，城市污水数量巨大、稳定、不受气候条件和其他自然条件的限制，并且可以再生利用。污水作为再生利用水源，资源丰富，只要城市产生污水，就有可靠的再生水源。而污水处理厂就是再生水源地，与城市再生水用户息息相关。污水的再生利用规模灵活，既可集中在城市边缘，建设大型再生水厂，也可以在各个居民小区、公共建筑内，建设小型再生水厂或一体化处理设备，其规模可大可小，因地制宜。

中水回用的模式主要有建筑中水和市政中水两种。建筑中水模式主要考虑到生活污水和雨水等中水来源的收集问题，以及中水的输送问题。该模式的优点在于节约中水的采集费用和输送费用，初期投资较低。该模式的缺点是由于规模较小，使得一般小区中水系统的管理水平不高，运行不够稳定，水质水量难以保证，不能够及时改进中水处理设备以满足用户需求，因而中水价格过高，导致许多小区中水回用系统闲置。市政中水模式，初步具备了中水回用产业化的特征，具有规模经济优势。市政中水模式虽然克服了建筑中水的管理、技术弊端，但是，管网问题和运输成本问题，也是其限制因素，从而限制了市政中水的发展空间。

建筑中水的再生利用在有些地区，也很时尚。建筑中水处理回用系统按其供应的范围大小和规模，一般有四大类：一是排水设施完善地区的单位建筑中水回用系统：该系统中水水源取自本系统内杂用水和优质杂排水。该排水经集流处理后供建筑内冲洗便器、清洗车、绿化等。其处理设施根据条件可设于本建筑内部或邻近外部。如北京某宾馆中水处理设备设于地下室中。二是排水设施不完善地区的单位建筑中水回用系统：城市排水体系不健全的地区，其水处理设施达不到二级处理标准，通过中水回用可以减轻污水对当地河流再污染。该系统中水水源取自该建筑物的排水净化池（如沉淀池、化粪池、除油池等），该池内的水为总的生活污水。该系统处理设施根据条件可设于室内或室外。三是小区域建筑群中水回用系统：该系统的中水水源取自建筑小区内各建筑物所产生的杂排水。这种系统可用于建筑住宅小区、学校以及机关团体大院。其处理设施放置小区内。四是区域性建筑群中水回用系统：该系统特点是小区域具有二级污水处理设施，区域中水水源可取城市污水处理厂处理后的水或利用工业废水，将这些水运至区域中水处理站，经进一步深度处理后供建筑内冲洗便器、绿化等用途。

中水处理的对象和目标是：去除处理水中残存的悬浮物、脱色、除臭，使水进一步澄清；进一步降低 BOD_5、COD_{Cr}、TOC 等指标，使水进一步稳定；脱氮、除磷，消除能够导致水体富营养化的因素。

9.1.2 中水来源和用途

1. 中水来源

中水来源广泛，主要有雨水、冷却水、盥洗水、淋浴水、游泳池排污水、洗衣排水、厨房排水、冲厕排水等。在实际情况下，这些水往往混合排放，形成综合生活污水。具体情况下，可以是几种水的组合，形成优质杂排水。比如冷却水、淋浴排水和盥洗排水的组合，污染的程度相对较小，便于回用，是优质杂排水。而污染较严重的综合生活污水，从经济性和技术性角度考虑，一般不适合作为中水水源。对这些污水用单独的管网做分流收集，经过处理后再回用。

中水水源按照《建筑中水设计规范》GB 50336—2002 和《城镇污水再生利用工程设计规范》GB 50335—2016 分为优质杂排水和生活污水，具体种类和选取顺序为：卫生间、公共浴室的盆浴和淋浴等的排水→盥洗排水→空调循环冷却水系统排水→冷凝水→游泳池排污水→洗衣排水→厨房排水→冲厕排水。

2. 中水用途

中水一般用于以下几方面：

（1）景观用水。城市绿化用水、市政用水，这部分用水量也不小，处理后的中水就能满足要求。所以中水回用从这个角度看，节约了很多自来水，取得了经济效益。

（2）洗车用水。中水经过处理，用来洗车，节省水费，易于推广。

（3）工业冷却用水。满足工业冷却水用量大且不受季节影响的要求。

（4）冲厕用水。可以将中水管线直接接入公厕或家庭厕所里用于冲厕，使中水得到充分利用，方便且易于管理。

（5）道路冲洗喷洒等环卫用水。

（6）农田灌溉用水、植树造林用水。

（7）备用消防用水。

（8）畜牧养殖与水产养殖用水。

中水可应用于很多方面，不仅减少了自来水用量，而且减少了排污量，降低了环境处理污染物的负荷，经济效益与环境效益兼收。

中水回用可分为直接回用和间接回用两种方式。直接回用由中水水厂直接用管道送给用户，间接回用则由污水处理厂或中水水厂排入水体或回灌地下，再由用户从水体异地取用或异地开采地下水，达到回用水的目的。

直接回用一般有三种方式：一是采用双供水系统，即在原供水系统外再建一套中水的配套管网，实现分质供水。二是建设专用的中水管道给工业用水大户使用，如有条件可集中建设中水回用区。三是大型公建和住宅区的污水就地循环处理回收利用，多用于冲厕用水等。

间接回用实际上比直接回用更为广泛。上游地区经净化后的污水排入水体或渗入地下含水层后，又成为下游河道和该地区的水源，有不少还是饮用水源。间接回用的显著特点是使中水避免了它被直接使用时的不良感受，使公众易于接受，而当中水在水体中贮存和输送的过程中，由于得到光化和氧化，使水质得到进一步改善。回灌于地下的中水，要求高，需谨慎。由于高压和渗滤能够使水质得到进一步净化，因此间接回用更是一种经济有效的回用途径。

杂用的水质，按《城市污水再生利用　城市杂用水水质》GB/T 18920—2002 中城市杂用水类标准执行。中水用于景观环境用水，其水质应符合国家标准《城市污水再生利用景观环境用水水质》GB/T 18921—2002 的规定。

9.1.3　中水回用现状

中水回用技术的研究与应用已有近百年的历史，已成为世界不少国家解决水资源不足的战略性措施，中水回用极大地满足了部分工农业和城市发展对水的需要。当前，各国都在开展实施中水回用技术，国外由于开展中水回用研究较早，因此，其技术具有先进性，相关法律法规比较完善，人们的中水回用意识也较强。

1. 国内

我国淡水资源匮乏，城市严重缺水，城市水荒的加剧，引起了各级领导的重视，社会各界已认识到中水回用的重要性和紧迫性。合理利用中水资源，不仅可缓解水源的不足，而且改善了环境，实现了水资源的可持续发展。近年来，中水回用工作日益受到重视，国内许多城市都建设了中水回用工程。例如：北京的高碑店污水处理厂建成了我国最大的中水回用工程，回用规模为 30 万 m^3/d，回用对象主要是河湖补水、城市绿化、喷洒道路和热电厂冷却用水；天津东郊污水处理厂回用工程将二级出水过滤、消毒后回用，规模为 7 万 m^3/d；河北邯郸市建成 6 万 m^3/d 的回用水工程，用于电厂冷却水；山东枣庄和泰安分别建成 3 万 m^3/d 和 2 万 m^3/d 的回用水工程；青岛市海泊河建成 4 万 m^3/d 的中水回用工程，用于工业冷却、绿化和生活杂用。其他还有，大连中水回用示范工程已运行 10 余年，北京华能热电厂、大庆油田采油厂、克拉玛依采油厂等均已建成中水回用工程用于循环冷却水。

我国的城市污水回用技术起步较晚，1958 年才将中水回用列入国家科研课题。20 世纪 60 年代关于污水灌溉的研究达到了一定水平；20 世纪 70 年代中期进行了城市污水以回用为目的的污水深度处理试验；20 世纪 80 年代初，相继在北京、大连、西安等大城市开展了污水回用的试验研究；20 世纪 90 年代，完成了几个典型的回用工程。进入 21 世纪以来，国内很多城市的污水处理厂再生水回用工程相继投入使用，中水回用的范围迅速扩大，但由于资金缺乏、技术相对落后，中水回用在我国还处于起步阶段，污水回用率偏低。

公众节水和利用中水的观念还不强，需要通过宣传教育加强节水意识。北方的中水回用工作较南方好些，这与客观的自然地理因素、经济条件有关，也和管理、意识等主观因素密切相关。发达国家在考虑使用回用水时，首先确定的是回用水再利用的途径，甚至这些项目都要在相关规则或者法律中规定，超出这些范围的使用很难被批准。而我国对回用水再利用没有专门的规定，也缺少中水回用的鼓励政策。加之水价偏低，没有制定处理后的中水价格，在某种程度上限制了中水回用的发展。由此可见，我国建成的中水回用系统并没有有效的使用，与国外的高普及率、高利用率的中水回用系统比较，还有很大的差距。

2. 国外

中水回用在国外已实施很久，回用规模大，已显示出明显的经济效益。当前，世界上许多国家为克服水资源紧缺的困难，把城市污水开辟为第二淡水资源。

（1）美国

美国，是世界上最早采用污水再生利用的国家之一。1950 年污水研究者俱乐部利用模型进行了污水深度处理试验研究；20 世纪 60 年代末将膜生物反应器用于废水处理；20世纪 70 年代初开始大规模污水处理，有近 300 余座城市实现了污水处理后再利用。目前，美国的城市污水处理等级基本上都在二级以上，处理率达到 100%。污水处理工程至今已建有 2 万余座污水处理厂。由于推行比较慎重，对水质控制较严格，城市污水回用所占比重不高，范围不广，直接提供饮用水或者回用水引到城市供水管网在美国还没有实施。此外，美国关于中水回用的法律法规也十分完善，实施法规分布在各州，涵盖了中水回用的各个方面。

（2）以色列

以色列，位于地中海东岸，大部分处于干旱和半干旱地带。由于自然条件的限制，人们很早就开始利用中水，也是在中水回用方面最具特色的国家。根据国内地区条件和社会经济结构采取不同的中水回用原则，把水资源循环使用作为一项基本国策，70% 以上的污水经过处理后用于农田灌溉，使农业用水节约 30% 以上。占全国污水处理总量 46% 的出水直接回用于灌溉，其余 33.3% 和约 20% 分别回灌于地下或排入河道，其回用程度之高堪称世界第一。为保证中水回用工作的顺利进行，以色列将中水回用以法律的形式给予保护。而且，对中水回用技术的研究也处于世界先进水平，尤其是在回用水水质以及中水回用可能引起的生态学问题等方面。采取的中水回用处理过程为：城市污水的收集→传输到处理中心→处理→季节性储存→输送到用户→使用及安全处置。在回用方式上，包括小型社区的就地回用，中等规模城镇和大城市的区域集中回用等。

（3）日本

日本，由于土地和各种资源都稀少，一直是一个忧患意识较强的国家。早在 1962 年就开始中水回用；20 世纪 70 年代已初现规模；20 世纪 90 年代初在全国范围内进行了废水再生回用的调查研究与工艺设计；1991 年在"造水计划"中明确将污水再生回用技术作为最主要的开发研究内容加以资助，开发了很多污水深度处理工艺，在新型脱氮、脱磷技术、膜分离技术和膜生物反应器技术等方面取得很大发展的同时，对传统的活性污泥法、生物膜法进行了不同水体的工艺试验，建立了许多水再生工厂。并结合本国和各地区的不同情况，采用不同的方法处理中水，比如双管供水系统，即饮用水系统与再生水系统，应用比较普遍。日本政府鼓励中水回用，制定了相应的奖励措施，通过减免税收、扩大融资和提供补助金等手段大力推广中水回用。

此外，俄罗斯、西欧一些国家、印度、南非和纳米比亚的中水也比较普遍。

3. 中水回用率不高原因

前期投资大、后期维修费用高、补贴政策不到位等，致使中水回用率不高。虽然中水回用技术已经比较成熟，然而，由于经济效益不大，中水回用还是"看上去很美，其实做起来很难"。回用率低，管网建设配套跟不上，投资大，回收慢，是造成中水回用率不高的主要原因。建设方面，因缺乏足够的经济鼓励政策，业主单位投资积极性不高，加之一般不是中水设施真正的管理者和受益者，其重视程度不够，造成中水设施与主体工程不能做到同时设计、同时施工，降低了中水设施的建设质量。由于中水回用前期投资比较大，很多单位难以一次性投入如此多的资金。另外，见效慢，一般需要 3～5 年，甚至更长时间才能收回投资，这使很多企业只能望而却步。另外，由于中水回用系统独立于自来水供应系统，因此开展中水回用必然要求另建中水处理设施、管网和泵站等，使得中水回用系统只能在新建筑中使用，这大大影响了它的推广范围。资金问题成为阻碍中水回用普及的最大障碍。要想解决好中水回用问题，就需要政策扶持、利益驱动、法规强制相结合。

9.1.4　中水回用可行性

1. 政策支持

中水回用在我国以前的几个五年计划中，已相继完成了技术的储备工作和示范工程的建设。污水处理厂都可增加三级甚至深度处理工艺，为中水回用创造了基本条件。2006年，科技部、建设部联合发出通知，要求各地建设和科技行政主管部门密切合作，加大投入，加强再生水利用新技术研究开发和推广转化工作。两部委共同制定的《城市污水再生利用技术政策》（建科 [2006] 100 号）中明确，我国城市污水再生利用的总体目标是充分利用城市污水资源、削减水污染负荷、节约用水、促进水的循环利用、提高水的利用效率。

2014 年，国家发展改革委、财政部、环境保护部又发布《关于调整排污费征收标准等有关问题的通知》（发改价格 [2014] 2008 号），将排污费征收标准提高一倍，迫使排污企业，把环境污染的社会成本转化到生产成本和市场价格中去，通过经济手段，使排污企业自动减少排污，降低成本，从而达到保护环境的目的。

《国务院办公厅关于进一步推进排污权有偿使用和交易试点工作的指导意见》（国办发〔2014〕38 号），提出到 2015 年底前试点地区全面完成现有排污单位排污权核定，到 2017年底基本建立排污权有偿使用和交易制度，为全面推行排污权有偿使用和交易制度奠定基础。排污权是排污单位经核定、允许其排放污染物的种类和数量，不能超过排污权规定的数量，超出了就要受到处罚，企业不能随意排放。排污权交易，是排污单位排污量不够用可以向其他企业去购买，避免超量排污的处罚，排污量没有用完的排污单位，可以将多余的卖给其他排污单位来获取利益。中水回用系统，可以使企业减少污水排放或零排放，企业把剩余的排污量出售，交易给排污超量的企业，增加收益，多方受益。

2016 年，《国务院关于深入推进新型城镇化建设的若干意见》（国发〔2016〕8 号），推动新型城市建设。坚持适用、经济、绿色、美观方针，提升规划水平，发展智能水务。落实最严格的水资源管理制度，推广节水新技术和新工艺，积极推进中水回用，全面建设节水型城市。

2. 技术可行

随着科技的进步，污水都可以通过不同的工艺技术加以处理，满足需要。一般来说，污水处理的二级出水，经消毒后，可用作市政杂用水、生活杂用水、农业用水和景观用水等。此外，经混凝过滤处理，可作为工业循环冷却水。再经膜技术处理或用活性炭吸附，可作为工业循环水或地下水回灌补充水等。污水处理过程中，通过物理方法、物化方法、生物法等，去除水中悬浮物、颜色、气味、溶解盐等，技术已经非常成熟，特别是现在，膜技术在中水回用系统上广泛使用，使中水水质大幅提升，应用领域进一步扩大。

3. 经济可行

中水回用在城市水资源规划中占有很重要的地位，并且具有非常可观的经济价值。中水回用在对健康无影响的情况下，为我们提供了一个非常经济的新水源。减少了由于远距离引水引起的数额巨大的工程投资。可以减少新鲜自来水用量，因此相应减少了城市自来水处理设施的投资。可以减少污水排放量，减少控制水体污染引起的治理费用。

从可持续发展的角度看，推进污水资源化，大力发展中水再生利用，使供水和排水有机结合，互相补充，两种资源合理配置，是解决我国水资源短缺的重要途径和手段。因此说，中水回用必将在我国大力发展起来。

9.1.5 中水回用的意义和建议

中水回用技术运用的意义首先在于它能缓解我国水资源短缺的现状，为生活用水、农业用水乃至工业用水等开辟了第二水源，能大量节约有限的淡水资源，使水资源得到高效可持续的利用。同时，中水回用又是抑制污水排放的有效途径，大大减轻了自然水体的污染程度与污染范围，相应地降低了治理环境污染的投资，发挥了一定的社会效益。可见，实现中水资源化具有明显的环境效益、经济效益和社会效益，是使水资源得到节约利用和增值的有效途径，也是实现环境保护的有效途径。

中水利用可以为用户节省水费、排污费的支出，以及铺设引水管线及运行等设施的投入费用，相应的可降低产品的生产成本，而近距离引用中水是一套既经济又方便可行的方案，同时又能提高水的利用率，所以应大力提倡使用中水回用技术。

海水淡化也是寻求一种水资源的途径，但与中水回用相比，其费用高，技术手段复杂，区域限制较大。另外，海水杂质含量要比中水高得多，这也是中水回用的优势之一。

因此，在当今社会，水资源短缺、社会高速发展而引起水需求不断增加及水资源浪费严重的状况下，中水回用的意义显得尤为重要。

对于中水回用，要加强舆论宣传。人们对中水缺乏足够认识，普遍认为中水水质差、感官差、安全性差，阻碍了中水回用的推广和使用。需要向全社会加强对中水回用的社会效益、环境效益、经济效益及中水回用的技术、应用、成果等的宣传，在增强全民节水意识的同时，提高群众对中水回用的认知度和接受度。对于中水回用，加强政府引导，加快设施建设。从整体来看，中水回用的社会效益、环境效益远大于经济效益，各级政府可将中水回用纳入循环经济规划，制定中水回用率目标，并作为一项考核任务，对有关部门进行考核，促进中水回用政策的执行。要求中水回用工程，必须与主体工程同时设计、同时施工、同时投入使用。对于中水回用，加大资金投入，加强运营监管。政府设立中水回用专项资金，完善中水替代自来水的运行成本补偿机制和用水的价格补偿机制，对中水回用设施建设企业及中水用户进行补贴。同时，要建立健全中水回用监管制度，评估中水回用风险，保障中水水量、水质，确保中水回用的可靠性和安全性。

9.2 中水回用处理流程

中水回用处理工艺根据污水水质、水量以及回用的水质和水量要求，综合考虑经济技术参数，确定最佳处理工艺。目前，常用处理工艺以污水二级生化处理加三级深度处理单元为主。不同的水质要求，处理工艺亦不同。

9.2.1　中水处理工艺流程

1. 物化法

原水→格栅→调节池→絮凝沉淀池→超滤膜→消毒→出水。

该工艺是以优质杂排水为中水水源，具有占地少、系统可间歇运行、管理简单的特点。但对来水的质量要求较高，不适合多种水源混合后的处理，因此具有一定的局限性。学校宿舍区、机关单位、宾馆等多排放优质杂排水，不需要进行深度处理便可达到中水水质标准。因此，该工艺比较适用于学校、机关、高级宾馆等。

2. 生化法

原水→格栅→调节池→接触氧化池→沉淀池→过滤→消毒→出水。

该工艺以综合排水为中水水源，主要利用水中微生物的吸附、氧化分解污水中的有机物，从而达到去除污水中溶解性有机物的目的。出水水质较为稳定，运行费用相对较少，尤其对于大型污水处理工程，生物处理法显得尤为突出。对于范围较大的城市小区，生活污水排放量大，有机物含量高，适合于用此工艺。

3. 膜生物反应器法

原水→格栅→调节池→膜生物反应器→消毒→中水。

该工艺将生物处理技术与膜分离技术相结合，膜生物反应器有效克服了与污泥沉降性能有关的限制，并起到了取代二沉池的作用，能达到澄清和防菌的目的。该工艺对悬浮物去除率高，出水水质好，减少了占地面积与传统的二级处理，易实现自动控制，运行管理简单，处理水量大大提高。但由于国内膜处理工艺尚处于发展阶段，膜组件及膜处理费用昂贵，工程投资较大、处理成本较高；而且在长期的运行过程中易污染，膜作为一种过滤介质容易堵塞，通水量随运转时间而逐渐下降，需进行有效的反冲洗和化学清洗，防止和减缓膜的堵塞。

4. 硅藻精土法

原水→格栅→调节池→污水处理专用设备→消毒→中水。

该工艺利用硅藻特有的混凝沉淀、吸附、自身超滤层生化等功能处理污水，出水水质稳定，具有工艺流程简单、投资少、适应性强、占地面积小、运转管理简单、回收率高、处理效果好、运行费用低等优点。从运行效果看，处理后的水质具有一定的波动性，需要进一步的改进和完善。该工艺与传统的工艺相比，有极大的优越性，水源是综合杂排水，适用于城市污水的处理。

当然，随着技术的进步，其他方法也在逐渐涌现。以上四种方法在中水处理中经常被采用，但是在实际处理时，要根据原水水质、出水要求、经济条件、占地面积等各方面因素，综合考虑，因地制宜。

9.2.2　一般处理技术

1. 混凝、沉淀过滤

混凝、沉淀过滤技术是将混凝剂投入污水中，经过充分搅拌、反应，使污水中微小悬浮颗粒和胶体颗粒互相产生凝聚作用，形成易于沉淀的絮凝体，通过沉淀除去。该工艺对二级出水进行处理，可去除浊度 73%～88%、悬浮物 60%～70%、色度 40%～60%、BOD53%～77%、COD25%～40%、总磷 29%～90%。该法去除氨氮有限。

混凝、沉淀过滤工艺，是国内外众多工程经常采用的中水回用工艺，该工艺成熟，出水水质稳定，能有效去除二级出水中的胶体物质、部分重金属、有机污染物和细菌。但该工艺流程长、占地面积大，不适宜在土地资源紧张的地区应用。

2. 微絮凝—直接过滤

微絮凝—直接过滤技术是对混凝后的水不经过沉淀池而进行直接过滤的水处理工艺，又简称直接过滤工艺。微絮凝—深床直接过滤同步脱氮除磷工艺，是一种将微絮凝—直接过滤除磷与深床脱氮有机结合的城市废水深度处理方法，脱氮除磷效果好。微絮凝—深床直接过滤工艺具有结构紧凑、占地面积小、工艺流程简单、能耗低、多功能等优点，在城市废水深度处理中具有广泛的发展前景。

3. 活性炭吸附

活性炭是一种多孔性含碳物质，具有发达的微孔构造和巨大的比表面积，它包括许多种具有吸附能力的碳基物质，可有效地去除色度、臭味，能除去水中大多数的有机物污染物和某些无机物，包括某些有毒的重金属。但二级出水中，也含有不被活性炭吸附的有机物，例如，蛋白质的中间降解物（如氨基酸）比原有的有机物更难于被活性炭吸附。

4. 膜过滤

膜过滤可去除包括细菌、病毒和寄生生物在内的悬浮物。反渗透可以降低水的矿化度，并可除去总溶解固体。超滤已被用于除去大分子，如腐殖酸。国外实践经验表明，用反渗透和超滤处理二级出水，不仅能除去悬浮固体和有机物，而且能除去溶解的盐类和病原菌等。膜分离工艺装置紧凑，操作方便，占地小，出水水质稳定可靠，一般不需消毒，处理效率高。随着膜制造工艺的提高，膜材料价格下降，膜分离技术的应用前景将十分广阔。不过，由于膜生物反应器能耗高、膜造价高且运行费用高，受温度、压力等条件限制，对化学物质较敏感，易污染等问题，限制了其在城市污水处理方面的应用。

5. 过滤

目前，国内外应用较多的中水回用工艺是：混凝—沉淀—过滤—消毒工艺和膜处理工艺。其中，混凝—沉淀—过滤—消毒工艺，因流程长、占地面积大、建设投资较大的缺点，不适宜使用在土地资源紧张的地区或老的污水处理厂增加污水回用工艺的改造工程中。膜处理工艺因膜造价高且易污染等问题，在我国的发展也受到一定限制。因此，发展适合我国国情的中水回用工艺是现阶段考虑的主要问题。

过滤技术是中水回用工艺的核心技术，目前过滤技术主要研究领域是深床过滤和膜过滤。近年来，国内外开始利用一种新型的表面过滤技术——微滤布过滤技术，该技术因结构紧凑、占地面积小、反洗水量少、处理费用省的特点，越来越受到广泛的关注。

9.2.3 工艺组合

深度处理通常采用常规工艺的组合，流程较长但也最稳定可靠。如图 9-1 所示。

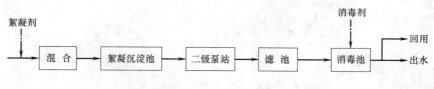

图 9-1　深度处理后的中水回用工艺流程图

1. 混合

混合的主要作用是让药剂迅速均匀地扩散到水中（10～20s），使其水解产物与原水中的胶体微粒充分作用，完成胶体脱稳与凝聚，以便进一步去除。混合是取得良好絮凝效果的关键，也是节省投药量的关键。混合的基本要求是快速和均匀，"快速"是因混凝剂在原水中的水解及发生聚合絮凝的速度很快，需尽量造成急速的扰动，以形成大量氢氧化物胶体，而避免生成较大的绒粒。"均匀"是为了使混凝剂在尽量短的时间里与原水混合均匀，使水中的全部悬浮杂质与药剂充分发生作用。混凝类型主要有机械和水力两种。机械混合方式和管道混合方式在污水深度处理中应用较多。机械混合效果好，能耗较低，基本不增加净水过程的水头损失，但需设混合池并增加机械设备，设备维护量大。管道混合利用水流能量，不需外加动力，设备简单，同时可避免管式静态混合器水头损失较大的缺点，管道混合采用比较普遍，对于新建项目，有关扬程、用地条件及构筑物布置，不受限制。

2. 絮凝

絮凝是创造适当的水力条件使药剂与水混合后产生的微絮凝体，在一定的时间内，絮凝成具有良好物理性能的絮凝体，并为杂质颗粒在沉淀澄清阶段迅速沉降分离，创造良好的条件。絮凝设备形式较多，和混合设备一样，也可分为两大类：水力絮凝和机械絮凝。水力絮凝方式管理方便，无设备维护量，但适应水量变化的能力较差；机械絮凝具有较好的适应水量变化的能力，但需考虑设备维护及管理。虽各有利弊，但更多采用机械絮凝与各种沉淀池结合的形式。

3. 沉淀

原水经投药、混合和絮凝后，水中的悬浮杂质已形成粗大的絮凝体，要在沉淀池中分离以完成澄清的过程。根据水在沉淀池中流动的方向，沉淀池分为平流式、竖流式、辐流式及斜管式沉淀池等形式，在污水深度处理中，国内使用较多的沉淀池为平流沉淀池和斜管（板）沉淀池。由于斜管（板）沉淀池具有停留时间短、占地小、沉淀效率高等优点，在污水深度处理中采用较多。从水力条件和土建占地来看，斜管（板）的水力半径较小，水力负荷较高，沉淀效果显著，易与机械絮凝池合建，且节省占地。

4. 过滤

在常规水处理过程中，过滤一般是指以石英砂（图 9-2）等粒状滤料层截留水中悬浮杂质，从而使水获得澄清的工艺。滤池通常置于沉淀池或澄清池之后，是水澄清处理的最终工序，也是水质净化工艺所不可缺少的处理过程。过滤的功效，不仅在于进一步降低水的浊度，而且水中有机物、细菌乃至病毒等，将随水的过滤而被有效去除。

污水深度处理项目，从水质、水量、污水处理厂高程布置、节约投资及便于生产管理方面考虑，一般采用深床滤池工艺作为过滤方案。深床滤池构造及工艺流程，如图 9-3、图 9-4 所示。

图 9-2　过滤介质——石英砂

图 9-3　深床滤池构造示意图

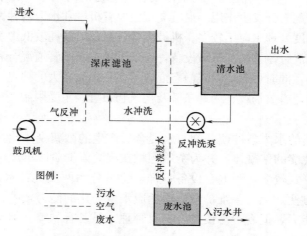

图 9-4　深床滤池工艺流程图

　　深床过滤工艺是指，含有固体悬浮物的液体，通过由石英砂滤料组成的滤床，SS 被截留和吸附在滤床中的过程。目前，深床过滤主要用于生物和化学处理单元出水中悬浮固体的进一步处理，以减少污染物质的排放量。经过深床滤池过滤后，一般出水 SS 小于 5mg/L，可直接进行中水回用。冬季低温反硝化效果不好时，通过投加外碳源形成反硝化，滤池可以进一步反硝化去除 SS 和 TN，对污水处理厂的出水 TN 起到把关作用；而在春秋季及夏季温度较高时，反硝化深床滤池不投加外碳源，又可灵活地转换成深床滤池起到主要控制 SS 的作用。

　　深床滤池滤料采用 2～4mm 石英砂介质，滤床深度可达 1.83m，滤池可保证出水 SS 低于 5mg/L。绝大多数滤池表层很容易堵塞，很快失去水头，均质石英砂滤料，允许固体杂质透过滤床的表层，深入数厘米的滤料中，使得整个滤池纵深截留固体物质。

　　深床滤池需定期反冲洗，反冲洗采用模拟人的搓手模式，大量强有力的空气使滤料相互搓擦，使截留的 SS 全部清洗出来，清洗率达到 90%，反冲洗用水为总过滤水量的 10% 左右。

　　反硝化深床滤池，是将生物脱氮及过滤功能合二为一的处理单元，是脱氮及过滤并举的先进处理工艺。

在反硝化过程中，由于硝态氮不断被还原为氮气，反硝化深床滤池中会集聚大量的氮气，这些气体会使污水绕窜于介质之间，这样就增强了微生物与水流的接触，同时也提高了过滤效率。但是，当池体内积聚过多的氮气气泡时，则会造成水头损失，这时就必须驱散氮气，恢复水头，每次持续1~2min，每天进行数次。

二级 A^2/O 工艺结合后续反硝化深床滤池的设计，两种工艺优势互补，能确保一级 A 的出水要求，使整个污水处理系统能承受更大的水质和水量的冲击负荷，同时为更严格的出水标准留有空间。

9.3　中水回用标准

9.3.1　中水回用指标

为贯彻我国水污染防治和水资源开发方针，提高用水效率，做好城镇节约用水工作，合理利用水资源，实现城镇污水资源化，减轻污水对环境的污染，促进城镇建设和经济建设可持续发展，制定《城市污水再生利用》系列标准。《城市污水再生利用》系列标准目前分为五项：《城市污水再生利用　分类》GB/T 11919—2002；《城市污水再生利用　城市杂用水水质》GB/T 18920—2002；《城市污水再生利用　景观环境用水水质》GB/T 18921—2002；《城市污水再生利用　补充水源水质》；《城市污水再生利用　工业用水水质》GB/T 19923—2005。

中水回用应符合标准，以《城市污水再生利用　景观环境用水水质》、《城市污水再生利用　城市杂用水水质》为例。

中华人民共和国国家质量监督检验检疫总局2002年12月20日发布，2003年5月1日实施了《城市污水再生利用　景观环境用水水质》GB/T 18921—2002标准。相关内容，见表9-1~表9-8所列。

景观环境用水的再生水水质指标（mg/L）　　　　表9-1

序号	项目	观赏性景观环境用水			娱乐性景观环境用水		
		河道类	湖泊类	水景类	河道类	湖泊类	水景类
1	基本要求	无飘浮物，无令人不愉快的嗅和味					
2	pH	6.0~9.0					
3	五日生化需氧量（BOD5）≤	10	6		6		
4	悬浮物(SS)≤	20	10		—(a)		
5	浊度(NTU)≤	—			5		
6	溶解氧≥	1.5	2.0				
7	总磷(以P计)≤	1.0	0.5	1.0	0.5		
8	总氮≤	15					
9	氨氮(以N计)≤	5					
10	粪大肠杆菌(个/L)≤	10000	2000		500		不得检出

续表

序号	项　目	观赏性景观环境用水			娱乐性景观环境用水		
		河道类	湖泊类	水景类	河道类	湖泊类	水景类
11	余氯(b)≥	0.05					
12	色度(度)≤	30					
13	石油类≤	1.0					
14	阴离子表面活性剂≤			0.5			

注：1. 对于需要通过管道输送再生水的非现场回用情况采用加氯消毒方式；而对于现场回用情况不限制消毒方式。
2. 若使用未经过除磷脱氮的再生水作为景观环境用水，鼓励使用本标准的各方在回用地点积极探索通过人工培养具有观赏价值水生植物的方法，使景观水体的氮磷满足此表要求，使再生水中的水生植物有经济合理的出路。
a："—"表示对此项无要求。
b：氯接触的时间不应低于30min的余氯。对于非加氯消毒方式无此项要求。

部分一类污染物最高允许排放浓度（以日均值计）（mg/L） 表 9-2

序　号	项　目	标　准　值
1	总汞	0.01
2	烷基汞	不得检出
3	总镉	0.01
4	总铬	0.1
5	六价铬	0.05
6	总砷	0.1
7	总铅	0.1

备注：标准值来源于《城镇污水处理厂污染物排放标准》GB 18918—2002

选择控制项目最高允许排放浓度（以日均值计）（mg/L） 表 9-3

序　号	项　目	标　准　值
1	总镍	0.05
2	总铍	0.002
3	总银	0.1
4	总铜	0.5
5	总锌	1.0
6	总锰	2.0
7	总硒	0.1
8	苯并(a)芘	0.00003
9	挥发酚	0.5
10	总氰化物	0.5
11	硫化物	1.0
12	甲醛	1.0
13	苯胺类	0.5

续表

序　号	项　目	标　准　值
14	硝基苯类	2.0
15	有机磷农药(以 P 计)	0.5
16	马拉硫磷	1.0
17	乐果	0.5
18	对硫磷	0.05
19	甲基对硫磷	0.2
20	五氯酚	0.5
21	三氯甲烷	0.3
22	四氯化碳	0.03
23	三氯乙烯	0.3
24	四氯乙烯	0.1
25	苯	0.1
26	甲苯	0.1
27	邻-二甲苯	0.4
28	对-二甲苯	0.4
29	间-二甲苯	0.4
30	乙苯	0.4
31	氯苯	0.3
32	对-二氯苯	0.4
33	邻-二氯苯	1.0
34	对硝基氯苯	0.5
35	2,4-二硝基氯苯	0.5
36	苯酚	0.3
37	间-甲酚	0.1
38	2,4-二氯酚	0.6
39	2,4,6-三氯苯	0.6
40	邻苯二甲酸二丁酯	0.1
41	邻苯二甲酸二辛酯	0.1
42	丙烯腈	2.0
43	可吸附有机卤化物(以 CL 计)	1.0

备注:标准值来源于《城镇污水处理厂污染物排放标准》GB 18918—2002

监测分析方法表　　　　　　　　　　　　　　　　表 9-4

序号	项　目	测 定 方 法	方 法 来 源
1	pH	玻璃电极法	GB 6920—86
2	五日生化需氧量(BOD₅)	稀释与接种法	HJ 505—2009
3	悬浮物	重量法	GB/T 11901—89
4	浊度	比浊法	GB/T 13200—91
5	溶解氧	碘量法 电化学探法	GB/T 7489—87 HJ 506—2009

序号	项　目	测 定 方 法	方 法 来 源
6	总磷(TP)	钼酸铵分光光度法	GB/T 11893—89
7	总氮(TN)	碱性过硫酸钾消解紫外分光光度法	HJ 636—2012
8	氨氮	纳氏试剂分光光度法	HJ 535—2009
9	粪大肠菌群	多管发酵法和滤膜法	HJ/T 347—2007
10	游离氯	N,N-二乙基-1,4苯二胺分光光度法	HJ 585—2010
11	色度	铂钴比色法	GB/T 11903—89
12	石油类	红外光度法	HJ 637—2012
13	阴离子表面活性剂	亚甲蓝分光光度法	GB/T 7494—87

化学毒理学指标分析方法表　　　　　　　　　　　　　　　　表 9-5

序号	控 制 项 目	测 定 方 法	方法来源
1	总汞	冷原子吸收光度法	HJ 597—2011
2	烷基汞	气相色谱法	GB/T 14204—93
3	镉	原子吸收分光光度法	GB/T 7475—87
4	总铬	火焰原子吸收分光光度法	HJ 757—2015
5	六价铬	二苯碳酰二肼分光光度法	GB/T 7467—87
6	总砷	原子荧光法	HJ 694—2014
7	总铅	原子吸收分光光度法	GB/T 7475—87
8	总镍	火焰原子吸收分光光度法	GB/T 11912—89
		丁二酮肟分光光度法	GB/T 11910—89
9	总铍	电感耦合等离子体质谱法	HJ 700—2014
10	总银	火焰原子吸收分光光度法	GB/T 11907—89
11	总铜	原子吸收分光光度法	GB/T 7475—87
		二乙基二硫化氨基甲酸钠分光光度法	HJ 485—2009
12	总锌	原子吸收分光光度法	GB/T 7475—87
		双硫腙分光光度法	GB/T 7472—87
13	总锰	火焰原子吸收分光光度法	GB/T 11911—89
		高碘酸钾分光光度法	GB/T 11906—89
14	总硒	原子荧光法	HJ 694—2014
15	苯并(a)芘	乙酰化滤纸层析荧光分光光度法	GB/T 11895—89
16	挥发酚	蒸馏后用4-氨基安替比林分光光度法	HJ 503—2009
17	总氰化物	容量法和分光光度法	HJ 484—2009
18	硫化物	碘量法(高浓度)	HJ/T 60—2000
		亚甲蓝分光光度法(低浓度)	GB/T 16489—1996
19	甲醛	乙酰丙酮分光光度法	HJ 601—2011
20	苯胺类	N-(1-萘基)乙二胺偶氮分光光度法	GB/T 11889—89
21	硝基苯类	液液萃取/固相萃取-气相色谱法	HJ 648—2013

续表

序号	控 制 项 目	测 定 方 法	方法来源
22	有机磷农药(以 p 计)	气相色谱法	GB 13192—91
23	马拉硫磷	气相色谱法	GB 13192—91
24	乐果	气相色谱法	GB 13192—91
25	对硫磷	气相色谱法	GB 13192—91
26	甲基对硫磷	气相色谱法	GB 13192—91
27	五氯酚	气相色谱法	HJ 591—2010
		藏红 T 分光光度法	GB/T 9803—88
28	三氯甲烷	顶空气相色谱法	HJ 620—2011
29	四氯化碳	顶空气相色谱法	HJ 620—2011
30	三氯乙烯	顶空气相色谱法	HJ 620—2011
31	四氯乙烯	顶空气相色谱法	HJ 620—2011
32	苯	吹扫捕集/气相色谱-质谱法	HJ 639—2012
33	甲苯	吹扫捕集/气相色谱-质谱法	HJ 639—2012
34	邻-二甲苯	吹扫捕集/气相色谱-质谱法	HJ 639—2012
35	对-二甲苯	吹扫捕集/气相色谱-质谱法	HJ 639—2012
36	间-二甲苯	吹扫捕集/气相色谱-质谱法	HJ 639—2012
37	乙苯	吹扫捕集/气相色谱-质谱法	HJ 639—2012
38	氯苯	气相色谱法	HJ 621—2011
39	对-二氯苯	气相色谱法	HJ 621—2011
40	邻-二氯苯	气相色谱法	HJ 621—2011
41	对硝基氯苯	液液萃取/固相萃取-气相色谱法	HJ 648—2013
42	2,4-二硝基氯苯	液液萃取/固相萃取-气相色谱法	HJ 648—2013
43	苯酚	气相色谱法-质谱法	HJ 744—2015
44	间-甲酚	气相色谱法-质谱法	HJ 744—2015
45	2,4-二氯苯酚	气相色谱法-质谱法	HJ 744—2015
46	2,4,6-三氯苯酚	气相色谱法-质谱法	HJ 744—2015
47	邻苯二甲酸二丁酯	液相色谱法	HJ/T 72—2001
48	邻苯二甲酸二辛酯	液相色谱法	HJ/T 72—2001
49	丙烯腈	气相色谱法/吹扫补集	HJ 806—2016
50	可吸附有机卤化物(AOX)(以 cl 计)	微库仑法	GB/T 15959—1995

中水用作城市杂用水，其水质应符合《城市污水再生利用　城市杂用水水质》GB/T 18920—2002 的规定。本标准规定了城市杂用水水质标准、采样及分析方法。本标准适用于厕所便器冲洗、道路清扫、消防、城市绿化、车辆冲洗、建筑施工杂用水。

城市杂用水水质标准 表 9-6

序号	项目	冲厕	道路清扫、消防	城市绿化	车辆冲洗	建筑施工
1	pH	6.0～9.0				
2	色(度)	30				
3	嗅	无不快感				
4	浊度(NTU)≤	5	10	10	5	20
5	溶解性总固体(mg/L)≤	1500	1500	1000	1000	—
6	五日生化需氧量(BOD_5)(mg/L)≤	10	15	20	10	15
7	氨氮(mg/L)≤	10	10	20	10	20
8	阴离子表面活性剂(mg/L)	1.0	1.0	1.0	0.5	1.0
9	铁(mg/L)≤	0.3	—	—	0.3	—
10	锰(mg/L)≤	0.1	—	—	0.1	—
11	溶解氧(mg/L)≥	1.0				
12	总余氯(mg/L)	接触30min后≥1.0,管网末端≥0.2				
13	总大肠菌群(个/L)≤	3				

城市杂用水标准水质项目分析方法 表 9-7

序号	项目	测定方法	执行标准
1	pH	pH电位法	GB/T 5750.4—2006
2	色	铂-钴标准比色法	GB/T 5750.4—2006
3	浑浊度	散射法 目视比浊法	GB/T 5750.4—2006
4	溶解性总固体	重量法(烘干温度105±3℃、180±3℃)	GB/T 5750.4—2006
5	五日生化需氧量(BOD_5)	稀释与接种法	HJ 505—2009
6	氨氮	纳氏试剂比色法	HJ 535—2009
7	阴离子表面活性剂	亚甲蓝分光光度法	GB/T 7494—87
8	铁	二氮杂菲分光光度法 原子吸收分光光度法	GB/T 5750.6—2006
9	锰	过硫酸铵分光光度法 原子吸收分光光度法	GB/T 5750.6—2006
10	溶解氧	碘量法	GB/T 7489—87
		电化学探头法	HJ 506—2009
11	总余氯	3,3′,5,5′-四甲基联苯胺比色法 N,N-二乙基对苯二胺分光光度法	GB/T 5750.11—2006
12	总大肠菌群	多管发酵法	GB/T 5750.12—2006

城市杂用水采样检测频率 表 9-8

序号	项目	采样检测频率
1	pH	每日1次
2	色	每日1次

序号	项 目	采样检测频率
3	浊度	每日 2 次
4	嗅	每日 1 次
5	溶解性总固体	每周 1 次
6	五日生化需氧量（BOD₅）	每周 1 次
7	氨氮	每周 1 次
8	阴离子表面活性剂	每周 1 次
9	铁	每周 1 次
10	锰	每周 1 次
11	溶解氧	每日 1 次
12	总余氯	每日 2 次
13	总大肠菌群	每周 3 次

9.3.2 中水回用设计依据

(1)《中华人民共和国环境保护法》（2014 年 4 月）

(2)《中华人民共和国水污染防治法》（2008 年 2 月修正）

(3)《地表水环境质量标准》GH 3838—2002

(4)《污水综合排放标准》GB 8978—1996

(5)《化学工业污水处理及回用设计规范》GB 50684—2011

(6)《污水再生利用工程设计规范》GB/T 50335—2002

(7)《工业企业厂界环境噪声排放标准》GB 12348—2008

(8)《室外给水设计规范》GB 50013—2006

(9)《室外排水设计规范（2016 年版）》GB 50014—2006

(10)《城镇污水处理厂污染物排放标准（2006 年版）》GB 18918—2002

(11)《建筑给水排水设计规范（2009 年版）》GB 50015—2003

(12)《泵站设计规范》GB/T 50265—2010

(13)《污水混凝与絮凝处理工程技术规范》HJ 2006—2010

(14)《污水过滤处理工程技术规范》HJ 2008—2010

(15)《供配电系统设计规范》GB 50052—2009

(16)《低压配电设计规范》GB 50054—2011

(17)《建筑设计防火规范》GB 50016—2014

(18)《给水排水工程构筑物结构设计规范》GB 50069—2002

(19)《给水排水工程管道结构设计规范》GB 50332—2002

(20) 建设方提供的有关生活污水水质、水量、布局、工程图纸等基础资料

(21) 其他相关标准及规范

9.3.3 中水回用设计原则

(1) 中水处理回用工程以投资省、运转费用低、占地面积小为原则。

（2）处理系统先进，设备运行稳定可靠，维护简单，操作方便。

（3）污水处理系统不产生二次污染源污染环境。

（4）控制管理按处理工艺过程要求尽量考虑自控，降低运行操作的劳动强度，使污水处理站运行可靠、维护方便，提高污水处理站运行管理水平。

9.4 中水回用投资

9.4.1 需求和成本

中水回用项目，虽然强调社会效益和环境效益，但是，其需求导向至关重要。有需求，才能产生经济效益，才能有可持续性发展。如果一个中水项目，需求量和水源供应量都很充沛，则投资回报相应乐观，成本也会较低，项目运作相对顺畅。

中水的处理成本与所采用的处理工艺和原水的水质有关，一般全污水（灰水＋黑水）处理比灰水处理运营成本高很多。可先将灰水作为中水的原水，这样处理成本可降低，水质也易控制，处理后的水可优先考虑用来浇灌绿化和洗车、清扫、景观用水，而后考虑排管入户冲厕。由于污水集中处理通常较分散处理成本低、回用用途广、易管理、水质易控制，所以城市中水系统、小区中水系统和建筑物中水系统，大、中、小系统，适宜合理搭配，以防止建成的设施闲置或设备运行能力不足。建议小区中水系统和小区发展统一规划、合理布局。宏观上，中水的潜在需求很大，如果形成有效的供给，就会加速中水回用的发展。中水的供给者，采取运营模式的创新，提供有效的中水，满足用户的需求。市场化的中水企业能够根据市场需求提供产品和服务，不仅提供中水，而且提供中水回用技术，向拥有中水回用设施的单位提供专业化服务，使其能够有效运营。

影响中水成本的主要因素：中水回用设施的建设不同于其他给水排水设施和市政、环境设施的建设，其项目投资本身不仅具有直接的经济效益，而且还有间接的经济效益和可以相对定量的环境效益。但是建设单位一般都只计算其直接经济效益。所有的影响因素中运行规模是主要的影响因素。一般中水回用设施的处理规模越大，中水运行成本就会越低。

9.4.2 收费

国家发展改革委、财政部、住房和城乡建设部《关于制定和调整污水处理收费标准等有关问题的通知》（发改价格〔2015〕119号），就合理制定和调整污水处理费、加大污水处理收费力度、实行差别化收费政策、鼓励社会资本投入等问题作出具体规定。多渠道投入，保证资金运转。有的污水处理厂建设运行过程中负债较重，需要采取政府与社会资本合作、政府购买服务和引入市场机制的办法，共同参与污水处理设施投资、建设和运营，合理分担风险，实现权益融合，加强项目全生命周期管理，提高城镇排水与污水处理服务质量和运营效率。按照"谁污染、谁治理，谁投入、谁受益"的原则，吸引社会资金的共同参与，对水务公司做相应的自我营销，吸引金融机构对项目的信贷支持，保证有充足的资金支持其不断发展完善。

目前，我国尚未建立系统的中水价格体系，中水定价的理论方法也不成熟，导致现行中水价格要么偏高，有价无市，要么偏低，中水企业入不敷出，从而影响了中水市场的健康发展。因此，完善城市中水定价理论与方法，为构建系统的中水价格制度提供理论依据，对于促进我国中水行业的快速发展，具有重要理论与现实意义。

城市中水虽然为污水再生产物，但具备资源价值，其价值内涵体现在稀缺性、资源产权、有用性、劳动价值和生态环境价值等方面。影响中水价值的因素主要为水资源的数量与质量，城市经济发展水平与自来水价格，以及政府政策导向和用户使用意愿。中水水价在同一流域内不是单一的，取决于中水品质与回用对象；工程水价由成本、费用和利润组成，在回用初期宜采用政府管制定价方法设定工程水价；环境水价若只考虑负环境成本，则农业用水、景观环境用水、补充水源水以及市政杂用水中的公共服务用水因本身不新增污染物，可不交纳环境水费。若按完全成本水价出售，城市中水不具备价格优势。

我国城市中水管理，应通过明确中水管理职权、完善中水回用制度、丰富项目融资方式、健全财政补贴制度与合理实施自来水水价改革等管理手段，完善中水运营机制，优化中水价格政策，利用价格这个经济杠杆推动中水市场的逐步完善与成熟。

城市中水与一般商品及其他水商品不同，中水的利用是实现污水资源化的有效途径，运作得好，可实现社会效益、环境效益、经济效益及资源效益四丰收，因此，以推广为先、兼顾经济效益的城市中水定价原则，值得探讨。

中水与其他水资源相比较有其自身特点，依据制定中水价格的原则，在制定城市中水价格时要以经济学基本原理为基础，同时要考虑城市中水定价的特殊性。

通过对城市中水用户的调查分析及对需求价格弹性的研究，得出这样的结论：城市中水作为水资源的一种，在一定程度上是必需的，只是由于其水质对用户心理承受力产生影响，被用户排斥，所以从用户角度考虑城市中水价格，推广城市中水、扩大城市中水需求量是可行且必要的。

结合对城市中水用户及中水企业的分析可知，对城市中水价格采用用水户承受能力定价模式＋完全水价定价模式是较合理的，有利于城市中水在我国的持续发展。

城市中水所含成本包括工程水价、环境水价与资源水价。

城市中水设施不同于排水设施和市政、环境设施，项目投资本身不仅具有直接的经济效益，而且还有间接的经济效益，它包括：节省城市引水、净水的费用；减少由于缺水而造成的经济损失；减少因环境污染造成的经济损失；节省城市排水设施的建设费和运行费。按照城市中水利用的综合效益分析，城市中水成本即便高于自来水成本，对整个社会来讲也依然有经济效益。但无论中水对社会有多大经济收益，其建设资金的补偿都应通过合理的中水产品销售价格得到，否则，中水回用产业化的发展道路将难以为继。所以，在考虑中水价格时，不应减去所有社会收益，但也不能不予以考虑。

在市场经济条件下，价格是调节和引导人们消费行为的有力手段，推广中水回用的关键是价格的杠杆作用。

要求中水达到什么水质标准，生产的成本也是不一样的。物价部门核定的中水价格是按补偿输配中水管网的折旧费、直接运行成本费的原则制定的。比如，合肥市就对某污水处理厂的中水水质标准有明确要求（即 $BOD_5 \leqslant 10mg/L$、$COD \leqslant 50mg/L$、$SS \leqslant 10mg/L$、$TP \leqslant 0.5mg/L$）。核定价格 0.15 元/m^3，优惠期 3 年，优惠价格为 0.12 元/m^3。

【示例】 南京首个中水回用项目投用，成本高但空间很大。

南京首个大型中水回用项目 2015 年 1 月 18 日投入使用。8km 长的中水管道从污水处理厂直通北十里长沟东支河道，这条历经多次整治的河道有望告别黑臭现象。目前，南京尚无中水回用定价标准或指导原则，中水回用规划还未出台。中水回用，亟待政府引导，推动中水市场尽快形成。

北十里长沟东支河道，2014 年上了江苏省"黑臭河"名单。河堤边，一个直径近 1m 的水管正往河道喷射水柱，这正是从南京铁北污水处理厂出来的中水。在水流的驱动下，河水缓缓流动。北十里长沟上下游落差高达 20 多米，河道储水难，曾多次出现两岸企业偷排、污染河道现象。引入中水，加速河道流动，有助于解决污染。这条中水回用管道从铁北污水处理厂出来，三穿铁路，管道建设投资近 8000 万元。从 18 日中水回用启动以来，每天放水 4 个多小时，一天冲洗河道的水量在 1 万吨左右。

在铁北污水处理厂，紫外消毒渠是污水处理最后一道环节，渠里的水清澈见底，打一桶上来，无味无色。铁北污水处理厂原先处理能力是 5 万 m³/d，出水水质标准是一级 B。提标扩建后，处理能力提高到 10 万 m³/d，出水水质为一级 A，接近五类地表水，达到回用水的基本要求。

没有定价，就没有市场。根据《南京市沿江城镇污水处理规划》及"十二五"水污染减排计划，南京 2015 年完成建设 13 座污水处理厂。这些新建污水处理厂投用后，一天总出水量为八九十万吨，出水水质达一级 A 标准，都可回用。但回用面临的首个难题是价格，南京还未形成中水回用的价格机制。

铁北污水处理厂提标后，处理成本从每吨水三四毛钱增至七八毛钱，此外，另需加压输送，两台加压泵开一小时，电费就要 400 元。冲洗河道的中水，定价多少，南京尚无明确规定，根据当初立项政策，可通过市、区两级财政统筹买单。

铁北污水处理厂提标扩建和北十里长沟河道整治均由南京市城建集团实施，回用管道和河道截污管同时铺设，污水处理厂投用就开始给河道补水，此项回用工程推进较快。

目前，这条回用管道暂时只能用于河道景观补水，但由于尚无其他需求，未配套安装绿栓。绿栓是类似于消火栓的供水设施，由于输送中水，所以采用区别于自来水的绿色涂料，可随时接入，用于绿化、道路洒水等市政管养。谁付费、怎么付、谁巡查，这些问题都没明确，所以，绿栓就装不起来。但由于缺乏市场机制，目前中水回用几乎都是政府主导，用于解决河道景观水质，还是公益性行为。发展中水回用，要先解决三个问题：定价机制、激励政策和科学规划。

南京过境水资源丰沛，但存在时间与空间上的分布不均，目前主城区河道存在不同程度的黑臭现象，亟待在控源截污的同时，用引水补源的手段实现"水清岸绿，生态宜居"。另外，用于浇洒道路、绿化植物等市政园林绿化用水量也很大，目前绝大部分取自城市自来水供水管网，其实这部分用水对水质要求不高，提标后的污水处理厂出水基本能满足。

国内对提高城镇污水处理标准的呼声越来越高，污水处理厂提标处理是大势所趋，中水总量将保持持续增长势头。南京物价部门正牵头核算中水处理费和运营价格成本，住房和城乡建设部门则牵头制定中水回用规划。价格有吸引力、规划又明晰，让供需双方多赢，中水市场才会"水到渠成"。

9.4.3　投资方式

1. 中水回用产业化

目前，中水回用，政府主导还是主要的推动因素。部分城市成立了专门的中水公司，因为管网和输送费用问题，还难有明显的规模经济效应。因此，引入市场机制，使中水回用产业化，成为促进中水回用的一个可行措施。专业化的中水供给企业更能激励改进和提高处理技术，保证中水供给的质量和稳定，从而培育和繁荣中水市场。

在市场化、产业化的条件下，中水市场主体包括中水需求者、中水供给者以及中水监管者。中水需求者可以是居民以及企业等经济组织；中水供给者应该由专业的中水企业组成，并形成一个竞争性的格局；中水监管者则是指政府中的相应监管部门，其作用是维护中水市场的秩序。政府不直接干预中水市场，把着力点放在中水市场的培育和监管上才能促进中水回用的发展，建立发展中水回用产业所需的硬件环境和软件环境。

2. 社会资本

鼓励统筹污水处理、中水回用等一体化建设运营，采取 PPP 方式。优先考虑由社会资本参与，包括符合条件的各类国有企业、民营企业、外商投资企业、混合所有制企业，以及其他投资、经营主体愿意投入的社会资本。保障社会资本合法权益，社会资本投资建设或运营管理中水回用工程，与政府投资项目享有同等政策待遇，可按协议约定依法转让、转租、抵押其相关权益。

3. 政府投资带动

重大中水回用工程建设投入，原则上按功能、效益进行合理分摊和筹措，并按规定安排政府投资。对同类项目，优先支持引入社会资本的项目。政府投资安排使用方式和额度，根据不同项目情况、社会资本投资合理回报率等因素综合确定。公益性部分政府投入形成的资产归政府所有，同时可按规定不参与生产经营收益分配。鼓励发展支持重大中水回用工程的投资基金，政府可以通过认购基金份额、直接注资等方式予以支持。

4. 财政补贴

对承担一定公益性任务、项目收入不能覆盖成本和收益，但社会效益较好的政府和社会资本合作 PPP 重大中水回用项目，政府可对工程维修管养经费等给予适当补贴。财政补贴的规模和方式以项目运营绩效评价结果为依据，综合考虑产品或服务价格、建设成本、运营费用、实际收益率、财政中长期承受能力等因素合理确定、动态调整，并以适当方式向社会公开。

5. 价格机制

完善主要由市场决定价格的机制，对社会资本参与的重大中水回用工程等产品价格，探索实行由项目投资经营主体与用户协商定价。需要由政府制定价格的，既要考虑社会资本的合理回报，又要考虑用户承受能力、社会公众利益等因素；价格调整不到位时，地方政府可根据实际情况安排财政性资金，对运营单位进行合理补偿。

6. 政策性金融

加大重大中水回用工程信贷支持力度，完善贴息政策。允许中水回用建设贷款以项目自身收益、借款人其他经营性收入等作为还款来源，允许以中水回用等资产作为合法抵押担保物，探索以中水回用项目收益相关的权利作为担保财产的可行性。积极拓展保险服务功能，探索形成"信贷＋保险"合作模式，完善中水回用信贷风险分担机制以及融资担保体系。进一步研究制定支持从事中水回用工程建设项目的企业直接融资、债券融资的政策措施，鼓励符合条件的上述企业通过 IPO、增发、企业债券、项目收益债券、公司债券、中期票据等多种方式筹措资金。

7. 绩效评价

开展社会资本参与重大中水回用项目后评价和绩效评价，建立健全评价体系和方式方法，根据评价结果，依据合同约定对价格或补贴等进行调整，提高政府投资决策水平和投资效益，激励社会资本通过管理、技术创新提高公共服务质量和水平。

通过深化改革，向社会投资敞开大门，建立权利平等、机会平等、规则平等的投资环境和合理的投资收益机制，放开增量，盘活存量，加强试点示范，鼓励和引导社会资本参与中水回用工程建设和运营，有利于优化投资结构，建立健全中水回用投入资金多渠道筹措机制；有利于引入市场竞争机制，提高中水回用管理效率和服务水平；有利于转变政府职能，促进政府与市场有机结合、两手发力；有利于加快完善水安全保障体系，支撑经济社会可持续发展。

9.4.4 政府推手

中水回用产业具有部分公共事业的特点，决定了政府支持的必要性，尤其在中水产业发展初期。政府并不是直接介入中水市场，而是为促进中水市场发展服务，这样才是长久之计。建设中水管网，需要大量资本，牵涉到城市建设的很多方面，只能由政府来投资建设才容易完成。政府掌握更多的城市建设信息，从而能够根据具体情况统一规划、合理安排管网建设。政府出资成立中水公司对培育中水市场有重要的作用，不但可以培育中水需求，还可以产生示范效应，吸引资本进入中水回用产业。加强监管，维护中水市场健康发展。为了防止中水被不正当使用，政府要对中水市场有效监管。否则，一旦中水被用于非法领域，最终会导致消费者对中水丧失信心，破坏中水市场的秩序，不利于中水产业的发展。

合理确定项目参与方式。盘活现有中水回用工程国有资产，选择一批工程通过股权出让、托管运营、整合改制等方式，吸引社会资本参与，筹得的资金用于新工程建设。对新建项目，要建立健全政府和社会资本合作 PPP 机制，鼓励社会资本以特许经营、参股控股等多种形式参与中水回用工程建设运营。

规范项目建设程序。中水回用工程按照国家基本建设程序组织建设。要及时向社会发布鼓励社会资本参与的项目公告和项目信息，按照公开、公平、公正的原则通过招标等方式择优选择投资方，确定投资经营主体，由其组织编制前期工作文件，报有关部门审查审批后实施。实行核准制的项目，按程序编制核准项目申请报告；实行审批制的项目，按程序编制审批项目建议书、可行性研究报告、初步设计，根据需要可适当合并简化审批环节。

签订投资运营协议。社会资本参与中水回用工程建设运营，县级以上人民政府或其授权的有关部门应与投资经营主体通过签订合同等形式，对工程建设运营中的资产产权关系、责权利关系、建设运营标准和监管要求、收入和回报、合同解除、违约处理、争议解决等内容予以明确。政府和投资者应对项目可能产生的政策风险、商业风险、环境风险、法律风险等进行充分论证，完善合同设计，健全纠纷解决和风险防范机制。

落实投资经营主体责任，完善法人治理结构。中水回用项目投资经营主体应依法完善企业法人治理结构，健全和规范企业运行管理、产品和服务质量控制、财务、用工等管理制度，不断提高企业经营管理和服务水平。改革完善项目国有资产管理和授权经营体制，以管资本为主加强国有资产监管，保障国有资产公益性、战略性功能的实现。认真履行投资经营权利义务。项目投资经营主体应严格执行基本建设程序，落实项目法人责任制、招标投标制、建设监理制和合同管理制，对项目的质量、安全、进度和投资管理负总责。以通过招标方式选定的特许经营项目投资人依法能够自行建设、生产或者提供的，可以不进行招标。要建立健全质量安全管理体系和工程维修养护机制，按照协议约定的期限、数量、质量和标准提供产品或服务，依法承担防洪、抗旱、水资源节约保护等责任和义务，服从国家防汛抗旱、水资源统一调度。要严格执行工程建设运行管理的有关规章制度、技术标准，加强日常检查检修和维修养护，保障工程功能发挥和安全运行。

加强政府服务和监管，加强信息公开。及时向社会公开发布水利规划、行业政策、技术标准、建设项目等信息，保障社会资本投资主体及时享有相关信息。加快项目审核审批。深化行政审批制度改革，建立健全重大水利项目审批协调机制，优化审核审批流程，创新审核审批方式，开辟绿色通道，加快审核审批进度。强化实施监管。依法加强对工程建设运营及相关活动的监督管理，维护公平竞争秩序，建立健全水利建设市场信用体系，强化质量、安全监督，依法开展检查、验收和责任追究，确保工程质量、安全和公益性效益的发挥。依法加强投资、规划、用地、环保等监管。落实应急预案。政府有关部门应加强对项目投资经营主体应对自然灾害等突发事件的指导，监督投资经营主体完善和落实各类应急预案。完善退出机制。政府有关部门应建立健全社会资本退出机制，在严格清产核资、落实项目资产处理和建设与运行后续方案的情况下，允许社会资本退出，妥善做好项目移交接管，确保中水回用工程的顺利实施和持续安全运行，维护社会资本的合法权益，保证公共利益不受侵害。加强风险管理。各级财政部门要做好财政承受能力论证，根据本地区财力状况、债务负担水平等合理确定财政补贴、政府付费等财政支出规模，中水回用项目全生命周期内的财政支出总额应控制在本级政府财政支出的一定比例内，减少政府不必要的财政负担。各省级发展改革委要将符合条件的水利项目纳入 PPP 项目库，及时跟踪调度、梳理汇总项目实施进展，并按月报送情况。各省级财政部门要建立 PPP 项目名录管理制度和财政补贴支出统计监测制度，对不符合条件的项目，各级财政部门不得纳入名录，不得安排各类形式的财政补贴等财政支出。

做好组织实施，加强组织领导。各地要结合本地区实际情况，制定鼓励和引导社会资本参与中水回用工程建设运营的具体实施办法和配套政策措施。开展试点示范。选择一批项目作为国家层面联系的试点，加强跟踪指导，及时总结经验，推动完善相关政策，发挥示范带动作用，争取尽快探索形成可复制、可推广的经验。搞好宣传引导。大力宣传吸引社会资本参与中水回用工程建设的政策、方案和措施，宣传社会资本在促进水利发展，特别是在中水回用工程建设运营方面的积极作用，让社会资本了解参与方式、运营方式、盈利模式、投资回报等相关政策，稳定市场预期，为社会资本参与工程建设运营营造良好社会环境和舆论氛围。

9.5　中水回用运营

9.5.1　中水回用运营要求

1. 优化运营前期事宜

中水回用运营之前，要回头看。反思、检查前期的规划、设计、建设，仔细研究，找出需要改进之处，并逐一优化。

2. 厘清运营环境

对中水项目的进水水源、水质、水量波动等情况，摸清动态，了解分析。对中水项目的出水水质、水量等情况，清晰掌握。对使用中水的客户访谈、分析，明确其需求和想法，以及好的建议，实时改进。

3. 中水厂（站）内运营

工艺。弄清中水处理工艺的特点、原理以及对进水处理的适应性，节能降耗，寻求最优运营方式，生产出合格的中水产品。建立规范、完善的管理体系和管理机构。实行岗位责任制，各岗位应配备专职人员并明确职责。加强中水水质和污泥管理。水处理构筑物堰口、池壁应保持清洁、完好。各岗位的操作人员应按时做好运行记录，数据应准确无误。操作人员发现运行不正常时，应及时处理或上报主管部门。

设备。按工艺段梳理各个设备，检查设备完好程度，校核设备性能，对设备进行全生命周期管理。建立完善的运行维护技术文件、操作规程。各种机械设备应保持清洁，无漏水、漏气等。根据不同机电设备要求，应定时检查，添加或更换润滑油。

加强中水设施现场管理。周围环境要整洁有序，具备良好的通风、排水条件，应配置、安装必要的消毒设施，设置专门的消毒剂存放场所，专职管理人员需定期检查电力设施运行情况，对中水设施内各配（变）电室等用电重要部位进行深入细致的检查，确保设施用电安全。

安全。配有安全生产及突发事故应急处置预案，并有防止措施和相应设施设备。

消防安全管理。重点检查中水单位消防安全责任制落实，日常防火检查巡查，建筑消防设备设施和安全出口，检查疏散通道达标、紧急情况自救和报警求救等方面教育培训情况。

危险化学品使用。中水单位重点检查危险化学品的储存、运输、使用、废弃等各个环节隐患，排查治理情况；重点区域危险工艺（中水站消毒设施的运行）、危险产品和重大危险源的监测监控情况；安全巡查、值班值守制度的落实情况；涉及易燃易爆、有毒有害危险化学品场所的检测报警及防火、防爆、防雷、防静电、防中毒设施的安全可靠情况。

职业卫生健康。强化中水单位工作场所职业卫生健康管理，建立职业卫生责任制。中水站相关专职管理人员须持有健康证，方能进入泵房设备间内进行操作。对没有按规定组织专职管理人员进行职业健康检查等违法违规行为，依法对其下令整改，从而推进职业卫生健康规范化建设。

严格清洗消毒管理。严格按照相关法律、法规的要求进行水质监测，近期未对储水池（箱）进行清洗和消毒的单位应立即对其进行清洗消毒，清洗消毒业务应由所在市城市节水办备案的清洗消毒单位承担，清洗消毒后水质要符合国家要求；清洗消毒所使用的清洁用具、清洗剂、除垢剂、消毒剂等必须符合国家有关规定和标准。

发现安全隐患和事故，立即启动应急预案并及时向主管部门报告。

4. 建筑中水运营

运行方面，建筑中水设施设计能力利用效率普遍不高，不少中水设施投产不久后便处于停运状态。究其原因，一是处理能力利用不足，大马拉小车，使得运行成本高；二是缺少专业的运行管理人员；三是设备频繁出现故障，设备维修成本增加。

建筑中水处理环节的监管也同样面临问题。小区中水通常采用生物处理技术，需经过收集—沉淀—消毒—过滤等环节后方能再使用。但小区的物业良莠不齐，中水质量也难以保证。中水的处理环节必须严格要求，否则中水浑浊、有异味不说，更会造成病菌的交叉传染，存在一定风险。即使是在中水使用方面情况较好的小区，仍有居民反映中水里不时会有少量类似泥沙的沉淀物，或是出差几天回来后中水有异味等情况。

城市节水管理部门应当加强对投入使用的中水设施的监督、检查。发现停用或中水水质达不到规定标准的，应当责令其管理单位限期达到水质标准，逾期未达到的，应依照城市供水、节约用水的有关规定予以处罚，并适量核减用水指标，直至符合要求。

中水输送要遵循就近原则，可以大量节约管道铺设成本。提起中水，无论是负责建设管道和中水设备的建筑开发商，还是负责日常运营维护的物业公司，很多都是谈中水色变。难而未建、建而未用、用而亏损的现象屡见不鲜。

由于监管不严，很多小区的中水设备成了摆设，中水设施建设质量差，运营成本高，中水建设方为房产公司，房产公司为节约成本投入不够。价格倒挂，制水成本高，小区入住率低，中水水源来源不多，而中水需求量高。即使是按规定建成验收的小区，也常常会因为成本高、回用水量不够等原因在中水里添加自来水，或者干脆就将设备弃而不用。大量中水设备闲置、中水管道作废，造成了严重的资源浪费。中水水表坏掉是一件很麻烦的事，一旦中水水表损坏，只能寄回到专门的中水水表公司进行处理。有的小区停掉中水的原因：一是中水冲厕臭味大；二是因为中水设施不停地坏，又不停地修，一旦中水停掉，居民就不得不端盆接水冲厕所，特别麻烦；三是维修中水管道等设施需要投入大量人力和物力。中水的成本高，需要专门的管理维护人员，需要电力，再加上用于净化水质的滤网和消毒剂，入不敷出。中水运营缺乏专业人员，一般都是由物业公司人员管理，同时，居民对中水的认识和重视程度也需要进一步提高。

中水回用是个大方向，重要的一点就是解决价格倒挂的问题。小区设计、建设审批时，就严格按中水设施建设的标准要求落实，后期运营，出现水质差的情况就会减少。节水部门要更多参与对小区节水设施建设的验收及后期监管。物业公司要提高对中水设施的运营和管理，加强专业化管理。对中水运营企业，补贴政策落实到位，根据实际，适时调整中水价格。

9.5.2　中水回用运营监管

加强中水回用的监督管理，明确政府监管部门和监管职责，确保各项政策能真正落实到位，才能使中水真正"中用"。将中水回用纳入法制化管理轨道，出台强制性政策法规节水。关闭有条件使用中水而不使用中水的企业自备井，规划设计雨水、中水回用方案。

在基建项目审批上，能够使用中水的要求必须使用中水。对建筑面积 2 万 m² 以上的新建项目，建设主管部门审批把关，配套建设中水、雨水收集利用系统。景观、绿化用水必须优先采用中水。

从管理体制上，要加强立法工作，创建中水回用的法治环境，推动投资以及运营体制向多元化和企业化转变，要对中水明确定价，保证合理的投资回报和运营收益，建立中水交易制度，扩大中水的使用范围；从规划和设计上，要将中水回用纳入城市水资源综合规划，要求新建中水工程必须与主体工程同时设计，要重视水量平衡，提高中水设施的利用率，要规范中水处理技术，推广高效、可靠、经济、适用工艺，防止中水处理站自身的二次污染问题；在运营监管上，要建立和完善对中水回用设施的运营监管政策，设立具有健全职能的监管机构，开展中水回用的风险评估，使中水水质标准更具科学性和可操作性；在公众参与上，要加大中水回用的宣传力度，提高公众认知和接受水平，尊重公众知情权，消除公众使用顾虑，发展中介组织，做好社会监督。

由于污水集中处理通常较分散处理成本低、回用用途广、易管理、水质易控制，所以城市中水系统、小区中水系统和建筑物中水系统，大、中、小系统宜合理搭配，以防止建成的设施闲置或设备运行能力不足。建议小区中水系统和小区发展规划应统一规划、合理布局。

中水回用的效益主要体现在能够有效地节约水资源，除具有巨大的经济效益之外，还具有良好的社会效益、环境效益和综合效益。将中水回用设施的建设从整个社会的角度进行全面的分析，将其效益按投入产出关系转化成现值，将经济效益和社会效益综合起来考虑，这样能够从经济角度具体产值上得到更加深刻的认识。中水回用，节省了自来水引水、净水的边际费用，增加国家财政收入，减少环境污染，从而减少社会损失，节省排水设施建设、运行费用。

9.5.3 中水回用方向

我国中水回用存在着不少的问题。首先，中水回用的应用范围不够广泛，仅限于部分缺水严重的城市，且大多数中水工程是由政府强制建设。其次，在一些已经开展中水回用的地区，中水回用工程运营状况不佳。很多居民小区的中水回用工程闲置多年，造成严重的投资浪费。造成这种状况的原因复杂，既有技术上的问题，也有经济、制度上的问题。缺水严重的地区，政府、企业和公众已经有了中水回用的意识。在水资源丰富、水价相对较低的南方地区，人们的中水回用的意识还十分淡薄，习惯上也不太愿意接受。

我国地域辽阔，各地自然资源和经济条件不一样，要因地制宜地选择中水回用方案，先选择水质要求低的再生水使用途径，尽量缩短输水距离，降低再生水利用成本。积极开发适应当地条件、经济合理、技术可行的工艺。污水处理厂的建设，要确定合理的规划布局、规模和工艺，既要满足区域水污染控制要求与排放标准，同时与城市污水再生利用需求与水质要求密切协同，做到技术、经济可行，两者相互促进发展。

在确定城市用水策略时，首先应该立足于本地水源，最大限度地实现水的再生与循环利用，提高城市综合用水效率，借此增加可用水量，满足城市的用水需求。在制定城市水资源发展规划时，明确污水再生利用是城市水资源综合管理的重要组成部分，再生水设施建设是供水能力建设的有机组成。

努力实现水的四个循环：一是建筑中水回用；二是小区范围污水的再生利用；三是城镇污水的再生利用；四是区域水的循环利用。通过这四个循环，实现社会经济发展对外界水的最少依赖和对自然生态的最少干扰。中水回用，对节约用水、环保、节省小区业主开支费用等都有积极意义。

中水回用需求与海绵城市雨水收集的整体思路相吻合，且海绵城市概念得到国家最高决策层的肯定，未来中水借此契机或将打开水务投资新方向。解决成本倒挂可以提升自来水价格，也可通过转移支付方式降低中水处理成本，由于目前水务公司整体盈利较好，短期提升水价概率较低，通过转移支付方式是较为容易的解决方案。

加大宣传力度，正确认识中水，自觉节约水资源。健全法律法规，中水回用，统一管理，符合标准，有法可依，有章可循。适当提高中水价格，收取排污费用，引导人们利用中水，使水资源得到可持续利用。鼓励社会资本采取 PPP 等模式参与中水回用项目的建设与运营。对中水回用项目给予财政支持，减免税收等。创新中水回用技术，开发新设备、新工艺。加强培训，培养专业人才。理顺中水管理的体制、机制，使中水设施长期、稳定、高效达标运行。

有的专家认为，必须提高水价，让自来水价格和中水价格拉开档次，为中水的推广提供空间。同时，有的专家建议适当提高中水的售价，让投资中水能真正收获经济效益，实现中水回用由"行业"向"产业"的转变。政府也应当提供支持，因为中水回用需要大量的管网作为基础，但是管网建设工程不仅需要大量资本，更牵涉城市建设的很多方面，非政府部门不可能完成这项任务，因此只能由政府来投资建设。政府掌握更多的城市建设信息，从而能够根据具体情况统一规划、合理安排管网建设。也有专家建议，制定城市污水处理回用产业发展政策，积极推行污水处理回用管网设施建设"以奖代补"政策，探索建立特许经营制度和财政补贴机制，建立合理的中水定价机制，保持中水价格与自来水价格合理的价差结构，突出中水价格优势，提高中水企业生产中水、用户使用中水的积极性。在政策法规体系建设上，尽快拟订"中水价格管理办法"等规范性文件，逐步建立起以"城市污水处理回用条例"为核心的政策法规体系，将城市污水处理回用工作纳入法制化、规范化轨道。

9.6　U1 污水处理厂中水回用示例

W 污水处理公司获得 U1 污水处理厂托管运营权后，积极与位于该厂附近的 H 电厂协调，而这家电厂的母公司也正是 W 污水处理公司的战略合作伙伴，以此拓展中水回用领域项目，实现强强联合，资源循环利用。

9.6.1　中水回用项目概况

根据 H 电厂的循环冷却水需求，准备新建一个 5 万 m^3/d 的中水回用厂，厂址选择在 U1 污水处理厂和 H 电厂之间，采取 BOT 方式，投资方是 H 电厂，建成后委托 W 污水处理公司运营。

由于中水回用，污水将转化成宝贵的资源，优点如下：

（1）提高非饮用水供应的水质及水量。

（2）常规成本低于深层地下水、自来水及海水淡化。

（3）能更好地控制管理水资源。

（4）节约了可用于饮用目的的自来水。

（5）H 电厂节约了生产成本。

（6）减少了向环境的污染物排放。

9.6.2 传统工艺与 MBR 工艺比较

传统污水深度处理工艺优点：

（1）工艺成熟，出水可达标，具有一定的耐冲击负荷能力。

（2）工程投资和运行成本相对较低。

传统污水深度处理工艺缺点：

（1）构筑物和机械设备多，工艺流程复杂，运行管理难度高，设备维护量大。

（2）占地面积大，土建工程量大，建设周期长。

（3）滤池需反冲洗，产生二次污染。

（4）内回流量不易控制，可控性不强，运行调节不灵活。

（5）需二次提升，增加运行费用。

（6）深度处理产生化学污泥，剩余污泥量多。

MBR 工艺优点：

（1）工艺技术先进，处理效果可靠，出水水质优于设计要求，在脱氮除磷和生物降解功能上具有突出优势，且耐冲击负荷能力极强。

（2）工艺流程简单，构筑物少，布置紧凑，较大程度地节省占地，节省投资。

（3）剩余污泥产量低，污泥处理费用可大大降低。

（4）模块化设计，设备集中布置，自动化程度高，易于安装、维护和改扩建。

（5）优质的出水可为再生水利用提供稳定的水源，为水环境的不断改善提供有力保证。

MBR 工艺缺点：

（1）一次性工程投资较大，能耗和运行费用偏高。

（2）运行过程中需要加强对系统的维护，控制膜污染。

综上所述，两个工艺方案在技术及经济各方面的综合比较，传统污水深度处理工艺和 MBR 工艺都存在着各自的优缺点，下面再从稳妥、可靠、经济合理和技术先进等方面对这两种工艺进行论证。

1. 稳妥可靠方面

目前，出水水质稳定达到国家一级 A 标准的传统污水深度处理工艺实例在全国虽然有一些，但采用 MBR 工艺出水达到国家一级 A 标准甚至部分指标优于一级 A 标准的实例较多，如正在运行的密云再生水厂（$Q=4.5$ 万 m^3/d）、怀柔再生水厂（$Q=3.5$ 万 m^3/d）、平谷再生水厂（$Q=4$ 万 m^3/d）、温榆河一期工程（$Q=10$ 万 m^3/d）出水指标甚至达到地表水 III 类。而且太湖流域治理工程中污水处理工艺大部分污水处理厂采用了 MBR 工艺，从目前 MBR 工艺运行状况来看，出水水质和运行情况都非常稳定。在出水水质、稳定性和抗冲击方面，MBR 工艺比传统污水深度处理工艺都要好。

2. 占地

MBR 工艺比传统污水深度处理工艺节约占地 1/3 左右。例如，有个项目，如用传统污水深度处理工艺需占地 5.26hm² （79 亩），而 MBR 工艺占地 3.46hm² （52 亩），可节约占地 1.8hm² （27 亩）。

3. 经济合理性

传统污水深度处理工艺在投资和运行费用方面略优于 MBR 工艺。

目前，膜组器费用较高，膜丝寿命不是很长（设计 5 年），使得 MBR 工艺生产成本较高，比传统污水深度处理工艺每吨水高出 0.13 元。随着制造技术的发展，MBR 工艺核心产品膜组器价格，会进一步下降（已由 2000 年的 8000 元/m³ 水降到目前的 700 元/m³ 水左右），膜丝寿命也会增加，以后膜更换费用也会大大降低。

4. 技术先进性

（1）MBR 工艺

MBR 工艺是一种将膜分离技术与传统污水生物处理工艺有机结合的新型高效污水处理与回用工艺，近年来在国际水处理技术领域日益得到广泛关注，被学术界推为 21 世纪的"终极"水处理技术。同时，在国内高水质水处理工程中也得到了较大的推广和应用。

（2）传统污水深度处理工艺

传统污水深度处理工艺技术比较成熟，但难以进一步去除氮磷等污染物，滤料容易堵塞，出水水质不易稳定达标是其致命的缺陷，该缺陷使得在全国建设的大型污水处理厂采用传统污水深度处理工艺的工程实例不多（出水水质要求达到国家一级 A 标准）。

5. 主要技术指标比较

（1）稳定性

MBR 工艺稳定性主要体现在：

1）系统故障概率低，排除难度小。

2）系统受挫（如停电、意外）恢复的速度快，难度小。

3）出水水质达标率 100%。

传统污水深度处理工艺不太稳定体现在：

1）系统故障概率高。

2）滤料布水、布气系统易堵塞，恢复难度大，速度慢。

3）出水水质达标率在 70%～80% 左右。

（2）出水水质

经验显示 MBR 工艺所有出水水质指标在任何时段都 100% 可达标，大部分出水指标超过设计指标，如 BOD_5、SS 和色度等，还可作为反渗透预处理工艺。

传统污水深度处理工艺出水水质指标不能保证在任何时段（尤其冬季）100% 达标，尤其在色度和 SS 出水水质指标上和 MBR 工艺相差较大。

（3）抗冲击负荷

MBR 工艺由于有高浓度的活性污泥和过滤精度为 $0.1\mu m$ 的膜片，对来水水质适应能力强，一般能达到设计水质的 1.5 倍。

传统污水深度处理工艺由于采用的是过滤法，当来水水质变化大时，滤料容易堵塞，布水、布气也很难均匀，一般抗冲击负荷最多达到设计水质的 1.2 倍。

（4）运行管理

MBR 工艺运行管理方便，体现在：人数少；一般的技术人员管理即可（复杂的日常管理转化为仪表数据如浊度、负压等）。

传统污水深度处理工艺运行管理较复杂，体现在：人数较多；流程长，需要经验丰富的专业人员管理。

综上所述，可以看出 MBR 工艺在稳妥可靠、占地、技术先进方面，比传统污水深度处理工艺在技术指标上要经济；合理性上传统污水深度处理工艺略优于 MBR 工艺。

从来水水质的稳定性、用地条件、运行管理、污泥产量和实际工程案例等因素考虑，本工程拟采用 MBR 工艺方案。

9.6.3 成本核算

MBR 工艺运行费用分析，按现行的财会制度，采用制造成本法估算总成本费用。总成本费用包括能源及材料消耗费、人员工资及福利费、维护维修费、折旧费、管理费用及其他费用。

1. 能源消耗费

由各个用电设备实际耗电组成，再生水厂正常运行年耗电量为 938.05 万 kWh，吨水耗电量为 0.514kWh，电价按大工业用电电价 0.6 元/kWh 计算，年耗电费用为 565.75 万元，吨水耗电费用为 0.31 元。

2. 设备维修费

维护维修费包括年大修基金提取及日常检修维护费，按工程直接费（扣除膜片费用，膜片维护费在药剂清洗费用中体现）的 1.5% 计，年运行费用为 255.5 万元，吨水维修费用为 0.14 元。

3. 药剂费

（1）化学除磷药剂为铝盐，投加药剂为 8% 液态碱式氯化铝，密度 1.2t/m³（20℃盐基度 67%），去除 1.0mg 磷，每天共需投药 1.5t，价格为 2000 元/t，年运行费用为 109.5 万元，吨水加铝盐费用为 0.06 元。

（2）膜清洗药剂为次氯酸钠和柠檬酸溶液，年用量 11% 次氯酸钠溶液 146t，价格为 2500 元/t，年总价 36.5 万元；年用量 11% 柠檬酸溶液 26.1t，价格为 7000 元/t，年总价为 18.27 万元；年运行费用共为 54.77 万元，吨水加清洗药剂费为 0.03 元。

（3）污泥加药为 PAM，每天干污泥量 8154kgDS/d，絮凝剂投加量为 0.005kg/kgDS，日投加量为 40.77kg，价格为 25000 元/t，年运行费用为 37.2 万元，吨水加 PAM 费用为 0.02 元。

年运行总费用为 200.75 万元，吨水药剂费合计为 0.11 元。

4. 人工与管理费

U1 污水处理厂设四班三运转制，劳动定员 30 人，工资及福利待遇为 3.65 万元/（年·人），年工资费用为 109.5 万元，吨水人工费用为 0.06 元。

管理费与人员工资同，吨水管理费用为 0.06 元。

5. 污泥处置费

本工程日污泥产量为 81.54m³，采用干化处理污泥费用为 49.06 元/t，年运行费用为

146 万元，折合后吨水费用为 0.08 元。

9.6.4 固定资产折旧费

由两部分组成：建（构）筑物按 50 年等值折旧，除膜外设备按 20 年等值折旧，膜片按 5 年折旧（厂家合同承诺）。

建（构）筑物（投资为 3070 万元），吨水建（构）筑物折旧费用为 0.03 元；设备（膜组器投资为 3080 万元，但其中 30% 的为不锈钢支架、产水管和曝气管，不应计算在折旧费类，故膜片费为 2156 万元），吨水设备折旧费用为 0.24 元（膜片寿命按 5 年计算）。

年折旧费为 492.75 万元，吨水总折旧费用为 0.27 元。

成本估算，见表 9-9 所列。

成本估算表　　　　表 9-9

序号	项　目	年费用（万元）	吨水运行费用（元/m³）
1	电费	565.75	0.31
2	维修费	255.5	0.14
3	药剂费	200.75	0.11
4	人工费	109.5	0.06
5	管理费	109.5	0.06
6	污泥处置费	146	0.08
7	经营成本	1551.25	0.76
8	折旧费	492.75	0.27
9	总成本	2153.5	1.03

9.6.5 项目意义

同期，该市的自来水价格为 3.78 元/m³。以前，H 电厂的冷却循环水采用的是自来水，现在使用深度处理后的中水，只需付给托管运营的 W 污水处理公司 0.58 元/m³ 费用即可。项目的实际意义如下：

（1）水资源进一步回收利用，节能减排效果明显。

（2）H 电厂利用小投资，解决了循环水利用问题，降低了成本。

（3）W 污水处理公司拓展了市场，增加了效益，发挥了自身的管理和技术优势。

（4）节约了宝贵的水资源。

第10章 污水处理厂托管运营实施效果评估

加强运营监管，采取定期与不定期、专项检查和综合检查相结合的方法，对污水处理厂的处理设施运行状况、中控系统数据、在线监控数据进行现场查看，对特许经营协议规定内容的落实情况实施监督检查；进行水质监测，委托有计量认证资质的检测单位对污水处理厂的进出水水质、水量和污泥进行定期检测；开展定期评估与目标考评，组织专家定期对实行特许经营的污水处理厂的运营情况进行评估，每年对未实行特许经营的污水处理厂的运营情况进行目标考评；年度实行绩效考核，督促污水处理厂建立应急机制，加大污泥处置工作监管力度，建立完善污水处理运营经费核拨制度。

10.1 维修效果评价

受托方在接手污水处理厂的运营以后，要针对该厂设备维修现状，编制设备资产管理方案，从设备的维护、小修到大修重置，提出一套维修方法。通过合理的维护维修，取得良好的效果，保证托管运营合同的顺利进行。同时，对遇到的一些问题加以阐明，提醒管理者重视和改进。

10.1.1 维修问题

托管运营前，污水处理厂的设备维修工作，有的是联系设备厂家来做，小修由厂内员工来做，效率低下，效果不好。有些设备屡修屡坏，屡坏屡修，生产受到严重影响。维修存在的问题主要有：

1. 因关键设备维修不及时，而导致的出水不达标现象时有发生。
2. 因维修问题导致生产成本大幅增加。
3. 没有自己的专业维修队伍，过分依赖设备供应商，工作被动，疲于应付。
4. 维修费用采取财政拨款，不能及时到位，欠账很多，严重影响维修效率。
5. 管理体制没有理顺，维修员工责任心不强等。

10.1.2 实际维护维修

受托方在托管运营后，对所有设备需要进行一次维护保养，并对一些有问题的设备进行维修。

（1）对电气设备进行除尘保养，并检查接线箱及接线端子情况，消除电气设备跳闸隐患。对变配电间进行通风降温改造，停用原先24h连续运行的高耗电空调，既保证了安全又节约了能耗。

（2）对进水泵进行维护，更换轴套、改造自来水冲洗管路。

（3）逐一维护推进器等水下设备，检查绝缘及运行情况。

（4）对脱水机房一台进泥泵进行了大修改造。螺旋输送机没有备用，如果发生故障，由于没有缓冲池，污泥将无法从水处理部分排出，必然影响出水水质，经沟通协调，增加一台备用。

（5）由于鼓风机设计能力过大，这将导致其长时间处于停机状态。制定一个轮换计划，以避免长期不用，损害性能。

（6）对行车等特种设备进行安全检测，对高杆灯进行防雷检测，确保安全。

例如，见表 10-1 所列，委托后对回流污泥泵维护维修示例，其中仅产生了维护保养费用，无损坏维修费用。

回流污泥泵维护维修示例　　　　　　　　　　表 10-1

类别	设备参数	安装时间	正常运行（h）	维护保养（次）	维护费用（元）	维修次数（次）	维修费用（元）	维修原因	大修更换
回流污泥泵	流量 2250m³/h，扬程 7m，功率 60kW	2007 年 5 月 15 日	8860	12	33	无	无	无	否

10.1.3　维修效果评价

维修效果评价，主要从以下几个方面阐明：

（1）设备完好率。

（2）故障排除率。

（3）维修及时率。

（4）维修费用。

（5）水质达标率。

某污水处理厂托管运营前后维修效果比较，见表 10-2 所列。

某污水处理厂托管运营前后维修效果比较　　　　　　　　　　表 10-2

类别	设备完好率（%）	故障排除率（%）	维修及时率（%）	维修成本降低率（%）	仅因改善维修提高水质达标率（%）	水质达标率（%）
托管运营前	97.9	98.8	97.5	—	—	98.9
托管运营后	99.9	100	99.9	13.6	0.5	100
预期标准	99.9	100	99.9	10	0.3	100

设备维护维修是一个连贯性的工作，要对相关数据实时更新，仔细研究分析，找出规律，给生产运营管理提供有力支持。

受托方托管运营污水处理厂，执行以上维修路线，效果良好，经济和社会效益显著。当然，管理人员还需要不断根据其实际运行规律，对方案进行修订和完善，以期取得更好的绩效。

实践中，有些问题，需要管理者重视和改进：

（1）吸纳托管运营前污水处理厂维修人员，缩短磨合期，针对其技术弱项，补充力量，迅速打造一支高效率的维修队伍。

（2）加强培训，提高维修人员技能。

（3）审慎界定与委托方约定的大修费用额度，以免扯皮。

（4）设备大修前要积极与环保局、排水管理办公室沟通汇报，并通过媒体公告。

（5）通过托管运营后维修实践，分析该项目托管运营前尽职调查中考虑不周到的事项，总结经验，为下一个新项目提供借鉴，少走弯路。

10.2 节能降耗主要评价内容

节能降耗主要评价内容如下：

10.2.1 曝气系统

检查曝气量控制，是否由人工调节曝气管阀门开启度改为智能自动控制，使系统连续检测曝气量，及时感知压力的细微变化，适时自动调整，使曝气自动化、精确化。

检查提高曝气池内氧的利用率方法，主要有两种，即：减小气泡体积，增大比表面积；增加气泡在水中的停留时间。一般多采用第一种方法。

10.2.2 污水提升泵

检查校核污水提升泵，是否在高效率下工作；是否根据地形情况进行调整，充分利用流入管和集水井的水位达到最高时再开启水泵，减小污水提升高度，降低水泵的轴功率；是否对水泵进行良好的维护与保养，减少摩擦，降低电耗。

10.2.3 良好的设备维护

检查是否定期维护，消除阀门、管线、水泵内的结垢，保证管线无渗漏；是否保持皮带、齿轮、轴承和过滤器清洁；是否防振和隔热。

10.3 满意度调查

受托方在托管运营前，需要委托第三方机构对污水处理厂的污水处理情况进行一次匿名满意度调查。托管运营后，再做第二次满意度调查。见表10-3所列。

某污水处理厂客户满意度调查 表10-3

类别	水量收集率（%）	水质达标排放率（%）	对周边环境影响	污泥处置	政府认可	公众认可	员工认同
托管运营前一年调查	99.2	97.3	经常发生	不太好，单一焚烧	一般	一般	较好
托管运营后第一年调查	99.8	99.5	小	较好，焚烧和开始堆肥	较好	较好	较好
托管运营后第二年调查	100	100	小	良好，焚烧和堆肥利用收益	良好	良好	良好

其中，公众对水质达标排放率的统计数据明显优于实际环境监测的数据敏锐，也就是

说，公众通过感官能反映水质处理向好的趋势，但具体的数字上存在少许偏差，这也符合实际。

10.4　成本比较研究

10.4.1　指标对比

通过方案优化和一系列改进措施，检查托管运营后较之托管运营前各项指标是否有很大的改善，成本下降趋势如何。见表 10-4、表 10-5 所列。

某污水处理厂托管运营前后成本比较　　　　　　　　　　表 10-4

类别	托管运营前 1 年	托管运营后第 1 年	托管运营后第 2 年
处理水量（万 m³）	7898	7939	8036
水处理成本（元/m³）	0.39	0.35	0.29

某污水处理厂托管运营前后部分指标比较　　　　　　　表 10-5

类别	托管运营前 1 年	托管运营后第 1 年	托管运营后第 2 年
出水合格率（%）	97.1	98.9	99.8
设备完好率（%）	95.8	99.2	99.6
维修及时率（%）	96.3	99.5	100
政府、公众满意度（%）	93.5	98.6	99.7

10.4.2　敏感性分析

敏感性分析是投资项目的经济评价中常用的一种研究不确定性的方法。它在确定性分析的基础上，进一步分析不确定性因素对投资项目的最终经济效果指标的影响及影响程度，其实质是通过逐一改变相关变量数值的方法来解释关键指标受这些因素变动影响大小的规律。若某参数的小幅度变化能导致经济效果指标的较大变化，则称此参数为敏感性因素，反之则称其为非敏感性因素。进行利润敏感性分析的主要目的是计算有关因素的利润灵敏度指标，揭示利润与有关因素之间的相对关系，并利用灵敏度指标进行利润预测。

对某污水处理厂水价以及维修率等因素进行利润敏感性分析，主要目的是解决以下问题：

（1）确定影响项目经济效益的敏感因素。寻找出影响最大、最敏感的主要变量因素，进一步分析、预测或估算其影响程度，找出产生不确定性的根源，采取相应有效措施。

（2）计算主要变量因素的变化引起项目经济效益评价指标变动的范围，使决策者全面了解建设项目投资方案可能出现的经济效益变动情况，以减少和避免不利因素的影响，改善和提高项目的投资效果。

（3）通过各种方案敏感度大小的对比，区别敏感度大或敏感度小的方案，选择敏感度小的，即风险小的项目作投资方案。

（4）通过可能出现的最有利与最不利的经济效益变动范围的分析，为投资决策者预测可能出现的风险程度，并对原方案采取某些控制措施或寻找可替代方案，为最后确定可行的投资方案提供可靠的决策依据。

维修及时率和水价对应利润数据，见表 10-6 所列。

某污水处理厂维修及时率和水价对应利润数据表　　　表 10-6

维修及时率(%)	利润(万元)	水价(元/m³)	利润(万元)
100	158.43	0.53	378.56
99.7	118.84	0.48	253.93
99.3	70.21	0.43	107.28
99.1	48	0.38	0
98.6	−10.79	0.37	−25.27
97.5	−115.63	0.35	−77.51

由此可见，在利润临界点所对应的水价和维修率分别是 0.38 元/m³ 和 98.6%。

维修及时率和水价对利润的影响，如图 10-1、图 10-2 所示。

根据某污水处理厂托管运营的情况，委托前，维修及时率很低，一方面影响利润，另一方面，严重影响到生产的正常进行，甚至会出现出水水质不达标情况。而托管运营后，受托方通过系统的资产管理方案和维修措施，从维修员工培训、维修管理架构设置、总部的技术支持等方面进行改造，有力地保障了维修及时率的大幅度提高，利润增加明显。

对于水价，托管运营前，实行财政拨款，有很多环节不是很透明，并不能有效反映生产成本。托管运营后，受托方采取财务预算控制、技术改造以及先进的管理措施，使成本大幅下降，获取了合理的利润。

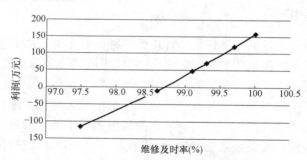

图 10-1　某污水处理厂维修及时率对利润的影响

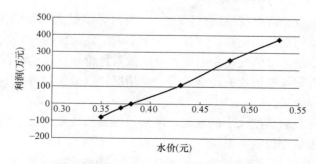

图 10-2　某污水处理厂水价对利润的影响

10.5　托管运营后技术评估

　　某污水处理厂通过托管运营以后，综合效益显著，在经济、减排、能耗、环境、政府行政效率提高等方面，发挥了重大作用。托管运营 1 年后，该市政府组织有关专家就该项目实施情况，进行了初步评估，托管运营后较之托管运营前：

　　（1）技术水平显著提高。

　　（2）社会经济效益总量增加了 28％。

　　（3）减排成绩增加了 32％。

　　（4）环境优美率提升了 9％。

　　（5）政府监管和行政效率提高了 13％。

第 11 章 协同海绵城市项目与黑臭水体项目

污水处理厂托管运营项目落地后，可密切关注当地的海绵城市项目和黑臭水体治理项目，找准契机，可产生协同效应。

11.1 海绵城市项目

11.1.1 概述

1. 定义

海绵城市，是新一代城市雨洪管理概念，是指城市在适应环境变化和应对雨水带来的自然灾害等方面具有良好的弹性，也可称之为"水弹性城市"。国际通用术语为低影响开发雨水系统构建。下雨时吸水、蓄水、渗水、净水，需要时将蓄存的水释放并加以利用，提升城市生态系统功能和减少城市洪涝灾害的发生。

海绵城市，就是运用低影响开发理念，改变城市建设传统的以大管道、快排为主的雨水处理方式，借助自然力量排水，源头分散、缓排慢释、就近收集、存蓄渗透、净化雨水，让城市如同生态海绵般舒畅地呼吸吐纳，实现雨水在城市中的自然迁移。贯彻"渗、滞、蓄、净、用、排"六大理念。渗，是通过透水植草沟、透水沥青、透水砖等铺装，使雨水渗透地下；滞，是通过雨水花园、生态滞留池、人工湿地等方式滞留雨水。蓄，是通过明湖蓄积雨水；净，是通过植草沟、旱溪、雨水湿地、瀑布等方式净化初期雨水；用，是把经过渗滤净化的雨水用来浇灌绿化；排，是把多余的雨水通过明湖溢流管道与市政排水管连通，给江河补充达标的雨水，实现一般排放和超标雨水排放的目的。

2. 国内外现状

改革开放以来，以经济增长为导向的城市发展，导致城市空间扩张急剧，城市建设思想是增长主义，强调展示性、纪念性，城市景观唯美设计，追求气派。修建纪念性和展示性的景观大道，超尺度、重展示而非实用的城市广场；河道硬化、渠化、大修防洪堤、高坝蓄水，各地争相修建第一高楼，欣赏人工的形式化景观，而非自然的、丰产的景观等。在急速城市化过程中，造成了大量的土地浪费、环境问题，同时形成现在中国千城一面的现象。城市管网设计建设标准低、维护差，城市被大量不透水表面覆盖，人类肆意活动造成极端气候增多，致使城市内涝频繁。驳岸生态破坏严重，截污不彻底，溢流雨水未经处理汇入，污染源未经处理排放，多重因素长期叠加作用导致水体黑臭。主要流域人为干扰严重，填塘平沟、截弯取直、天然水道屡遭破坏，河道硬质化，渠道暗涵化，明沟"三面光"，造成渗、蓄、净能力降低，造成水生动植物生存条件差，环境容量有限，环境承载力不足，生态系统脆弱。

海绵城市，资金需求量大，缺乏稳定收益回报。海绵城市相当于再建一个生态绿地系统，PPP 模式用在海绵城市，应怎么计算公共服务？这部分的服务怎么计算是一个难点，PPP 模式应用在海绵城市建设还有一定困难。打破政策、规范等瓶颈，建设六位一体（设计、设备、材料、施工、运营和模拟）行业创新工程，改变对雨水的传统处置思路，推广成功的工程技术经验。当前，雨水利用必须依靠政府。我国部分城市推行中水回用都遇到难题，雨水利用更加困难，经济性和绝对量等方面劣势明显。首先，从倡导分散式利用开始，以小区为单位，开展雨水收集试点；结合公共建筑，开展项目应用。与此同时，应重视规划的有效性和经济合理性。按照海绵城市"渗、滞、蓄、净、用、排"等原则实施空间规划，并注重部门之间的衔接和配合，如园林部门管绿地、环保部门管水质、城建部门管网线。要取得试点成效，必须依靠多家行政主管部门的协同、配合，锁定症结、完善标准和修订规范。当前，绝大多数城市，围绕雨水还是以排为核心出发点，主要是考虑城市安全，对于雨水综合利用，缺乏统一认知和实践工具支撑。因此，现阶段从基本面来看，针对雨水利用，建议通过海绵体的建设，将富余的雨水通过收集、渗透、输送，尝试开展应用，并最终返回到自然，补给地表（下）水。

20 世纪末开始，瑞士在全国大力推行雨水工程。这是一个花费小、成效高、实用性强的雨水利用计划。通常来说，城市中的建筑物都建有从房顶连接地下的雨水管道，雨水经过管道直通地下水道，然后排入江河湖泊。瑞士则以一家一户为单位，在原有的房屋墙上打个小洞，用水管将雨水引入室内的储水池，然后再用小水泵将收集到的雨水送往房屋各处。瑞士以花园之国著称，风沙不多，冒烟的工业几乎没有，因此雨水比较干净。各家在使用时，靠小水泵将沉淀过滤后的雨水打上来，用以冲洗厕所、擦洗地板、浇花，甚至还可用来洗涤衣物、清洗蔬菜水果等。

德国、美国和日本是较早开展雨水资源利用和管理的国家，经过几十年的发展，已取得了较为丰富的实践经验。

海绵城市以慢排缓释和源头分散控制为主要规划建设理念，追求城市人水和谐，已经成为各国城市建设的重要选择。1852 年，著名设计师奥斯曼主持改造了被法国人誉为最无争议并基本沿用至今的水循环系统。奥斯曼的设计灵感源自于人体内部的水循环。他认为，城市的排水管道如同人体的血管，应潜埋在都市地表以下的各处，以便及时吸收地表渗水。城市的排污系统则如同人体排毒，应当沿管道排出城镇，而不是直接倾泻于巴黎的塞纳河内。奥斯曼的这一设计理念避免了巴黎市在暴雨时的地表径流量大幅增加，缓解了瞬时某一地域的排水压力。目前，法国正逐步施行雄心勃勃、拟投资高达 1000 亿欧元的"大巴黎改造计划"。巴黎市政府工作人员介绍，在这项宏大的计划中，巴黎会进一步完善维护既有的城市水循环系统，同时还将在巴黎市的多个地点增添蓄水、净水处理中心，提高整个城市对雨水的收集与再利用。

如果说巴黎市的城市水循环设计思路源自人体，那么另一座法国著名城市里昂的水循环处理则是因地制宜，充分借助了自然的力量。相比于巴黎，里昂的城市水循环并不过分突出地下排水管的作用，城市中的数个社区区域内各有低洼地面，其雨水收集充分借助了地面走势的特点，让雨水通过精密设计的水渠流入这些低洼地域。

里昂市中心的中央公园便建立在一片低洼地中。当地建筑设计师在建造该公园时，特意留出了一个容量为 $870m^3$ 的储水池。雨天时，公园周边建筑上流下的雨水会被引水渠集中引入这个储水池内。储水池内不仅安装了现代化的雨水净化系统，还种植了许多水生植被以辅助净化。随后，经过净化的水被重新引入到城市绿化区中灌溉植被。

里昂市位于法国的索恩河与罗纳河交汇处，虽然水资源较为丰富，但里昂的水务管理者仍不愿放弃对雨水的利用，并为此做了极其细致的工作。首先，里昂市区内各个社区收集的雨水被纳入到了城市一体化的水循环体系中，由当地政府负责对水质进行统一监测与管控；其次，里昂政府将本市各处的道路规模、土壤类别与地形走势等信息进行了统一梳理并公示，任何市区内新的建筑项目均需要考虑这些基本信息，将雨水管理纳入设计规划中，并接受当地政府的查验考核。凭借着这种精细化的城市水循环监管体系，里昂市近年来多次获得国际城市水务管理领域的评比冠军。

3. 政策和流程

2014 年，财政部、住房和城乡建设部、水利部决定开展中央财政支持海绵城市建设试点工作。中央财政对海绵城市建设试点给予专项资金补助，试点城市由省级财政、住房和城乡建设、水利部门联合申报。采取竞争性评审方式选择试点城市。对试点工作开展绩效评价。2015—2016 年，财政部、住房和城乡建设部、水利部先后公布 2 批 30 个海绵城市试点名单。2017 年，"推进海绵城市建设，使城市既要有'面子'，更要有'里子'也被写进了《政府工作报告》"。

坚持生态为本、自然循环，坚持规划引领、统筹推进，坚持政府引导、社会参与，科学编制规划，严格实施规划，完善标准规范，统筹推进新老城区海绵城市建设，推进海绵型建筑和相关基础设施建设，推进公园绿地建设和自然生态修复，创新建设运营机制，加大政府投入，完善融资支持，完善工作机制，统筹规划建设，抓紧启动实施，增强海绵城市建设的整体性和系统性，做到规划一张图，建设一盘棋，管理一张网。

海绵城市建设行业体系应包括规划、设计、施工、运营、监理和投资等六个环节。其中在规划环节，涉及海绵城市规划关键技术研发和运用、与其他专项规划（城市水系规划、绿地系统规划、排水防涝规划和道路交通规划等）的有效协同、控制性详细规划（海绵分区、地块控制、用地布局、设施选择和技术措施）和修建性详细规划（场地设计、设施选择布局和技术措施等）；在设计和建设环节，涉及建筑与小区、城市道路、城市绿地与广场、城市水系以及单项技术；在建设、运营环节，主要涉及透水铺装、屋顶绿化、生物滞留设施、下沉式绿地、渗透塘、渗井、渗管（渠）、湿塘、雨水湿地、蓄水池、雨水管、调节塘、调节池、植草沟、植被缓冲带、初期雨水弃流设施和人工土壤渗滤等；在监理环节，主要从政府职能和服务出发，由城管、规划、建设、水利、水务、环保和绿化等部门参与，直接或委派，甚至委托第三方行使责任，行政性较强；在投资环节，则包括规划、设计、施工、运营和监理等全流程。

11.1.2 规划设计

海绵城市规划，实质是保护好河塘、沟渠、湿地等城市内原有的自然水系，维持好自然水系的水文功能，合理建设一些公园、草坪和人工蓄水池等设施，在城市地面硬化中采用一些透水铺装材料，并增加城市绿地、植草沟、人工湿地等可透水地面。如图 11-1～图 11-3 所列。海绵城市建设是一个跨行业、跨部门、跨学科的事业，涉及规划、道路、给水排水、结构、园林、景观等多个专业，各专业之间的衔接配合至关重要。

加强规划引领、统筹有序建设、完善支持政策、抓好组织落实等四个方面，提出了十

图 11-1　透水道路

图 11-2　透水自行车道

图 11-3　下凹式绿带

项具体措施。科学编制规划；严格实施规划；完善标准规范；统筹推进新老城区海绵城市建设；推进海绵型建筑和相关基础设施建设；推进公园绿地建设和自然生态修复；创新建设运营机制；加大政府投入；完善融资支持；抓好组织落实。

海绵城市专项规划是以解决城市内涝、水体黑臭等问题为导向，以雨水综合管理为核心，绿色设施与灰色设施相结合，统筹"源头、过程、末端"的综合性、协调性规划。因此，海绵城市专项规划需要在评估相关规划——包括土地利用规划、城市总体规划，以及城市水资源、污水、雨水、排水防涝、防洪（潮）、绿地、道路、竖向等专项规划的基础上，统筹研究，并将海绵城市规划成果要点反馈给相关规划，再通过上述相关规划予以落实。缺少上述相关规划或者已有规划，但是质量不高、指导性不强的城市，应补充编制相应规划或完善相关内容。

海绵城市的规划与设计，没有适合所有场地的海绵方案，一定要依据当地的需要解决问题，因地制宜。首先要解决内涝和超标雨水，保证水安全；其次要解决黑臭水体、富营养化，改善水环境；还要解决水系统生物多样性，保护和恢复水生态；最后要解决地下水、水利用，丰富水资源。针对不同控制分区，分析其空间条件和规划用地布局，从水生态、水安全、水环境、水资源、水文化方面，构建中心城区的海绵系统。小雨不积水，大雨不内涝，水体不黑臭，热岛有缓解。

对老城区以问题为导向，提炼整理为工程系统和地块指标体系；对新城区以目标为导向，以保护好城市自然生态本底为基础，明确规划建设管控的目标及指标体系，统筹发挥绿色基础设施和灰色基础设施的协同作用。因此，海绵城市规划必须因地制宜，统筹协调，优化汇总指标体系，系统梳理建设项目，保证项目实施后能够达到多方面要求，确保实施效果综合效益最大化，避免项目间的矛盾冲突。厘清海绵城市理念方面、技术方面、体制方面的问题，确定核心目标和指标，划定海绵空间管控格局，制定绿灰结合的系统方案，衔接相关规划，确定海绵城市建设重点区域。

明确不同城市海绵城市建设的不同需求和定位，因地制宜地选择技术组合，实现海绵城市目标。我国幅员辽阔，降雨特征和地形地貌差异巨大，城市经济和社会发展水平差异显著。很明显，各个城市面临的水资源、水环境、水生态、水安全和水文化问题也是不一样的。夏季降雨极端集中的华北城市、"梅汛"和"台汛"两个雨季的东南城市，必然有不同的海绵城市建设方案。根据自身的降雨特征、地形地貌以及城市发展阶段，确定适合本地的海绵城市建设定位和目标，因地制宜地选择技术组合，实现自身的目标，在海绵城市建设中是值得关注的。在设计中优先考虑使用非结构的措施来达标，尽量利用地形地貌来实现，充分利用水文学和景观手法。绿色设施不仅可以大大节省成本，同时可以实现良好的景观效果。

海绵城市技术体系的规划建设和运营，从前期的政府主导推动，逐步扩展为市场投资作为主体，其速度的快慢对于能否成功实现海绵城市发展战略起关键性作用。当前，海绵城市技术体系所处行业的盈利模式，基本缺乏有效的市场机制。主要还是依靠政府投入、多方筹措公共经费予以维持，从私营部门出发的盈利模式设计，探索较为有限。开展海绵城市建设的资金投入机制与城市配套激励政策对接较为有限，除中央财政提供的试点示范资金支持外，地方财政措施目前还较为有限，与现有的城市配套财税政策对接也缺乏灵活性。

11.1.3 建设

海绵城市建设应遵循生态优先等原则，将自然途径与人工措施相结合，在确保城市排水防涝安全的前提下，最大限度地实现雨水在城市区域的积存、渗透和净化，促进雨水资源的利用和生态环境保护。建设海绵城市并不是推倒重来，取代传统的排水系统，而是对传统排水系统的一种减负和补充，最大程度地发挥城市本身的作用。在海绵城市建设过程中，应统筹自然降水、地表水和地下水的系统性，协调给水、排水等水循环利用各环节，并考虑其复杂性和长期性。海绵城市建设必须看实际效果，摒弃过去按工程考核评价的体系，不能把海绵城市建设等同于一系列的工程堆砌。住房和城乡建设部已经出台了绩效考核和评价标准，主要从两个方面考核，一是百姓认知；二是政府不能增加新的债务。

着力推进绿色发展、循环发展、低碳发展，实施可持续发展战略，建立资源节约型、环境友好型社会。海绵城市建设强调的是一个以水为核心的整体生态系统的治理。包括对山水林田湖等自然环境的保护、自然河流廊道的保护，将水生态循环的全过程，都融入城市基础设施中，包括源头减排、过程控制、系统治理、水资源涵养和利用等。就地调节旱涝，而不是转嫁异地，将水视作财富，与水为友，使其积存下来为人所用、渗透入土滋养土地，弹性应对旱涝灾害，是海绵城市建设的基本思想。

城市建设将强调优先利用植草沟、渗水砖、雨水花园、下沉式绿地等绿色措施来组织排水，以慢排缓释和源头分散控制为主要规划设计理念，既避免了洪涝，又有效地收集了雨水。根据海绵城市建设的理念及要求，最大限度地保护原有的河流、湖泊、湿地等水生态敏感区，维持城市开发前的自然水文特征；同时，控制城市不透水面积比例，最大限度地减少城市开发建设对原有水生态环境的破坏；此外，对传统城市建设模式下已经受到破坏的水体和其他自然环境，运用生态的手段进行恢复和修复。

建设海绵城市，统筹发挥自然生态功能和人工干预功能，有效控制雨水径流，实现自然积存、自然渗透、自然净化的城市发展方式，有利于修复城市水生态、涵养水资源，增强城市防涝能力，扩大公共产品有效投资，提高新型城镇化质量，促进人与自然和谐发展。

建设海绵城市就要有海绵体，城市海绵体既包括河、湖、池塘等水系，也包括绿地、花园、可渗透路面这样的城市配套设施。雨水通过这些海绵体下渗、滞蓄、净化、回用，最后剩余部分径流通过管网、泵站外排，从而可有效提高城市排水系统的标准，缓减城市内涝的压力。建设海绵城市，关键在于不断提高海绵体的规模和质量。最大限度地保护原有的河湖、湿地、坑塘、沟渠等海绵体不受开发活动的影响；受到破坏的海绵体也应通过综合运用物理、生物和生态等手段逐步修复，并维持一定比例的生态空间，建一定规模的海绵体，具有释放、缓解热岛效应的功效。道路、广场可以采用透水铺装，特别是城市中的绿地应充分沉下去。打造海绵城市不能生硬照搬他人的经验做法，而应在科学的规划下，因地制宜地采取符合自身特点的措施。

有的专家建议，海绵城市建设思路可采取一片天对一片地，把城市划分为（400～500）m×（400～500）m的一个个小方块，就地消纳对应天空的雨水，把城市集中的大汇流变成"分散作战"。每个小方块"守土有责"，剩下部分区域联防，进行立体多层次多功能的分流分治。并将立体化的排水体系从空中到地下分为11层，最顶层是屋顶绿化，最底层是深层排水系统。从平面排水向立体排水发展，空中屋顶花园、高层建筑和立交桥的立面，地面坑塘、洼地、湿地、草地，下凹式广场，地下适当的管廊系统、深隧等。对新建或可改造的房屋屋顶进行屋顶绿化，可有效形成空中储水层，有效削减城市的"热岛"效应，美化城市，改善空气质量和减少环境污染。此外，还要加大渗水路面、下凹式绿地、下凹式广场等建设比例，发挥其对雨水的下渗、截流、滞蓄作用。另一方面，要走水量水质联合治理的道路，一方面海绵分散、滞蓄、消纳、再利用雨水，同时治污、控污、防污，结合黑臭水体治理，实施综合措施。见图11-4地下雨水调蓄模块。

海绵城市建设现阶段主要是围绕城市雨水展开，只有实现技术企业的规模化市场服务，并与现有城市市政体系实现有效融合或介入，才可能发展成为有市场竞争力的行业，成为与排水行业有效分工、协同的市场参与主体。通过系统性的海绵城市政策设计，来培育新兴行业，促进专业化雨水利用企业有机会体系化、规模化地参与城市雨洪建设，有助于行业尽快形成市场机制，提高政

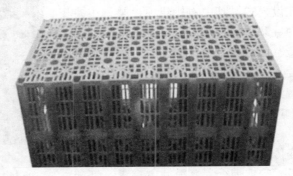

图 11-4　地下雨水调蓄模块

府资金投入和政策引导的效率。海绵城市，是田园城市、生态城市、低碳城市的继承和发扬，是新的城市开发建设和运营模式；海绵城市不只是对城市基础设施、城市水系统的变革和创新，更是现代化的城市管理模式，涉及城市生产、生活的方方面面。缓解城市内涝，提高人民生活品质；解决生态功能退化和多样性降低的问题，减轻人类活动对自然的扰动；解决雨水径流污染问题，改善城市水环境质量；提高雨水的综合利用水平，减轻城市水资源短缺压力；建设生态文明城市。

海绵城市建设是通过城市规划建设管控，系统管理城市雨水，实现自然积存、自然渗透、自然净化的城市发展方式，涉及城市水生态、水环境、水安全、水资源等方面的内容，而非单纯的市政设施建设，其理念和要求需要专项规划统筹，从而在城市建筑与小

图 11-5　地下蓄水池

区、道路与广场、绿地等各要素中落实并有机衔接，相互配合，系统实现。见图 11-5 地下蓄水池。海绵城市建设涉及水生态、水环境、水安全、水资源甚至水文化各个方面。城建领域先行探索，协同相关部门并行创新，是缓解城市水患的有效路径。引导行业力量参与、负责海绵城市建设，用政府购买服务的方式，培育和激发市场活力，逐步进入城市建设配套费等财税机制，扭转城市高冲击建设态势。有效调节市场要素配置向海绵城市创新集聚，形成海绵城市设施建设投资模式与传统高冲击模式的有效竞争，通过政策淘汰或限制落后产能在城市建设中的应用，改善和增强城市综合承载骨架。源头减排，就是要因地制宜地采用各种措施，如减少雨水的径流产生量，降低径流内污染物的携带量；过程控制，就是要利用产汇流的整个环节，采用调蓄、过程净化、优化管网输送以及溢流污染控制等多种手段，对雨水的量和质进行控制；系统治理，就是从城市排水流域整个系统着眼，从水系统的整体出发，技术集成，治理高效；统筹建设，就是海绵城市是一个整体，时序、规划、设计、建设和运营都需要统筹把握。恢复城市被暗涵化水体见图 11-6。

建设资金，采用政府＋代建企业的代建模式与 PPP 模式相结合的投融资建设模式。其中，代建项目类型主要集中在城市基础设施：如道路、绿化改造、雨污分流等工程。PPP 项目类型主要集中在供水污水处理、河道整治、海域清淤、湾区岸壁、公园项目等市政设施项目。

建设海绵城市的根本目的，是要转变传统的城市发展观念和城市规划、建设、管理理念。海绵城市理念、管理方

图 11-6　恢复城市被暗涵化水体

式的全方位植入，将成为城市转型的重要抓手，是对传统城市建设模式、排水方式进行深刻反思的集中体现，需要继续在海绵城市规划建设管理制度、技术标准和法规的制定以及投融资与经营管理模式的探索方面积累经验。

11.1.4　模式

DBFO（设计—建造—融资—运营）是常见的商业模式，如图 11-7 所示。DBFO 由社会投资人负责项目的设计、投融资、建设、运营、期满移交等相关工作。项目参与公司和试点城市当地政府授权部门联合建立 PPP 项目特许经营公司，并负责相关管理、具体工程建设招标及建成后运营。政府在运营期开始后依据绩效考核标准进行付费。合作期满，项目资产使用权和经营权按约定方式移交至政府指定机构，或委托项目公司继续运营。

ROT（改建—运营—移交）、BOT（建设—运营—移交）等模式相结合。项目收入一般由项目运营收益、政府购买及财政补贴三部分构成。其中，运营收益将受政府特许经营权的保障；政府购买费将列入政府跨年度财务预算，其支付的费用所形成的回报率按合同约定执行，通过人大代表会议审核。

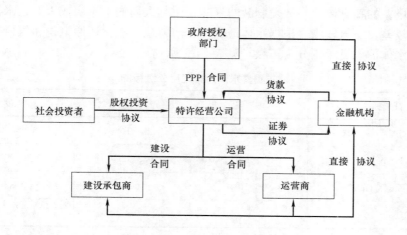

图 11-7　海绵城市 PPP 项目 DBFO 模式示意图

　　海绵城市带来的经济收益，最直观和最重要的部分就是雨水利用的收益，在海绵城市建设的一系列项目组合中，通过运营雨水回用、污水处理以及排水管网设施等可以带来稳定的现金流。财政部鼓励海绵城市的建设采用 PPP 模式，作为新型城市化建设的整体战略，一个地区的海绵城市建设方案，将是经过系统设计的城市水资源整体利用方案，包括雨水利用系统、排水管网系统、污水处理系统、水环境监测系统的提标改造或建设运营等，因此，海绵城市将成为未来环保 PPP 领域的最重要模式之一。

　　海绵城市绩效评价方法，明晰了对中央财政资金的使用要求，并对试点示范城市的建设成效提出了指引。同期，城建系统在推进综合管廊的试点示范和智慧城市单项试点，财政系统在推进 PPP，为地方城市开展海绵城市示范建设提供了有效的政策依据、财政支持和融资创新。

11.2　黑臭水体项目

11.2.1　黑臭水体概述

1. 定义

　　城市水体是指位于城市范围内，与城市功能保持密切相关，且与城市在景观、建筑艺术、生态环境等方面充分融合的水域，包括流经城市的河段、城乡接合部的河流及沟渠、城市建成区（或规划区）范围内的河流沟渠、湖泊和其他景观水体。城市水体是城市生态系统的重要组成部分，其主要功能有排水、分流、蓄水、防洪、防涝、渗补地下水、蒸发缓解热岛效应、滋润净化空气等。

城市黑臭水体定义：一是明确范围为城市建成区内的水体，也就是居民身边的黑臭水体；二是从"黑"和"臭"两个方面界定，即呈现令人不悦的颜色和（或）散发令人不适气味的水体，以人们的感观判断为主要依据。

黑臭水体具有几个特点：水体有机污染较严重，富营养化较为明显；颜色呈黑色或泛黑色，具有极差的感官体验；散发刺激的气味，引起人们的不愉快或厌恶；水体中 DO 较低，透明度较差，氨氮较高。根据水体透明度、溶解氧、氧化还原电位、氨氮等指标的不同，可以将水体的黑臭级别分为三级，见表 11-1 所列。

城市黑臭水体污染程度分级标准　　　　　　　　表 11-1

特征指标	无黑臭	轻度黑臭	重度黑臭
透明度(cm)	>25	25～10*	<10*
溶解氧(mg/L)	>2.0	0.2～2.0	<0.2
氧化还原电位(mV)	>50	−200～50	<−200
氨氮(mg/L)	/	8.0～15	>15

注：* 水深不足 25cm 时，该指标按水深的 40%取值。

2. 形成机理

水体黑臭是由于大量有机污染物进入水体，在好氧微生物的生化作用下，消耗了水体中大量的氧气，使水体转化成缺氧状态，致使厌氧细菌大量繁殖，导致有机物腐败、分解、发酵，转化为氨氮、腐殖质、硫化氢、甲烷和硫醇等发臭物质。此过程引起水体中耗氧速率大于复氧速率，造成缺氧环境，产生的有臭气体逸出水面进入大气，水中铁、锰等重金属被还原，与水中的硫形成硫化亚铁等化合物，形成大量吸附了 FeS、MnS 的带负电胶体的悬浮颗粒，使水体变黑、变臭。城市人口增加和工业发展使得排入城市水体的污染物超过水体环境承受能力和自净能力，使水体污染，DO 下降，水体发生厌氧现象，从而发生黑臭。水体污染影响水体生态，影响水中生物生存，使水生植被退化甚至灭绝，浮游植物、浮游动物、底栖动物大量消失，只有少量耐污种类存在。水体中食物链断裂，生态系统结构严重失衡，水体自净功能严重退化甚至丧失，从而导致水体黑臭速度加快。水体发生黑臭后，水体自净功能基本丧失，在污染物不停排入的情况下，水体愈显黑臭，进入恶性循环阶段。

事实上，城市黑臭水体很多是流动性差，季节性河流，甚至封闭的水体、断头浜，死水一潭。水体黑臭的主要原因往往是水体自净能力降低，有机污染物过量排入水体，使溶解氧降低。在缺氧水体中，有机污染物被厌氧分解，产生不同类型的黑臭类物质，呈现水体黑臭。有些黑臭物质阈值很低，微量即可产生强烈黑臭。

污染量超过水体的自净能力，污水直排和溢流，是造成当前城市河湖黑臭的主要原因。不少城市黑臭水体产生的原因是河道补给水源为污水处理厂出水，缺乏自净能力，加之溶解氧过低，长时间就会造成黑臭。同时，有些城市河道属于感潮河段，涨潮时河水倒灌，加剧黑臭。即使投入大量资金，但因为市政领域内的企业与环保企业协同困难、工程建设的局限性、雨污合流、面源污染等因素，也难以达到好的治理效果。有机污染物造成水体黑臭的原因，见表 11-2 所列。

有机污染物造成水体黑臭原因　　　　　　　　　　表 11-2

类别	黑 臭 原 因
有机污染物	有机污染物主要包括有机碳污染源（化学需氧量 COD、生化需氧量 BOD）、有机氮污染物（氨氮）以及含磷化合物，这些污染物主要来自废水、污水中的糖类、蛋白质、氨基酸、油脂等有机物的分解，在分解过程中消耗大量的溶解氧，造成水体缺氧，厌氧微生物大量繁殖并分解有机物产生大量致黑致臭物质，从而引起水体发黑发臭。大多数有机物富集在水体表面形成有机物膜，会破坏正常水气界面交换，从而加剧水体发黑发臭
底质污染与底泥再悬浮	底泥作为城市水体的重要内源污染物，在水力冲刷、人为扰动以及生物活动影响下，引起沉积底泥再悬浮，进而在一系列物理—化学—生物综合作用下，吸附在底泥颗粒上的污染物与孔隙水发生交换，从而向水体中释放污染物，大量悬浮颗粒漂浮在水中，导致水体发黑、发臭；另外，大量底泥为微生物提供良好的生存空间，其中放线菌和蓝藻通过代谢作用使得底泥甲烷化、反硝化，导致底泥上浮及水体黑臭。陆桂华等人针对太湖地区发生的局部黑臭水体现象，通过实地监测与资料分析，表明局部黑臭水体形成区域分布与太湖底部淤泥集中区域位置基本一致，并进一步指出，湖泊中藻类大量繁殖后发生死亡沉降，藻类有机质的大量堆积是底泥的主要成分，也是形成局部黑臭水体的发生基础
水体热污染	有大量较高温度的工业冷却水以及居民日常生活污水等排入，导致局部甚至整个水体水温升高。水体中微生物在适宜水温下发生强烈的活动，致使水体中的大量有机物分解，降低溶解氧，释放各种发臭物质。水体一般在夏季出现黑臭现象比在冬季显著增多，主要原因是一方面微生物的活动频率与温度表现出显著正相关性，另一方面水体中的溶解氧含量随着温度的升高而降低。Wood 等指出，水体温度低于 8℃和高于 35℃时，放线菌分解有机物产生致黑致臭物质的活动受到限制，一般不会黑臭，而在 25℃时放线菌的繁殖量达到最高，水体的黑臭也达到最大
水动力学条件不足	诸如河道水量不足、流速低缓以及河道渠道化、硬质化等都有可能导致河道黑臭。Hishida 等人在分析 Yodo 河黑臭河道的原因时指出，由于河道水流不畅，导致水体中藻类浓度过高，水体出现霉味。张敏等人在分析浦东新区城市河道水体黑臭原因时指出，河道污泥淤积导致的河床太高、水生植物疯长、闸坝阻拦造成河道流水不畅，甚至形成死水，导致水体环境恶化，同时指出河道的渠道化、硬质化，割裂了土壤与水体的渗透关系，阻断了水体自然循环过程，形成污染物积累，水体自净能力显著减弱，水体恶化敏感性增强，导致水体出现黑臭现象
水循环不畅	城市水循环是水污染形成、迁移、转化等一系列过程的载体，又是影响其动力学过程的因素之一。水循环对水污染过程的作用主要从两方面体现：一是人类活动不断改变自然水循环的动力学过程，改变了河流特征，影响到污染物的迁移转化过程，进而影响流域水环境状况。原水调配不合理和人工取用水量的增加在一定程度上减少了区域自然水循环通量，人工水循环过程中的耗水量增加又使得取用水量不断增加，导致水体水量不足，黑臭现象易发；另一方面，污染物伴随水循环过程也发生着迁移转换，水污染物在各水循环要素过程中会与环境中的其他物质及其自身相互反应，在水循环条件不具备时，部分生成物又会对环境造成二次污染，进一步降低水资源与水环境质量
排污量大且空间集中	截污治污设施建设滞后于城市开发建设，这是最直接的原因。快速城镇化带来大量的人口聚集，大量无法处理的污水直接排入城市河道，大量垃圾堆积在河道两岸，直接造成水体的污染。即使是经济发达、污水处理水平较高的首都北京，以清河为例，近 5 年清河污水处理厂一直在一期、二期、三期的扩建过程中，但清河两岸人口增长快速，目前每天仍有 10 万 m³ 以上的污水未经处理直排入河
污水管网设施不健全	生活污水肆意排放入河。"十一五"以来我国大规模建设污水处理厂，但在管网建设方面，美国 2002 年城市排水管网密度平均在 15km/km² 以上，日本 2004 年城市排水管道密度平均在 20～30km/km² 以上，而我国 2010 年城市排水管道密度为 9.0km/km²，差距显著。有些城镇建成区尚存污水收集系统空白地区，尤其是一些城中村地区；同时，管网质量不高，雨污不分流，错接、漏接、混接现象普遍，分流制地区雨污混接现象突出，生活污水混入雨水管网排入河道问题难以根治

续表

类别	黑 臭 原 因
部分城市水体生态流量不足或者无天然径流	我国水资源开发利用强度加大,不合理的水资源调度和水电开发对生态环境影响突出,中小河流断流现象十分普遍。全国 657 个城市中有 300 多个属于联合国人居环境署评价标准中的"严重缺水"和"缺水"城市。在北方地区,河道流量少,或者是干涸的河流,仅有污水处理厂尾水排放的水体难以满足水体功能要求。在南方的河网水系中支河多为断头浜,断头浜导致水流不畅,调蓄、输水能力较差,缺少活水措施,导致水流不畅,河水自净能力较差
城市地表径流冲击负荷较大	国内老城区的排水管道系统绝大部分为合流制,晴天主要输送城市污水,雨天则输送雨污混合污水,当暴雨雨量超过合流管道的设计能力时,过量的雨污混合污水就从合流管道的溢流设施或排水泵站溢流至城市水体中,直接导致水体水质急剧变差
部分城市水体周边脏、乱、差问题严重	城市滨水地带大量占用,尤其是老城区和城乡接合部的水体,违章建筑物多,小型服务业多而杂乱,大量棚户区和单位无序分割占用,污水和垃圾直排入河

3. 现状

城市河流湖泊,是城市的命脉,城市的灵气。不仅有水体循环、水土保持、贮水调洪、水质涵养等功能,而且还能调节温湿度,改善城市小气候,是城市可持续发展的重要保障。城市因水而生,因水而兴,然而随着经济的快速发展和城市化的加快,我国许多城市河流水质污染和生态退化问题十分突出,甚至出现了季节性和常年性水体黑臭现象。

近年来,我国城镇化和工业化进程的发展速度加快,但城市基础设施建设不足,使得一些城市水体尤其是中小城镇水体直接成为工业、农业及生活废水的主要排放通道和场所,导致城市水体大面积污染,引起水体富营养化,形成黑臭水体。城市黑臭水体的生态系统结构严重失衡,给人们带来了极差的感官体验,成为目前较为突出的水环境问题,也严重影响着我国城市的良好发展。截至 2016 年 2 月,我国已排查出黑臭水体 1861 个。从黑臭水体地域分布来看,总体呈南多北少的趋势;从省份来看,60% 的黑臭水体分布在广东、江苏等东南沿海、经济相对发达地区。2015 年 4 月,国务院发布《水污染防治行动计划》,其中对黑臭水体治理和水体水质提出了明确要求。2015 年 8 月,住房城乡和建设部、环境保护部发布《城市黑臭水体整治工作指南》,对城市黑臭水体整治工作的目标、原则、工作流程等均作出了明确规定,并对城市黑臭水体的识别、分级、整治方案编制方法以及整治技术的选择和效果评估、政策机制保障提出了明确的要求。

城市水体主要分为两大类:一类是自然形成的河流、河道和小型湖泊,如西湖、玄武湖等;另一类是为美化环境视觉效果而建造的景观水体,包括人工湖泊、溪流或水池等。我国国家和省级水环境监测网络以大江大河为主,城市水体尚无完善的监测体系,如水体无环境功能要求,各级环保部门基本上不加以监测,城市水体、小河小沟监测数据缺乏。在南方地区,城市雨污溢流、工业排污等较为严重;在北方地区,城市水体由于缺乏天然径流和自净能力,经常作为城市内的重要排污、纳污通道,情况不容乐观。

我国在城市黑臭水体评价研究中存在的主要问题有:内涵认识不足,多数概念强调物理或化学等单一属性,忽略从物理—化学—生物综合指标进行定义。评价方法不统一,国内评价方法主要集中在基于单一化学指标评价,与国外流行的非线性回归模型评价方法结合不够,评价指标的科学性与代表性也未能形成统一认识。关键支撑技术不完善,对于城市黑臭水体评价与治理的关键支撑技术关注还不够,原型观测与模型等基础研究需进一步开展。

综合整治存在的问题:城市水体黑臭治理任务并不可怕,城市水体黑臭是国内外大部分国家工业化、城市化发展阶段产生的环境副产物。但总体而言,我国城市水体整治有其特殊性,起步较晚,成功案例不多,暴露出诸多问题。

城市水体黑臭的治理分析,见表 11-3 所列。

城市水体黑臭的治理分析

表 11-3

类　别	分　析
系统性不足	很多地方对城市水体黑臭的治理,理解为各类工程措施或者项目的"打包"、"一锅烩",审查发现,治理措施与水环境问题关联不密切,内在逻辑关系差,往往忽视水体治理的系统性
治理手段单一	往往护岸、筑坝、搞人造景观等"三板斧",目标往往与水质改善虚挂。从国内案例看,大部分城市水体的黑臭治理,缺乏"水环境问题分析、方案目标确定、解决措施"之间的逻辑论证,没有厘清水体黑臭的根本原因,导致措施与问题缺乏关联、各项目之间缺少关联性、项目建设内容不能有效支撑项目目标等问题出现
非生态化措施	不少治理项目采取"河道加盖"、"建设闸坝"、"三面光"等过多的"强干预"的非生态化措施,以综合治理为名,行生态系统破坏之实
重工程项目建设,轻运行管理	城市水环境综合整治项目的前期准备主要关注工程项目建设内容、建设规模及技术方案,而对建成后的运营管理则缺少分析,很容易导致项目建成后因运营责任、运行经费、人员等问题而不能持续运营,严重影响项目环境效益的发挥
城市水体治理项目无管理主体	城市水体治理项目很多无主管部门、无定额标准、无设计建设规范、无配套管理制度。各主管部门仅关注自己责任范围内的问题,缺乏对水体黑臭问题的系统考虑。部分项目由环保、水利等部门单独负责实施,缺少其他部门的参与,环保部门仅针对水质问题提出解决措施,水利部门则针对水量、防洪等问题提出相应的措施,导致整治目标单一、片面,这种现象在中小城镇表现尤为突出
部分河道缺乏整治资金	据 2013 年江苏省对苏南四市 41 条城市河道的检查,部分河道缺乏整治资金,仅完成部分河段整治,整治工作仍留尾巴。据对江苏、杭州、珠江三角洲等地的城市水体治理工作调研,我国每条黑臭的城市河道长度平均为 2~4km;参考浙江和江苏的整治投资单价,每千米河道整治资金平均为 3500 万~4500 万元(包括污染源治理、截污、污水处理厂建设、清淤、引水等建设内容),投资巨大

现在的城市水体黑臭治理技术存在不少误区,包括:缺乏对"实用性技术"的长期、系统、科学的工程验证;缺乏对现有技术适用性的客观认识,缺少设计规范;缺乏技术集成的宏观思路和科学方法。技术选择上注重短期效应,忽视长效运行;注重单一措施,忽视综合治理;注重水质净化,忽视水生生态修复;注重技术措施,忽视科学管理;机械套用污水处理的思路与技术;缺乏对水生植物净化作用的科学认识等。

美国和德国等西方国家已经普遍采取近自然的修复工艺,采用生态护岸、保持河流自然形态等措施,达到恢复水生生物多样性的目的。

4. 规范制度

从国内城市水体黑臭治理的案例看,有成功的,也有失败的,主要原因是归结于一个部门的利益或归结于一种河道功能,而不是从人们的整体环境效益和问题导向出发。在我国现有体制下,城市水体黑臭治理关键还是要明确相关的监督、考核和管理机制,从根本上为城市水环境质量的改善提供制度保障。具体包括：

（1）明确城市发展的环境约束机制

严格执行《城市蓝线管理办法》，在城市总体规划阶段，划定城市蓝线，在城市规划区范围内保留一定比例的水域面积，确定城市蓝线保护和控制要求。结合维护自然岸线、保护水生态空间、严格城市水体周边土地管控，划定城市生态红线，建立城市环境总体规划对城市发展的约束机制、动态的城市发展影响评价机制、可操作的环保基础设施（如污水处理设施）与城市开发同步机制，释放城市河流生态空间，着力恢复城市水体生态功能。

（2）完善城市水体黑臭治理的考核制度

黑臭水体考核应遵循专业监测、检查并结合社会参与的原则，制定《城市水体水环境状况评估与考核办法》，明确考核水体，落实责任人或责任单位，综合考核水质指标、水量指标、工作指标和长效管理机制建设指标等四方面内容。水质指标包括城市水体本身的水质状况、城市水体入境出境的水质变化以及水体污染程度的变化；水量指标是水体的生态流量满足情况；工作指标主要为综合整治实施情况，落实截污、清淤、引水、保洁和生态修复等工程项目；长效管理机制建设指标包括建立完善的责任体系，有运行管理的专项资金保障，制定河道保洁、引水和生态修复等长效管理制度。

（3）实施信息公开与公众参与制度

问需于民，问计于民，问绩于民，打造全民治水的良好局面。向全社会公布城市黑臭水体清单及其治理进程，建立信息公开与监督机制，在城市市政府网站上，公开城市河流的水质改善情况，设立专门网站或电话，让群众参与，定期或不定期实地抽查城市河流的感官情况。

（4）出台系列环境综合整治技术管理规范

包括《城市水体环境综合整治方案编制技术指南》、《城市水体环境综合整治项目建设和投资标准》、《城市水体环境综合整治项目监测与绩效评估技术指南》、《城市水体环境综合整治长效机制建立指南》等系列技术规范，加强城市水体环境综合整治的全过程管理，指导地方各级政府开展环境综合整治工作。

11.2.2　技术方法

1. 技术原则

城市黑臭水体整治技术的选择应遵循"适用性、综合性、经济性、长效性和安全性"等原则。

（1）适用性

地域特征及水体的环境条件将直接影响黑臭水体治理的难度和工程量，需要根据水体黑臭程度、污染原因和整治阶段目标的不同，有针对性地选择适用的技术方法及组合。

（2）综合性

城市黑臭水体通常具有成因复杂、影响因素众多的特点，其整治技术也应具有综合性、全面性。需系统考虑不同技术措施的组合，多措并举、多管齐下，实现黑臭水体的整治。

（3）经济性

对拟选择的整治方案进行技术经济比选，确保技术的可行性和合理性。

（4）长效性

黑臭水体通常具有季节性、易复发等特点，因此整治方案既要满足近期消除黑臭的目标，也要兼顾远期水质进一步改善和水质的稳定达标。

（5）安全性

审慎采取投加化学药剂和生物制剂等治理技术，强化技术安全性评估，避免对水环境和水生态造成不利影响和二次污染；采用曝气增氧等措施要防范气溶胶所引发的公众健康风险和噪声扰民等问题。

2. 技术概况

标本兼治就是要制定系统规划，并分阶段实施，实现长期与短期相结合，游击战与阵地战相结合，应急与常规相结合。在治理黑臭水体时应遵循"外源控制＋内源控制＋提升自净能力＋综合管理"的理念。外源控制主要是截断污染源，对点源污染、面源污染进行综合治理；内源控制则是内源污染物的清除与固化（如河道清淤等）；提升自净能力是使水系连通，维持水体流动性，恢复水体生态系统自净能力，恢复河道景观。在此基础上，要加强综合管理，建立完善的监测系统。治理黑臭水体，截是基础，治是关键，保是根本。截是切断进入水体污染源；治是采用技术使现有水体变清；保是恢复水体生态和自净能力，保持水清。

国家治理黑臭水体和河道，首先政策是关键，其次是可持续的商业模式，最后才是技术手段。黑臭水体最重要的是治本，怎么样才能让黑臭水尽量少排入江河湖泊。黑臭水体治理要遵循综合治理、科学管理、避免反弹的原则。从技术上说，治理黑臭水河道，应当按照设计、截污、清淤、河岸整治的顺序。强调设计的优先性，国家应当建立设计标准。同时还要有社会资本，利用市场杠杆整治黑臭水体，包括 PPP 项目，最主要的还是政府主导，政府不主导，市场混乱，这事很难做。在黑臭水体的治理上，政府部门的考核要把黑臭水体的达标率作为主要的指标。按效付费的 PPP 模式能改善这些问题。按效付费，即根据政府对项目公司的运营维护绩效考核结果来酌情付费。社会资本入场后，要与政府签订十多年的长期合同，对整个过程、最终效果负责。

当前，在继续完善城市排水管网和城市污水处理厂的建设和规范化运行的同时，政府需正视直排污水的客观存在及其危害，因地制宜采取有效措施，实施污水处理的全覆盖，进一步大幅削减水体污染负荷，解决河湖黑臭问题。传统的河道治理环保项目普遍存在重建设、轻运营的现象。花了大量财力、人力、物力，建成项目，但因为没有从长效管理的角度来考核工程，重建设轻效果，最终环境只能在最初的几个月保持良好状态，而后很快又恶化。

清淤、补水以及生物制剂等都是短期见效的速效治理方式，长期维持治理效果，必须从源头做起，进行截污和污水处理，降低外源污染，同时构建水体生态系统，提高水体净化能力。当污染量和水体净化能力吻合时，水体才可实现稳定保持洁净的结果。包括防洪工程、截污清淤、生态补水、河道改造、污染治理、生态绿道及景观等工程。为达到"水清、水满、水生态、成景观"的治理目标，汇合口上游段新建拦水坝，逐段蓄水，形成水景。景观方面，采取喷播、种植等方式，沿河种植多样性景观植物，构建多层次的绿化群落，沿线绿化造景。同时，改造沿河风貌，完善凉亭、小游园、滨水步道、座椅、路灯等配套设施。

黑臭水体处理技术优势和适应范围，见表 11-4 所列。

黑臭水体处理技术优势和适应范围   表 11-4

类别	技术特点	优 势	适应范围
好氧-厌氧反复耦合(rCAA)污泥减量化技术	在污水处理装置内添加多孔微生物载体,通过微生物种群设计和控制技术,把握微生物—水停留时间的控制、生物反应速度的保证、微生物死亡及溶胞环境等过程来强化污泥的减量	污水处理效果稳定,占地小,安装方便,运行操作简单,对微污染水体有着良好的应用效果	适用于外源控制和内源控制
SSLE(Small Scale And Low Energy)分散式污水处理技术	在去除废水中有机物、氮和磷的同时减少剩余污泥产量,不需要对剩余污泥进行处理,并可根据处理水量的多少进行灵活设计。通过使用多孔载体使污泥和水的停留时间分离,增加设备内微生物浓度及污泥龄,增强好氧—厌氧耦合效果,强化微生物的内源代谢,并提高脱氮效果	可地埋,地表绿化,景观效果较好;结构材质多样,使用寿命长;处理设备实现远程观察调控;运行降低人工成本。可以对分散式黑臭水体的排放入口进行灵活安置处理,是解决外源污染的好方法	外源控制(农村污水处理,分散式污染点源治理,河道排污口处理)和内源控制(旁路处理)
一体化移动式污水处理技术	包括本体和控制器,本体包括依次相邻开设的四个安装室,四个安装室依次为过滤池、水解酸化池、综合生化处理池和膜处理室	具有可移动,可用于应急处理;操作维护简便;方便、灵活、可靠的优势	适用于外源控制(排污口污水治理)
连续砂过滤深度处理技术	当原水流过进水口后穿过布水器,经过滤床向上流动,上升过程中污泥被滤料截获,过滤后的清水由过滤器顶部的溢流堰收集排出。过滤与反冲洗同时进行,连续过滤	对悬浮物(SS)有去除作用明显;可去除水体中部分P,防止富营养化	既可用于外源污染治理(深度处理),也可用于内源污染控制(旁路处理系统)
底泥原位生物修复技术	原位工程修复通过加入生物生长所需营养来提高生物活性或添加实验室培养的具有特殊亲合性的微生物来加快环境修复;原位自然修复是利用底泥环境中原有微生物,在自然条件进行生物修复。对底泥进行生物修复,促进底泥微生物繁殖,底泥有机质在微生物作用下,迅速分解,释放出氨氮、硫化氢等有害气体,使得底泥好氧层加厚,泥层减薄,加快底泥微量营养的释放。有利于提高藻类多样性,同时也可以阻隔下层黑臭底泥有毒物质的释放,加强在泥水界面间的好氧微生物对机污染物分解能力,加快水体生态系统的物质循环和能量循环,提高水体的自净能力	基本不破坏水体底泥自然环境下,对受污染的环境对象不作搬运或运输,在原场所进行生物修复	分为原位工程修复和原位自然修复
人工湿地处理技术	将污水、污泥有控制的投配到经人工建造的湿地上,主要利用土壤、人工介质、植物、微生物的物理、化学、生物三重协同作用,对污水、污泥进行处理的一种技术。其作用机理包括吸附、滞留、过滤、氧化还原、沉淀、微生物分解、转化、植物遮蔽、残留物积累、蒸腾水分和养分吸收及各类动物的作用	具有特殊的结构层构建,处理效率高	既可用于外源污染治理,也可用于内源控制,并且可作为旁路系统使用

类别	技术特点	优　势	适应范围
应急生物制剂技术	是由低分子量酿酒酵母萃取蛋白、少量表面活性剂和助剂组合而成的,能够改变细菌的新陈代谢方式,增加细菌的呼吸和营养摄入,大幅提高微生物降解水体中污染物能力	该技术用于应急处理,具有如下优势:(1)固体、液体各有优点。固体制剂方便运输,方便储存,液体制剂使用方便,见效快。(2)因地制宜、灵活配方。针对不同水体污染情况,采用不同的配方,配制不同功能的生物制剂。(3)见效较快。生物制剂不仅含有菌株,更有多种生物酶,见效快,效果好	环境友好无二次污染,作用于土著微生物,本身不含活的微生物,见效快,长期或应急使用均可
生态袋护坡净化技术	生态袋护坡,是在生态袋里面装土,用扎带或扎线包扎好,通过有顺序的放置,形成生态挡土墙,一方面通过植被,起到绿化美化环境的作用;另一方面可以起到护坡的作用,可有效的进行边坡防护、河堤护破、矿山修复、高速公路护坡、生态河岸护坡等,是一种环保、生态护坡绿化新型护坡方法	特殊的种植土配方,污染物去除效果好,采用专门的生态袋连接技术,对河堤具有加固作用	生态袋护坡是由聚丙烯或者聚酯纤维为原材料制成的双面熨烫针刺无纺布加工而成的袋子。适用于生态护坡构建、面源污染控制
生物浮床技术	将植物种植于浮于水面的床体上,利用植物根系吸收水体中污染物质,同时植物根系附着的微生物降解水体中污染物,从而有效进行水体修复的技术,因而受到了越来越多的关注。目前,生态浮床技术已成为一项重要水质修复技术,并成功应用在湖泊、河流的生态修复、生态治理项目中	既消除污染物又恢复水生态环境,对 COD、BOD5、TN、TP 和 SS 的去除率较高,增加水体透明度;运行能耗低	适用于总水量一定,水流速度平缓且适于搭建浮床的中小河道。浮床设施建设费用较高,工程完工后需撤走浮床
水生植被重建技术	重建受污染水体水生植被,是对其进行生态修复的关键环节。难点是先锋植物的定植成活,需要解决好先锋植物的选择、水环境的改善和植物的种植策略与技术。有的采用网围、除野禁渔、种植水草、施入肥料的方法	恢复水体生态,提高NH3-N、TN 和 TP 的净化能力,能抑制监藻水华的爆发	该技术适用于由水体富营养化引起黑臭的中小河道且流速极缓的河道
园林景观构建技术	水体景观功能的充分发挥是依赖其不断增加的可接近性,一方面依赖于其优良的生境质量,另一方面依赖于其表现出来的美学价值。围绕综合体系的构建,进行雨水资源化技术、水质水量保持循环系统的协同性、水体生态保持系统的建设与稳定性及管理机制的研究	生态与景观完美结合,不仅给人们呈现了优美的景观,还创造了良好的生态效益;水污染治理与园林景观有机结合,既可改善水体水质又可创造人文的清水景观;园林景观与海绵城市建设结合,增加城市水资源可利用量,提高城市防内涝能力	该技术适用于水体景观构建、面源污染控制

类别	技术特点	优　势	适应范围
水质远程监控技术	水体远程监控,系统控制单元完成系统的监控操作、各类数据的采集等。在线监测系统由采样单元、预处理单元、分析监测单元、系统控制单元、通信单元、远程监控中心等构成。主要监测因子及其进出口浓度的相关数据	该技术能根据不同条件,分别选择重点监控指标,进行实时监控,以保证水体水质达标;根据不同的监测污染物,选择适当的监测仪器,以保证监测数据的准确性;并且能实时监测水质数据,根据实际情况,远程进行调控	该技术的适用范围包括治理设施监控管理,水体维护

3. 技术路线

黑臭水体治理应遵循"外源减排、内源清淤、水质净化、清水补给、生态恢复"的技术路线。外源减排和内源清淤是基础与前提,水质净化是阶段性手段,水动力改善技术和生态恢复是长效保障措施。

在技术路线上,要有不同技术组合,以应对不同的需求。无论采用什么技术方案,必须结合实际,根据处理要求、投资能力等因素综合选定。例如,对黑臭的湖泊、生态湿地项目,可以采用"超磁透析+原位生态修复"的技术组合;对城市内河、城郊结合部的排污沟渠,可以采用"超磁透析+曝气生物滤池"的技术组合,一般都能取得很好的效果。

（1）外源阻断技术

包括城市截污纳管和面源控制两种情况。针对缺乏完善污水收集系统的水体,通过建设和改造水体沿岸的污水管道,将污水截流纳入污水收集和处理系统,从源头上削减污染物的直接排放。对尚无条件进行截污纳管的污水,可在原位采用高效一级强化污水处理技术或工艺,避免污水直排对水体的污染。城市面源污染控制技术主要包括各种城市低影响开发（如海绵城市）技术、初期雨水控制技术和生态护岸技术等。水体周边垃圾的清理是面源污染控制的重要措施。

（2）内源控制技术

清淤疏浚技术,通常有两种:一种是抽干湖（河）水后清淤;另一种是用挖泥船直接从水中清除淤泥,后者的应用范围较广。清淤疏浚能相对快速地改善水质,但清淤过程因扰动易导致污染物大量进入水体,影响到水体生态系统的稳定,具有一定的生态风险。

（3）水质净化技术

城市黑臭水体的水质净化技术主要包括:人工曝气充氧、絮凝沉淀技术、人工湿地技术、生态浮岛、稳定塘等。德国萨尔河、英国泰晤士河、澳大利亚天鹅河、中国的苏州河等治理中都采用了曝气增氧的方法。

（4）水动力改善技术

对于纳污负荷高、水动力不足、环境容量低的城市黑臭水体治理,该技术效果明显。但调用清洁水来改善河水水质应尽量采用非常规水源,同时在调水的过程中要防止引入新的污染源。这类技术是通过向城市黑臭水体中补入清洁水,促进水的流动和污染物的稀释、扩散与分解。清水补给措施既可以作为一种临时措施,也可以作为一种水质维持的长效措施。清水的来源包括地表水和城市再生水，其中城市再生水是污水经过多重处理后达到景观利用标准的回用水，利用这种水符合资源再生利用的原则，对于北方缺水城市尤其重要。包括就地处理和旁路处理技术，即把城市黑臭水净化后再进入水体，适用于不具备截污条件时的城市黑臭水体治理，也适用于突发性水体黑臭事件的应急处理。

（5）生态恢复技术

包括城市河道富营养化的控制（关键在于磷的控制）技术、藻类生长人工控制技术以及水生态修复技术。在我国景观水体修复中应用最广泛和有效的是人工复氧技术。针对城市黑臭水体的治理技术主要包括：物理型技术、生物修复技术、人工复氧技术。物理型技术主要包括截污、调水、清淤等水利工程。这三种物理型技术都在国内外得到了广泛的应用，并发挥了良好的作用。但是，三种技术都受相关条件的限制，从而影响治污效果。如截污需要具备完善的污水管网和污水处理厂，调水需要有充沛的水资源，清淤需要实现外来污染源的有效控制避免后续淤积。

每条河流都是有生命的，应从生态角度恢复河流动力。河流是生态系统物质流、能量流和信息流的载体，是一个连续的系统，重点体现在三个连续性：即纵向、横向和垂向连续性。提高水流动力和水体自净能力也应重点从这三个方面入手，而不能为了增氧等目的在河流中建设闸、坝（橡胶坝），破坏水文过程和物质输移的连续性；不能为了土地利用等目的，采用裁弯取直、束窄河道等措施，破坏河流的横向连续性；不能为了清除内源污染的目的，不科学地超挖，截断底层生物汲取营养的路径，破坏河流的垂向连续性。水是流动的，是有生命的。在黑臭水体治理进程中，要遵循自然规律，让水体在静静的流淌中，逐步得到净化。

4. 治理措施

经验表明，完善的污水截流与收集系统、城市污水处理厂尾水生态化处理、低影响开发模式、雨水处理、生态堤岸、水体生态净化、生态补水是城市水体消除黑臭的工程技术选择。城市水体消除黑臭可以通过控源截污治污、清淤疏浚、引水活水、生态修复等多种工程组合措施，通过制定并实施"一河一策"的深度治理要求，实现水环境质量的改善。黑臭水体治理具体措施，见表 11-5 所列。

黑臭水体治理具体措施

表 11-5

类　别	措　施	方　法
治理减负	建立完善的污水截流与收集系统通常作为城市水体综合整治最优先的基础措施加以实施,在河道两岸建设截污管网,把污水改接至截污干管,然后输送到污水处理厂进行处理。针对雨污不分流、错接、漏接、混接等问题,中小城市一方面采用雨、污的彻底分流;另一方面进行雨水排水管网的排查,切断混排污水支管,将其就近改入市政污水管道。对于大城市和特大城市,实施雨、污分流的难度较大,通常采用截流井和截留管道等措施将雨水管网内的污水截流到污水管网系统中,最终送至污水处理厂进行处理	城市污水处理厂尾水采用人工湿地、氧化塘等进行深度处理,并回补河流,给城市水体进一步减负。在大部分城市地区,即使城市污水处理厂处理到一级 A 标准,由于城市水体旱季水量少,排入到城市水体的污水处理厂尾水仍能够造成水体的污染。城市污水处理厂尾水采用人工湿地、氧化塘等生态处理技术,不仅对氮、磷污染物有很好的去除效果,而且能够与河道、滩地等的景观建设相结合

续表

类　别	措　施	方　法
消除城市径流和初期雨水污染的冲击	采取低影响开发模式,如植草沟、透水铺装、植被缓冲带等,以"城市海绵体"建设为理念,改善城市生态系统、削减地表径流污染	采取氧化塘和人工湿地还可以治理初期雨水,强化氮、磷等营养物质去除
生态修复	改造渠化河道,把过去的混凝土人工护岸改造成适合动植物生长的模拟自然状态的护堤,提高水体的生物多样性,修复水体生态系统。该项措施在国际上曾被普遍采用,如韩国的清溪川整治,拆除原覆盖在河道上的设施,还原了河道的自然属性;在美国洛杉矶,洛杉矶河逐步拆除衬砌,恢复河流的生物多样性以及自然的曲流河道的状态,使其在城市生态系统循环中发挥更大的作用	在不影响河道行洪的前提下在河道上建设自然湿地或半人工湿地;利用自然、生态的河水净化技术,如跌水设施、生态石、人工湿地等,提高水体的自净能力,同时还具有良好的景观效果
增加生态流量	生态流量不足是城市水体自净能力差、污染的主要原因之一,城市水循环利用是解决城市生态用水和环境用水的最佳途径之一,解决黑臭水体的生态流量不足问题要从构建城市水循环系统的角度出发,通过城市供配水系统,以及充分利用工业和污水处理厂的深度治理和中水回用系统,开展保证生态流量的城市水资源配置工作	特别是截污完善后的部分城市水体,水量极少,实施生态补水,打通断头河,增加水体流动性,是治理措施的选择性方案之一

5. 治理方法

黑臭水体的治理方法大致分为物理、化学以及生物法。物理法和化学法对于治理黑臭水体存在费用高,化学法也会存在二次污染的危害。但是,目前国外的一些应用表明,物理化学方法在一些治理实例中仍然效果良好,对于某些只采用生物法治理效果不达标的污水有较好作用。

(1) 物理修复

目前主要的物理治理方法包括截污、调水、清淤等水利工程,以及机械除藻、引水稀释、人工造流等。在流域尺度上采取污染源工程治理等截污措施,能够大幅度削减入河污染负荷,是消除黑臭问题的首要举措。污泥疏浚:疏浚即清淤,能较好地处理水底污泥,对污泥进行再利用。并且随着轻质疏浚材料的发展,以及科学的疏浚方法,疏浚对水体产生的二次环境影响越来越小。河道曝气:河道曝气生态净化系统以水生生物为主体,辅以适当的人工曝气,建立人工模拟生态处理系统,以高效降解水体中的污染负荷,改善或净化水质,是人工净化与生态净化相结合的工艺。

(2) 化学修复

化学修复主要采用絮凝沉淀技术,该技术是指向城市污染河流的水体中投加铁盐、钙盐、铝盐等药剂,使之与水体中溶解态磷酸盐形成不溶性固体,沉淀至河床底泥中。但需要注意的是,化学絮凝法的费用较高,并且产生较多沉积物,某些化学药剂具有一定毒性,在环境条件改变时会形成二次污染。

强化混凝:化学法常见的有强化混凝、药剂杀藻、活性炭等,其中强化混凝法被美国环保局推荐为最佳去除有机物的方法。自然水体存在的混凝现象对水质转变有十分显著的影响。水体颗粒物及溶解性的毒害物质通过自然混凝沉淀、迁移、转化，逐渐恢复水体健康。混凝过程分为压缩双层、吸附电中和、吸附架桥和沉淀物网捕 4 种。

通过增加混凝剂的投加量来提高有机物去除率的方法即强化混凝技术。相对常规混凝不同，强化混凝可高效地去除有机污染物、浊度。引起水体黑臭原因分别有腐殖质、硫化铁胶体和悬浮颗粒等。混凝剂通过中和带负电腐殖质，吸附架桥、共沉淀作用，有效去除水中有机物污染和黑臭现象。

不同的化学混凝剂，胶体脱稳、凝聚或絮凝方式也不同。常见的絮凝剂分为无机、有机高分子、表面活性剂三种，如聚丙烯胺（PAM）、聚合氯化铝（PAC）。氯化镁较少使用，主要是因为可能引入杂质，但可添加助凝剂石灰、卤素等很好地去除镁离子，并促进混凝沉淀。聚合氯化铝在工业中常用作表面活性剂、润滑剂等，在水处理中混凝去除浊度和可溶有机物。往往阳离子水解盐比铝盐或铁盐更有效。因为胶体在自然水体中以负电荷的形式存在。强化混凝沉淀能够有效移除有机污染物，但混凝效果与有机物分子量有关，常用于富营养化水体，急性有机物污染，高效且短期效果明显，但混凝剂增加底泥负荷，且不利于生态修复，也易破坏原有的生态系统，适用于水质和水量经常发生变化的河道。

药剂杀藻：当水体富营养时，藻类大量繁殖代谢产生嗅味导致水体黑臭严重。藻类是典型的氯化消毒副产物前驱物质，所以控制藻菌可使用杀菌灭藻剂。化学杀菌剂除藻快速高效，但除微囊藻外，其他生物副作用较大且会加速释放藻毒素，造成二次污染，也破坏了生态平衡。

杀菌剂除藻又分氧化型和非氧化型，氧化剂杀菌剂中，液氯最为普遍，次氯酸钠、二氯或三氯异氰尿酸等也有使用。非氧化型杀菌剂主要是金属化合物及重金属制剂，例如铜、汞、锡、铬酸盐等。这些会对鱼类水草等产生一定程度伤害，有致死致癌作用，只能作为应急处理。有人通过高锰酸盐复合药剂预处理藻污染水体，结果显示高锰酸盐复合药剂极大地提高了除藻效率，降低了紫外吸光度。

化学方法见效快、效率高，但易造成二次污染情况。城市黑臭水体是人们最容易发现的污染水体，也是地方政府的面子工程，治理好黑臭水体在一定程度上与政绩挂钩，那么对见效快、效率高的需求迫切所引起的二次污染，因为短期内看不到闻不到而可能被忽视，最终仍埋下安全隐患。

治理黑臭水体时，需要注意的是，先恢复水体，不能一边治理，一边再增加黑臭水的排入，要控制增量。如果新改扩建的工程没有配套污水管线，而流域内污水处理厂又满负荷，那么应该规定项目不能建设。另外，还要建立起地方政府的约束和激励机制。

（3）生物方法

有的生物复合酶是一系列天然有机的、含多种酶类的复合产品，并结合非离子表面活性剂和其他天然成分的蛋白质及无机营养物合成的一种高效复合酶类净化剂。

机理：生物复合酶能刺激加速微生物的反应，同时它能促进水中的大分子化合物分解成小分子化合物，同时释放出氧，增强水体复氧功能，这些简单化合物又很容易被微生物所利用，在有机物被降解的同时，又有利于微生物的多样性，提高微生物的活性和繁殖能力，达到一种微生态平衡。在大多数环境中存在着许多土著微生物进行的自然净化过程，但该进程很慢，其原因是溶解氧（或其他电子受体）、营养盐的缺乏，而另一个限制因子是有效微生物常常生长缓慢。生物复合酶可有效地刺激和加速自然的生物反应，激发土著微生物的活性，加速微生物的生长和繁殖，同时对浮游生物和环境无害。从而可以快速有效地促进受污染水体向良性生态系统演变，使得水体中的 DO 得以恢复，COD、BOD_5、$NH_3\text{-}N$ 等污染指标迅速下降，水体的黑臭异味现象得以快速消除。

高效消除黑臭恢复生态系统：有的削减营养盐生物复合酶可快速削减水体内污染物质，使水体 COD、BOD_5、氨氮等污染指标迅速改善。同时，激活底泥中的土著好氧微生物，提高其生化反应效率，减少溶解氧消耗，促进溶解氧恢复，使水体微生态系统逐步完善。即以微生物实施水体生态修复，重建底端生物链，为上行生物链的梯次恢复奠定基础，为底栖生物着床创造底质条件；提高水体透明度，为水生动物的放养创造水质条件。通过人工控制生态环境，使水生动植物与水环境达到动态平衡。

标本兼治：有的生物技术治理河湖污染，不仅治理水体，而且治理河湖底泥。生物修复治理不仅仅是水质的达标，最终是要通过阶段性治理完全恢复河湖底泥的活性，使河湖恢复自净能力，达到生态平衡。

施工简便，原位治理：采用生物法治理河湖过程中使用的设备简单，不需要挖掘机等大型设备，所以施工方便，操作简单，并且不会产生噪声，不影响周围居民的正常生活；最重要的是——原位治理，标本兼治，在施工过程中不需转移底泥，即消除了污染物的转移，杜绝了对环境造成的二次污染，而且在原有底泥的基础上进行治理，刺激原有土著微生物迅速生长繁殖，形成种群优势，恢复底泥的活性，达到水体长期自净的效果。经过生物修复的底泥恢复了活性，不但不需要疏浚，而且活性底泥可以大大提高河道的自净能力。

绿色、环保、无公害：生物产品不燃、不挥发、绿色、安全、无毒，无二次污染；配合性好，该抑制剂由于无毒副作用，因此，可与其他生物制剂配合使用，具有协同增效作用；生物降解性极佳，该抑制剂在水体中抑制浮萍生长以后，不会有残留。

生物—生态修复技术：该方法是近年来发展起来的一种新型环境生物技术。这类技术主要是利用微生物、植物等生物的生命活动，对水中污染物进行转移、转化及降解作用，从而使水体得到净化，创造适宜多种生物生息繁衍的环境，重建并恢复水生生态系统。由于这类技术具有处理效果好、工程造价相对较低、不需耗能或低耗能、运行成本低廉等优点，同时不向水体投放药剂，不会形成二次污染，还可以与绿化环境及景观改善相结合，创造人与自然相融合的优美环境，因此已成为水体污染及富营养化治理的主要发展方向。生态—生物修复技术包括：微生态系统修复技术、人工湿地技术、浮岛技术、植物操控技术、生态护堤技术、生态复氧技术、生态清淤技术、水生动物恢复和重建技术等。在实际工程应用中，可按照水体污染程度、水环境现状及水体功能等考虑选用不同的技术组合，以呈现生态效益和经济效益双赢。

内河治理的最终目的是河道生态系统功能与结构的恢复，并促使系统的自我维护和自我发展。

在某项目的治理中，综合运用了功能性土著环境微生物、天然载体除磷系统、强化耦合生物膜技术等三大原位修复技术。在周边污水处理厂及配套支管网仍不完善的情况下，依凭领先的原位修复技术储备，以及多年的治理方案设计经验，实现用时短、见效快、能耗低、效果稳定的施治，使河水水质得到极大改善和提升，为周围居民带来了健康保证。

合理利用功能性土著环境微生物,这是重建河道微生态系统,保证治理效果长期稳定的重要技术。借助受污水体及其周边环境中的土著有益微生物菌群,重建河道生态,更有针对性地降解河道中的有害物质、消除臭味、压制有害微生物,并改善水体和淤泥的基础微生态环境。同时,土著环境微生物更适应感潮河段的特殊性质,使治理效果更加稳定。

天然载体除磷技术,是一项低成本、易维护的高效除磷技术。通过微生物固化技术,将从河中筛选出的功能性土著微生物,固化在多孔的天然生物质载体中,通过物理吸附、生物降解、离子交换等作用协同去除水体中的磷,避免磷的二次释放。就地取材,无需动力驱动,维护简易,节约成本。

强化耦合生物膜技术,这项技术赋予了治理水体更强的自净化能力。强化耦合生物膜是一种有机融合了气体分离膜技术和生物膜水处理技术的新型污水处理技术。微生物膜附着生长在透氧中空纤维膜表面,形成一层由多种微生物构成的生物链,污染物在浓度差的驱动下被微生物利用。由于同时具有厌氧和好氧作用,可同时去除 COD 和氮,实现硝化和反硝化。通过这项技术的巧妙运用,使河道水体形成了具备自我修复功能的自净化水生态系统。此外,相关膜组件具有净化效率高、使用寿命长、适应多范围的水量水质气候变化、能耗低、占地少、安装简易、操作简单、无二次污染问题等优势。

(4) 水生态修复

水生态修复与水质净化解决主要包括三部分内容:生态重构、生态调养、生态监控。其中,生态重构是基础,生态调养是核心,生态监控是关键。并且,生态监控是一个长期的过程。

生态重构包括浮游动物净水技术、基地改良技术、生态抗渗技术、生态交错带构建技术、沉水植物去除富营养化技术、沉水植物群落构建技术、水下森林生态重构技术。

生态调养需要科学合理地设计水生动物生长模式,包括水生动物种类、数量、雌雄比、个体大小、食性、放养季节、放养顺序、病害防治等。多层次、先后合理地投放水生动物,形成纵向、横向共生体系,并根据水质变化,不断调整、配置水生动物种类、数量等。

生态监控需要对水体特征参数检测调控,对生态系统监控管理,对物种多样性监测与调控,对外来物种入侵风险控制与管理,并制定应急措施和管理机制。

黑臭水体的治理是一个复杂的系统工程,为了保障治理措施的科学性、可操作性和治理效果的长效性,应抓住黑臭水体的症结,从根源上着手,控制污染源,重构水体生态系统,做到标本兼治,根除黑臭水体。

11.2.3　案例

【案例 1】　洛河水环境治理 PPP 项目

背景:2014 年 8 月,河南省洛阳市政府确定启动新一轮洛河市区段 32km 水系综合治理和改造提升工程。前期启动的示范区包括洛阳桥至李楼桥洛河 5.5km 段,瀍河至上游 5.2km 段,内容涉及多个节点及景观核心区域。在治理过程中,项目承接方北京某公司对洛河特质及周边产业现状进行分析,再制定方案。

治理模式:项目采用 PPP 模式。洛阳市政府将存量污水处理资产 55 万 m³/d 与北京某公司成立合资公司,北京某公司以现金形式出资,占合资公司 70％股份。合资公司得到市政府授予的特许经营权,并将负责投资新建污水处理设施 35 万 m³/d。同时,北京某公司还负责洛河水系综合治理工程投资一期 10 亿元和故县引水工程投资 17.5 亿元,政府采用投资补助、政府回购的方式与北京某公司在增量项目上进行合作。

这种 PPP 模式的交易结构,把河道治理、污水处理、饮水工程打包在一起,盘活存量,带动增量,值得进一步探索。

【案例 2】 西江原位生态修复项目

背景:西江在浙江余姚的 1.7km 中,有 23 条支流受到工业、农业多重污染,水面面积 28 万 m²。采用原位生态修复技术,3 年治理及维护费用不到 900 万元,平均每年每平方米不到 15 元,基本维持在Ⅳ类水质。

治理技术:技术方案来自浙江某公司。原位生态修复技术有两个特点,其一,用的所有微生物来源于环境,即从水体中挑选有效的微生物进行改良、生产,再拿回去使用,此谓原位微生物;其二,治理过程直接在水面上进行,无需另建处理厂。

公司负责人认为,流域治理最长久的方法便是提高河流的自净能力,使自净能力大于污染增量,让水体状况自行转好。在此思路下,所需的核心技术就是如何提高河道自净能力,采用生物法进行末端治理可以达到理想效果。

【案例 3】 英国伦敦泰晤士河

背景:泰晤士河全长 402km,流经伦敦市区,是英国的母亲河。19 世纪以来,随着工业革命的兴起,河流两岸人口激增,大量的工业废水、生活污水未经处理直排入河,沿岸垃圾随意堆放。1858 年,伦敦发生“大恶臭”事件,政府开始治理河流污染。

治理:一是通过立法严格控制污染物排放。20 世纪 60 年代初,政府对入河排污做出了严格规定,企业废水必须达标排放,或纳入城市污水处理管网。企业必须申请排污许可,并定期进行审核,未经许可不得排污。定期检查,起诉、处罚违法违规排放等行为。二是修建污水处理厂及配套管网。1859 年,伦敦启动污水管网建设,在南北两岸共修建七条支线管网并接入排污干渠,减轻了主城区河流污染,但并未进行处理,只是将污水转移到海洋。19 世纪末以来,伦敦市建设了数百座小型污水处理厂,并最终合并为几座大型污水处理厂。1955~1980 年,流域污染物排污总量减少约 90%,河水溶解氧浓度提升约 10%。三是从分散管理到综合管理。自 1955 年起,逐步实施流域水资源水环境综合管理。1963 年颁布了《水资源法》,成立了河流管理局,实施取用水许可制度,统一水资源配置。1973 年《水资源法》修订后,全流域 200 多个涉水管理单位合并成泰晤士河水务管理局,统一管理水处理、水产养殖、灌溉、畜牧、航运、防洪等工作,形成流域综合管理模式。1989 年,随着公共事业民营化改革,水务局转变为泰晤士河水务公司,承担供水、排水职能,不再承担防洪、排涝和污染控制职能;政府建立了专业化的监管体系,负责财务、水质监管等,实现了经营者和监管者的分离。四是加大新技术的研究与利用。早期的污水处理厂主要采用沉淀、消毒工艺,处理效果不明显。20 世纪五六十年代,研发采用了活性污泥法处理工艺,并对尾水进行深度处理,出水生化需氧量为 5~10mg/L,处理效果显著,成为水质改善的根本原因之一。泰晤士河水务公司近 20% 的员工从事研究工作,为治理技术研发、水环境容量确定等提供了技术支持。五是充分利用市场机制。泰晤士河水务公司经济独立、自主权较大,其引入市场机制,向排污者收取排污费,并发展沿河旅游娱乐业,多渠道筹措资金。仅 1987~1988 年,总收入就高达 6 亿英镑,其中日常支出 4 亿英镑,上交盈利 2 亿英镑,既解决了资金短缺难题,又促进了社会发展。

效果:泰晤士河水质逐步改善,20 世纪 70 年代,重新出现鱼类并逐年增加;80 年代后期,无脊椎动物达到 350 多种,鱼类达到 100 多种,包括鲑鱼、鳟鱼、三文鱼等名贵鱼种。目前,泰晤士河水质完全恢复到了工业化前的状态。

【案例 4】 韩国首尔清溪川

背景:清溪川全长 11km,自西向东流经首尔市,流域面积 51km²。20 世纪 40 年代,随着城市化和经济的快速发展,大量的生活污水和工业废水排入河道,后来又实施河床硬化、砌石护坡、裁弯取直等工程,严重破坏了河流自然生态环境,导致流量变小、水质变差,生态功能基本丧失。50 年代,政府用 5.6km 长、16m 宽的水泥板封盖河道,使其长期处于封闭状态,几乎成为城市下水道。70 年代,河道封盖上建设公路,并修建了 4 车道高架桥,一度视为现代化标志。

治理:21 世纪初,政府下决心开展综合整治和水质恢复,主要采取了三方面措施。一是疏浚清淤。2005 年,总投资 3900 亿韩元(约 3.6 亿美元)的"清溪川复原工程"竣工,拆除了河道上的高架桥、清除了水泥封盖、清理了河床淤泥、还原了自然面貌。二是全面截污。两岸铺设截污管道,将污水送入污水处理厂统一处理,并截流初期雨水。三是保持水量。从汉江日均取水 9.8 万 m³,通过泵站注入河道,加上净化处理的 2.2 万 m³ 城市地下水,总注水量达 12 万 m³,让河流保持 40cm 水深。

效果:从生态环境效益看,清溪川成为重要的生态景观,除生化需氧量和总氮两项指标外,各项水质指标均达到韩国地表水一级标准。从经济社会效益看,由于生态环境、人居环境的改善,周边房地产价格飙升,旅游收入激增,带来的直接效益是投资的 59 倍,附加值效益超过 24 万亿韩元,并解决了 20 多万个就业岗位。

【案例 5】 德国埃姆舍河

背景:埃姆舍河全长约 70km,位于德国北莱茵—威斯特法伦州鲁尔工业区,是莱茵河的一条支流;其流域面积 865km²,流域内约有 230 万人,是欧洲人口最密集的地区之一。该流域煤炭开采量大,导致地面沉降,致使河床遭到严重破坏,出现河流改道、堵塞甚至河水倒流的情况。19 世纪下半叶起,鲁尔工业区的大量工业废水与生活污水直排入河,河水遭受严重污染,曾是欧洲最脏的河流之一。

治理:一是雨污分流改造和污水处理设施建设。流域内城市历史悠久,排水管网基本实行雨污合流。因此,一方面实施雨污分流改造,将城市污水和重度污染的河水输送至两家大型污水处理厂净化处理,减少污染直排现象。另一方面建设雨水处理设施,单独处理初期雨水。此外,还建设了大量分散式污水处理设施、人工湿地以及雨水净化厂,全面削减入河污染物总量。二是采取"污水电梯"、绿色堤岸、河道治理等措施修复河道。"污水电梯"是指在地下 45m 深处建设提升泵站,把河床内历史积存的大量垃圾及浓稠污水送到地表,分别进行处理处置。绿色堤岸是指在河道两边种植大量绿植并设置防护带,既改善河流水质又改善河道景观。河道治理是配合景观与污水处理效果,拓宽、加固清理好的河床,并在两岸设置雨水、洪水蓄滞池。三是统筹管理水环境水资源。为加强河流治污工作,当地政府、煤矿和工业界代表,于 1899 年成立了德国第一个流域管理机构,即"埃姆舍河治理协会",独立调配水资源,统筹管理排水、污水处理及相关水质,专职负责干流及支流的污染治理。治理资金 60% 来源于各级政府收取的污水处理费,40% 由煤矿和其他企业承担。

效果：河流治理工程预算为 45 亿欧元，已实施了部分工程，预计还需几十年时间才能完工。目前，流经多特蒙德市的区域已恢复自然状态。

【案例6】 法国巴黎塞纳河

背景：塞纳河巴黎市区段长 12.8km，宽 30～200m。巴黎是沿塞纳河两岸逐渐发展起来的，因此市区河段都是石砌码头和宽阔堤岸，30 多座桥梁横跨河上，两旁建成区高楼林立，河道改造十分困难。20 世纪 60 年代初，严重污染导致河流生态系统崩溃，仅有两三种鱼勉强存活。污染主要来自四个方面，一是上游农业过量施用化肥农药；二是工业企业向河道大量排污；三是生活污水与垃圾随意排放，尤其是含磷洗涤剂使用导致河水富营养化问题严重；四是下游的河床淤积，既造成洪水隐患，也影响沿岸景观。

治理：一是截污治理。政府规定污水不得直排入河，要求搬迁废水直排的工厂，难以搬迁的要严格治理。1991～2001 年，投资 56 亿欧元新建污水处理设施，污水处理率提高了 30％。二是完善城市下水道。巴黎下水道总长 2400km，地下还有 6000 座蓄水池，每年从污水中回收的固体垃圾达 1.5 万 t。巴黎下水道共有 1300 多名维护工，负责清扫坑道、修理管道、监管污水处理设施等工作，配备了清砂船及卡车、虹吸管、高压水枪等专业设备，并使用地理信息系统等现代技术进行管理维护。三是削减农业污染。河流 66％的营养物质来源于化肥施用，主要通过地下水渗透入河。巴黎一方面从源头加强化肥农药等面源控制，另一方面对 50％以上的污水处理厂实施脱氮除磷改造。但硝酸盐污染仍是难以处理的痼疾。四是河道蓄水补水。为调节河道水量，建设了 4 座大型蓄水湖，蓄水总量达 8 亿 m³；同时修建了 19 个水闸船闸，使河道水位从不足 1m 升至 3.4～5.7m，改善了航运条件与河岸带景观。此外，还进行了河岸河堤整治，采用石砌河岸，避免冲刷造成泥砂流入；建设二级河堤，高层河堤抵御洪涝，低层河堤改造为景观车道。

除了工程治理措施外，还进一步加强了管理。一是严格执法。根据水生态环境保护需要，不断修改完善法律制度，如 2001 年修订的《国家卫生法》要求，工业废水纳管必须获得批准，有毒废水必须进行预处理并开展自我监测，必须缴纳水处理费。严厉查处违法违规现象。二是多渠道筹集资金。除预算拨款外，政府将部分土地划拨给河流管理机构（巴黎港务局）使用，其经济效益用于河流保护。此外，政府还收取船舶停泊费、码头使用费等费用，作为河道管理资金。

效果：经过综合治理，塞纳河水生态状况大幅改善，生物种类显著增加。但是沉积物污染与上游农业污染问题依然存在，说明城市水体整治仅针对河道本身是不够的，需进行全流域综合治理。

【案例7】 奥地利维也纳多瑙河

背景：多瑙河全长 2850km，是欧洲第二长河，奥地利首都维也纳市地处其中游。维也纳多瑙河综合治理开发，形成了一套现代化的河流综合治理和开发体系，即在传统治理理念基础上突出生态治理概念，并运用到防洪、治污、经济开发等各个领域。

治理：一是建设生态河堤。恢复河岸植物群落和储水带，是维也纳多瑙河治理和开发的主要任务之一。基于"亲近自然河流"概念和"自然型护岸"技术，在考虑安全性和耐久性的同时，充分考虑生态效果，把河堤由过去的混凝土人工建筑，改造成适合动植物生长的模拟自然状态，建成无混凝土河堤或混凝土外覆盖植被的生态河堤。二是优化水资源配置和使用。维也纳周边山地和森林水资源丰富，其城市用水 99％为地下水和泉水，维持了多瑙河的自然生态流量。维也纳严禁将工业废水和居民生活污水直接排入多瑙河，废污水由紧邻多瑙河的两座大型水处理中心负责处理，出水水质达标后，大部分排入多瑙河，少部分直接渗入地下补充地下水。此外，严格控制沿岸工业企业数量并严格监管。

11.2.4　模式

目前，环保部在大力推行合同环境服务模式。该模式由环保企业提供投资、建设污染治理设施，并由其运营，而政府与企业签署合同购买环保服务。该合同以水质指标的质和量为合同标的。推行应急合同环境服务，针对 1～5 年环境改善问题，采取应急或者过渡性的措施，改善区域环境，最大限度地减少环境污染对公民造成的伤害，缓和经济发展和环境污染的冲突。同时，还通过 PPP 合作建立专业化公司，推动应急措施与常规处理结合，弥补常规处理的 20％遗漏，缓解黑臭河湖民生现阶段严重突发问题。

城市黑臭水体治理比较复杂，不少地方已经在探索。从政府管理模式上，出现了诸如江苏、浙江的"五水共治"（即治污水、防洪水、排涝水、保供水、抓节水）、"河长制"这样的模式，通过由当地行政一把手担任河长，将治水目标分解到各个职能部门，统一协调和管理，通过各项工程措施和管理措施，来消除黑臭水体。从操作模式上，也有一些地方政府通过政府购买服务的方式，将辖区内河流的截污纳管、堤岸整治、景观建设等整体打包交给有实力的环保公司，由其进行河流的综合整治。

就处理策略而言，可以分为两种：一是长期策略，通过新建或者改建污水处理厂、加强推进雨污分流和管网建设，促使污水都进入管网和污水处理厂，这就是"阵地战"形式。另一种是短期策略，针对短期内不能进入管网和污水处理厂的污水，通过小型的临时污水处理设施进行应急处理，同时对已污染的城市水体进行截流，经应急设备处理消除黑臭后排放，这就是"游击战"的形式。

这两种形式不可偏废。管网建设、污水处理厂建设不是一蹴而就的，需要规划、审批、工程施工多个环节，耗费时日，在此期间不能任凭污水直排，影响人民群众的生活品质。然而，由于人们往往重视"持久战"，轻视"游击战"，现实情况往往是直排污水得不到有效的应急处理，结果许许多多的污水直排进入河湖，大大抵消了长期以来建管网、建污水处理厂所取得的成效，致使当前面临众多黑臭河湖的尴尬境地。所以，应该以灵活的"游击战"来补充"阵地战"的不足。

商务模式。现在环境保护部大力推行以效果为导向的环境绩效服务合同模式、第三方托管运营模式，开展的效果很好。开展了环境绩效服务合同的试点，也取得了很好的经验。在北京、深圳、成都等地都有成功案例。

1. 宁波模式

浙江宁波城区河道治理模式，引入第三方治理，通过绩效考核打分，按效果付费。此种模式是基于整体截污情况较好的情况下设置的考核办法。宁波模式考核特点是将感官考核和水质考核分别打分，这种方式值得借鉴。

2. 南宁模式

社会资本以 PPP 模式参与城市黑臭水体整治，在广西南宁那考河治理项目中进行了有益尝试。

竹排江上游植物园段（那考河）是穿越南宁市中心的邕江18条支流之一，由于受上游面源污染、河道狭窄、沿途排放口管理失序等影响，河水水质长期处于劣V类状况，成了名副其实的城市黑臭水体。虽然有多个规划设计单位、环保工程公司都与政府接触过，各种前期投入和试点工程投入了不少资金，但治理效果并不明显。经过多方研究论证，市政府在2014年年底决定采用政府与社会资本合作模式（PPP），根治那考河的黑臭问题。

PPP项目的基本内容是政府通过竞争性程序选择一家社会资本，由后者设立项目公司筹集资金，进行河道治理工程的投资建设。更重要的是，建成后的运营管理仍由项目公司负责，政府则依据河道黑臭水体治理的效果是否达到PPP合同预定的治理效果等标准，支付服务费，形成政府购买治污服务的运作模式。

这种方式有效减少了重建设、轻运营的现象，尤其是解决了治理无法与长期维护效果挂钩的顽症，实现了政府盯住效果付费的管理方式。社会资本也通过PPP模式，获得了整合工程项目全寿命周期管理的权利和经营空间。

南宁考核模式的特点是将污水处理设施投入与沿岸截污及生态治理和断面达标相挂钩，此种考核模式的难点在于流域内排污的不确定性，上游来水的不确定性，对企业的风险比较大，存在责任如何界定等问题。

整体把黑臭水体的治理分为两个阶段，第一个阶段主要是实现河道不黑不臭，结合住房和城乡建设部黑臭河道治理指南，在一定截污条件下，通过底质改良、环境修复剂、水质调控型环境修复剂、高效生态浮岛、曝气增氧来实现对不黑不臭的治理。第二阶段是在截污水平逐渐提高的基础上，逐渐恢复河流生态，通过构建水下生态世界，实现水质的达标和生态修复的目标。

（1）第一阶段技术方案

底质改良技术——底质改良型环境修复剂：底质改良技术可在基本不破坏水体底泥自然环境条件下，对富营养化的底泥进行降解和修复。底质改良型环境修复剂是具有多年工程运行经验的固载化的复合微生物制剂，能够在激活原有底泥环境中土著微生物的同时，引入多种特效微生物及其生长所需要的营养来提高生物活性，因而可在原地快速分解底泥中的多种污染物，减少底泥内源污染，从根本上解决水体的黑臭问题。此外，底质改良型环境修复剂作为一种载体化的微生物，还具有长效性，在投入水体后，沉入河底，并在池底不断释放微生物，活化底泥。

采用底质改良型环境修复剂原位改善水体原有底泥，分解底泥中的累积污染物，消除黑臭，控制内源污染，有利于水生植物存活。

水质调控技术——水质调控型环境修复剂：水质调控型环境修复剂是一种液体菌剂，能有效降低水体中N、P含量，降低水体富营养化程度，降低水体营养状态指数，从而减少蓝绿藻爆发风险，保障水体稳定，提高水体安全性。水质调控型环境修复剂是一种能有效预防和控制蓝藻的综合性产品，能有效调节水生态系统藻相平衡，促使有害藻型富营养化水体向有益藻水体演变，抑制蓝藻爆发，达到提高水质安全性的目的。

高效生态浮岛——浮岛：高效生态浮岛技术是基于人工浮岛技术，融合生物接触氧化技术的新型浮岛技术，通过增加有益微生物的附着面积，提高对有机污染物的分解，并利用浮岛上的植被吸收氮磷营养元素，从而高效、全方位地净化水体。

曝气增氧：溶解氧的含量是反映水体污染状态的一个重要指标，受污染的水体溶解氧浓度降低，水体的自净能力也将随之降低。当河道耗氧过度时，单靠天然复氧是不够的，必须利用人工曝气增氧，增加水体复氧过程，使整个河道的自净过程始终处于好氧状态，提高水体好氧微生物活性，强化对有机污染物的好氧分解，强化其自净功能，有利于改善水质。

（2）第二阶段技术方案

第二个阶段是水域生态修复。水域生态修复意味着生态修复和水质提高必须相辅相成。水体生态修复技术是近两年发展起来的基于生态平衡的水环境治理与修复技术，其难度在于在城市河湖有污染的条件下，如何进行水域生态构建，构建的层次如何把握，构建好之后系统如何稳定维持等问题。某环保公司通过多年的科研与实践，掌握了水域生态构建的核心技术，形成了一套自己的技术体系。

水域生态修复技术系统是基于复建完整、健康水生态系统的综合技术，通过对水体生态链的调控，实现水生态系统中生产者（以沉水植被为主的水生植被系统）、消费者（水生动物系统）、分解者（有益微生物系统）三者的有机统一，保证生态链完整稳定、物质循环流动，从而实现水域的自净。其综合治理效果远远优于目前使用的单一技术。

与治标不治本的传统治水方式相比，水域生态构建技术更注重前期治本，如在解决富营养化问题时，某环保公司通过改善水生生物种群结构、促进生物的多样化、恢复稳定水生态系统等方式，从根本上破坏藻类爆发条件，不仅可以成功遏制藻类爆发，有效地解决水体富营养化等顽疾，还可使水质指标达到地表水 III 类以上标准。

传统治水工艺需要药剂添加、电力消耗、设备损耗等，每年费用相当昂贵。一般而言，要达到同等水质标准，某环保公司水域生态构建技术为传统水景治理方法所需成本的 1/5～1/3，而维护成本仅为传统水景治理的 1/5～1/2，并能以低廉的日常维护成本保持水景效果长期稳定。某环保公司水域生态构建技术可以恢复水域的生态功能，使水体在空气调节、生物多样性保护、地下水资源保护、水源涵养等方面发挥其卓越的生态效益和社会效益。

11.2.5　难点

1. 规划视角

黑臭河治理从城市规划的角度仍面临不少挑战：一是污水直排问题严重。据中国城市规划设计研究院在多地的考察，很多河流甚至没有进行截污。二是合流制的溢流污染。以浙江嘉兴南湖为例，一到下雨时，仅 7mm 的降雨量就会导致污水横流，其核心是存在合流制的溢流问题。我国 600 多个城市有 10.7 万 km 合流制的管网，这部分管网对城市水环境的改善是较大隐患。三是初期雨水污染。初期雨水水质很脏，其污染和污水相差无几，经常导致发生一场大雨过后水环境就回到从前的现象。四是管网的错接和混接问题。我国多处没有明确的分流制或合流制，大多是混流系统。如河北石家庄某项目中，管道前段实行分流，在过铁路时却合成一根管，前面部分的分流属于无用功。广西南宁的一些管道，外部是分流的，但在小区建成的时候，污水接雨水，雨水再接污水，非常混乱，难以操作。天津目前查到的混接错接的有 3900 多处，数目惊人。黑臭水体成因复杂，影响因素众多，是水环境污染治理的难点。采取有效技术措施，短时间内能消除黑臭现象，但其难点在于治理后的水质长效保持，保证黑臭不反弹。

2. 投融资视角

政府在治理城市黑臭水体顽症时，在投融资方面通常遇到两大难题。一是资金需求量大，包括前期治理工程投入、后期运维和长效保持的资金；二是治理工程建设与后期运维环节被人为切分开，负责整治工程的不管运维，负责运维的决定不了选用什么技术路线，项目全寿命周期的成本和效果缺乏一个系统的管理者。

社会资本参与城市黑臭水体整治是一个全新的思路。社会资本参与城市黑臭水体整治，不仅可以解决政府短期集中投入资金短缺的问题，还可以将环境治理的工程转换成一个按效果付费的易于管理的合同。虽然市场巨大，但是市场化的模式在实际应用中仍然存在难点。PPP模式作为近年来在实施城市黑臭水体整治和后期养护的市场化模式之一，既能满足地方政府在现有的财政预算内，充分利用社会资源、资本解决黑臭水体问题，又能使企业在充分利用自己的资本和技术的过程中，完成政府的治理要求。但PPP模式最终强调的是治理效果，因此，在实际应用中，如何设定绩效指标成为难点之一。目前，大多数河道治理PPP项目，基本上都是经过包装的建设—移交（BT）项目，真正按环境治理效果付费的极少，这实际上无益于缓解政府财政压力，也无益于治理效果的长久保持。PPP模式最终强调的是治理效果，因此，在实际应用中，如何设定绩效指标成为难点之一。

3. 支付视角

目前，地方政府的支付能力不明，对企业判断其是否值得合作非常不利。这种情况下，企业不知道政府支付能力有多大、是否已到能力上限以及项目是否真的能如期推进等。同时，实际执行中，由于政策方向、统筹协调等多方面因素，一个项目的科学性不能决定地方政府为其支付的可能性，这就导致了企业需要承担较大风险。黑臭河道治理核心是政府付费。由于各地政府财政支出有限，对于系统性的生态景观治理，一般不愿意投入太多。尤其对于农村的坑塘沟渠治理，采取什么样的付费模式更需要探索。

4. 模式视角

在黑臭水体治理的商业模式方面，特别是PPP模式中，政府支付信用需要探讨，由此带来的资本市场态度和企业行为影响需要考虑，考核指标、成本计量与系统集成效果有待细化。

5. 协调视角

虽然由于黑臭水体的治理需要依赖建设系统，涉及住房和城乡建设部，但住房和城乡建设部的重心则更多倾向于海绵城市和地下管廊，这就需要部委之间的协作与平衡。同时，在推进相关PPP项目方面涉及财政部，而财政部考虑的多是财政安全问题，这也需要相关部委沟通，以争取在环保类PPP项目推进上达到更好的效果。但目前来看，部委间的协调仍是瓶颈。第一，政府和投资商都在考虑对于项目前期的技术需要准备到什么阶段，在工艺技术没有完备的情况下，很难快速推动PPP项目。特别是以技术导向的水环境整治项目，如果前期工艺、技术选择有争议，准备工作不足，会给后期的方案设计、交易结构设计以及风险的识别和分配带来巨大的困难。第二，要明确按效付费的绩效指标怎么设定，这也是一个难点。现有的PPP文件中，最大的问题就是操作起来有难度，应该有一个技术导则来明确项目的考核指标和付费方式。第三，水环境治理的回报机制存在难点。

目前没有费用和价格政策，如果依靠周边受影响区域内的土地增值作为反哺，会与土地政策的限制相矛盾。如果最后的解决办法是政府付费，这就要求具有高透明度和高保障度。

6. 技术视角

黑臭水体治理的难点主要有 4 个方面：其一，外源污染。入河污染物多，截污率较低，雨污混排现象严重。目前，城市管网建设不完善，导致雨污分流不彻底，合流制管道雨季溢流，污染水体直排入河；分流制雨水管道初期雨水携带污染物直排。如何破解雨污混流导致河流污染，不同地域市政基础条件不一样，不能搞一刀切的达标要求。其二，内源污染。河道内源污染积累较为严重。河道内污染物沉积于底部，造成底泥黑臭，N、P超标；大量污染物累积，底泥厌氧发酵上翻，会形成黑苔，并散发臭气。在造成黑臭河道的成因中，有人认为底泥的贡献大于 50%，解决内源污染问题的重点和难点在于如何解决底泥污染问题和污泥处置问题。其三，点源污染。解决点源污染问题的难点体现在如何解决市政尾水的深度达标问题。其四，自净能力。河流自净体系遭到破坏，这一点在大多数黑臭水体的治理过程中容易被忽视，氮磷超标会导致黑臭，但黑臭不一定全来自于氮磷超标。溶解氧因素是水体黑臭的一个很重要的指标，要客观辩证地看待黑臭水体治理断面达标问题。河流生态的自净至关重要，否则是治标不治本。恢复河流的生态自净能力，提高环境容量非常重要。如果不顾环境自净能力，而采用外科手术式的治理方式，费用惊人但效果不显著，这是目前黑臭水体治理中的一个盲区。

7. 权责视角

当前，黑臭河道治理的号角已经在全国吹响，但依然存在治理边界不清晰，企业承担流域治理 PPP 风险不确定等问题，政府、企业必须明确责、权、利，合理分摊风险，才能使黑臭河道治理成为一项可持续的利国利民的事业。

雨污合流体制下，一根雨水管中的污水，来自于这个片区企事业单位历史遗留的私搭混流、沿街经营单位的偷排（宾馆、洗浴、餐饮、工厂）和老旧居民小区的雨污合流。目前，大部分企业都把焦点放在末端截污，在入河口的位置做文章，截污效果有限。必须在源头梳理，雨污分流是个长期的难点，有些企业提出两年、三年内实现是不现实的。比如，2013 年南京市的雨污分流，真正的雨污合流管中 80% 的污水来自于经营单位的私搭乱建。这其实是一个管理问题。不能一味地只讲究技术手段，同时，管理、执法也要跟得上。另外，对于历史遗留的雨污合流问题，特别是老旧小区，建议结合海绵城市建设中的小区海绵化改造一并进行。建设海绵城市实质是解决水量问题，治理黑臭水体实质是解决水质问题，争取在水量调控的同时实现水质达标，当前在很多地方的海绵城市建设中，如果能将小区海绵化改造和片区雨污分流相结合是最佳模式，也是相辅相成的。各个地方政府在海绵城市规划中，可以明确提出此项指标。雨污合流也可以搞，但不能都搞，该雨污分流的必须雨污分流，需结合周边河道的自净能力、环境要求来具体确定。

治理黑臭水体，应首先确立以截污为先导的治理模式，对流域片区的排污管网系统排查，制定规划，包括企事业单位、经营单位、住宅小区的截污，并且纳入常态化监测和管理。其次，恢复河流的水质自净能力，实现在一定水动力条件下，污染物负荷与河流自净能力匹配，防止污染负荷的积累，最终实现水力、环保、生态三位一体协同，实现河湖真正达标。

8. 局限性

现有黑臭水体治理技术包括岸带修复、植物生态净化、原位化学处理、原位生物处理等方法。但这些技术都具有一定局限性。

岸带修复：景观效果为主，截污效果十分有限。

植物生态净化：在河道内种花种草效果甚微，很难解决根本问题。要尊重自然规律，合理选择水生植物。

原位化学处理（混凝处理）：只是污染物转移，没有移除和去除。对有机物和氮的处理效果有限。人工投加化学处理药剂会对生态系统造成不利影响的累积，不宜提倡。

原位生物处理：对有机物有一定效果，对氮磷基本没有效果。人工投加生物制剂，难以发挥长效作用。

11.2.6 评估

1. 评估方法

城市黑臭水体整治效果评估主要采取第三方机构评价法或专家评议法。第三方机构评价法是指由具有工程咨询或环境影响评价乙级以上相关资质的第三方机构组织对整治工程进行评估，并出具相关评估报告的方法。专家评议法是指由地方人民政府或相关主管部门组织行业专家在实地考察的基础上，对城市黑臭水体整治效果进行集中评议，并出具专家评议结论意见的方法。

评估专家实行利益规避原则，参与相应黑臭水体整治的第三方评估机构人员、工程实施单位人员、监测机构人员均不得作为评估专家。

2. 评估内容与技术要求

很多地方的水体整治存在周期性反复问题，如果治理工程不到位，治理后的水体很快又会恢复到黑臭状况，因此，整治效果评估不是仅仅看工程完工后这段时间的效果，更重要的是看其持续性的效果，看其受不同环境条件影响之后的效果。

城市黑臭水体整治效果评估报告的主要内容和依据应包括公众调查评议材料、专业机构检测报告、工程实施影像材料、长效机制建设情况等。其中，公众调查评议结果是判断地方政府是否完成黑臭水体整治目标的主要依据，其他专业评估结果可为整治工作绩效考核、政府购买服务支付服务费等提供技术支撑。

公众调查评议材料：

加强公众参与在城市黑臭水体整治评估中的作用。政府可委托专业调查公司或第三方评估机构，采取公众调查问卷的形式对黑臭水体影响范围内的社区居民、商户等，进行水体整治前后的效果调查。专业调查公司或第三方评估机构应系统总结公众调查情况，形成调查总结报告，作为整治效果评估的重要依据。有条件的地区可通过手机二维码等形式完成公众调查。

城市黑臭水体分级的评价指标包括透明度、溶解氧（DO）、氧化还原电位（ORP）和氨氮（NH_3-N）。

水体黑臭程度分级判定时，原则上可沿黑臭水体每 $200\sim600m$ 间距设置检测点，但每个水体的检测点不少于 3 个。取样点一般设置于水面下 0.5m 处，水深不足 0.5m 时，应设置在水深的 1/2 处。原则上间隔 $1\sim7d$ 检测 1 次，至少检测 3 次以上。

专业机构监测报告：具有计量认证资质的第三方监测机构（一般可选择黑臭水体治理前等级判定的检测单位）可根据地方人民政府或有关部门委托，于工程实施前后按照相关理化指标进行整治效果评估，还可考虑选用其他参考评价指标（如 SPI 等），开展辅助评估。

3. 机制和考核

城市黑臭水体治理，政策是准绳，工程是手段，管理是基础，维护是保障，处罚是制约，公众是监督，产业升级是措施。

加快污水管网建设，树立生态＋理念，发展绿色经济、低碳经济、循环经济，淘汰落后产能，消除污染源头。构建新的机制，长效治水，源头严防，过程严管，恶果严惩，谁造成污染谁赔偿，谁没有达标谁担责，实现经济效益、生态效益和社会效益最大化。黑臭水体具有季节性、易复发性特点，防止黑臭反弹，强化监管，鼓励公众参与，进一步健全水质监测、预警应对、信息公开等机制，加强监督考核，强化追责问责，完善治理协调机制，补齐短板，消除漏洞，避免破窗效应。

以治理效果达标确定付费额度，是以 PPP 模式推进城市黑臭水体治理的一种考核方式。在某水库水环境综合治理 PPP 项目中，就是采取了这种按治理效果考核付费的方式。该河域治理的建设内容包括河道整治工程、河道截污工程、河道生态工程、沿岸景观工程等。考核评分主要分为日常监测、第三方监测、设施运营评价、投诉与媒体曝光、公众评价 5 个部分。绩效考核与运营服务费支付比例以月为考核周期，以季度（每 3 个月）为付费周期，月考核得分与应付月度运营服务费的关系是：总分≥85 分，支付比例为 100%；85 分＞总分≥75 分，支付比例为 85%；75 分＞总分≥65 分，支付比例为 70%；65 分＞总分≥55 分，支付比例为 60%；55 分以下，支付比例为 0。考核内容包括水质考核标准和项目技术要求两个部分。引入了独立的第三方监测考评制。

11.2.7　评价

1. 黑臭水体评价指标与确定方法

在城市黑臭水体评价指标研究中，主要包括了物理指标和化学指标两种。在物理指标方面，有学者从物理表观角度，基于人的感官体验，提出将水体划分为黄（灰）绿无臭、灰褐微臭、黑臭、深黑恶臭 4 个等级，指出臭味感觉级别以距离划分，微臭为贴近水面有感觉，黑臭为站在河旁有感觉，恶臭为距离河流 1m 以外有感觉。在化学指标方面，单一指标，国内学者普遍以溶解氧（DO）指标作为界定水体是否黑臭的基本标准。认为水体中当 DO＜2.0mg/L 时，表示出现黑臭。综合化学指标方面，主要建立了以 DO、BOD_5、COD_{Cr}、NH_4^+-N、总磷（TP）等为常规指标的表征方法，设置各项指标浓度阈值，通过各指标对比表征黑臭水体。

2. 黑臭指数（I）法

黑臭指数（I）是通过构建综合指标全面评价水体黑臭程度。常用的有 3 种：其一，黑臭单因子污染指数（I）。最早由上海自来水公司提出，主要用于评价黄浦江水系河道黑臭情况。其二，有机污染指数（A 值）。该指数综合考虑了 BOD_5、COD_{Cr}、NH_4^+-N 和 DO 等 4 种因素对黑臭的影响。其三，黑臭多因子加权指数（W）。是通过实地调研、观测试验，研究各种影响因素与水体黑臭的相关性。上述方法的目的皆是建立影响水体黑臭的主要环境因素和黑臭状况关键指标之间的关系方程。目前，国内已建立了多项用于黑臭评价的判别关系式，并不断应用于实践中。

3. 多元非线性回归模型

有学者认为，用于黑臭水体评价的指标与各水质指标之间的关系是复杂的，不能用简单的线性关系表示，因此需要建立评价指标与各项水质指标之间的非线性关系。与多元线性回归模型类似，多元非线性回归模型在建立过程中同样需要检测大量水质指标并分析各水质指标与水体黑臭程度的相关性，随后选取相关性高的水质指标建立模型。

多元非线性回归模型在建立过程中考虑了多个水质指标，在评价模型建立过程中监测了 pH、水温、DO、NH_4^+-N、TN、TP、PO_4^{3-}-P、温度、Chla、蓝细菌总生物量、藻类总生物量和浊度等大量水质参数并进行了筛选，能够较全面、准确地预测水体的黑臭状况。但是，由于涉及的参数太多，监测过程也比较复杂。目前，国内使用非线性回归模型多用来评价湖泊、水库，对河道黑臭的研究鲜有报道，却是一种值得借鉴的河道黑臭评价方法。

4. 综合评价法

用于黑臭水体评价的综合评价法主要包括模糊数学评价法、灰色系统评价法和人工神经网络评价法。模糊数学评价和灰色系统评价属于矩阵运算分析法，是基于矩阵运算形成的分析方法。

第12章 托管调试运营海滨污水处理厂案例

海滨污水处理厂位于某市海滨新区化工园区,主要处理园区化工废水,建成后,委托方对其进行托管调试运营。

12.1 海滨污水处理厂对石化废水接管标准

根据国家标准《石油化学工业污染物排放标准》GB 31571—2015、《石油炼制工业污染物排放标准》GB 31570—2015 以及海滨污水处理厂设计说明、SH 炼化一体化可行性研究报告等资料,制定了海滨污水处理厂对炼化一体化废水的接管标准。

12.1.1 概况

1. 标准设置目的

《石油化学工业污染物排放标准》GB 31571—2015 和《石油炼制工业污染物排放标准》GB 31570—2015 中对石油类、硫化物等特征污染物设定了明确的间接排放限值,而COD、氨氮等常规污染物排放标准则由企业与海滨污水处理厂根据其污水处理能力商定相关标准,并报当地环境保护主管部门备案。根据海滨污水处理厂工艺情况以及炼化一体化排水情况、SEB 石化排水情况,制定了海滨污水处理厂对炼化一体化废水及 SEB 石化废水接管标准,作为企业验收审批的依据,同时为海滨污水处理厂的运行提供指导。

2. 海滨污水处理厂情况

(1)污水概况

海滨污水处理厂主要服务于海滨新区石化产业基地,污水来源主要以石化行业工业废水为主,其余生活污水及市政公共设施等污水量所占比例较小。一期工程服务范围为石化园区近期入驻的企业,污水来源主要为:江苏 HG 石化有限公司年产 150 万 t PTA 项目污水处理站排水、SEB 的 MTO 一期工程污水站排水及 HY 热电项目排水等。

一期工程占地面积 6.9hm²,设计规模为 5 万 m³/d,采用工艺流程为:事故池及均质池调节+水解酸化+AO+二沉池+溶气气浮+臭氧接触氧化+BAF+过滤+消毒+出水监测工艺,达标排放一级 A 标准。预计调试期间污水总量约 1.8 万 m³/d 左右,主要为 PTA 项目污水(3000m³/d 左右)、SEB 的 MTO 污水(10000m³/d 左右)和 HY 热电项目排水及其他污水(5000m³/d 左右)。

PTA 废水含有高浓度的有机污染物,水质成分复杂,主要成分有对苯二甲酸(TA)、精对苯二甲酸(PTA)、粗对苯二甲酸(CTA)、苯甲酸(BA)、对二甲苯、间苯二甲酸、对甲基苯甲酸、4-甲醛苯甲酸(4-CBA)、醋酸甲酯、醋酸及微量重金属钴、锰等物质。苯环化合物如 TA、对甲基苯甲酸等,废水主要为碳氢化合物,N、P 营养物质不足,生化性较差,部分 Co、Mn 金属离子和部分难降解物质,对微生物有较强的毒害和抑制作用。企业内部污水处理站采用 TA 沉降＋调节＋厌氧＋射流曝气＋沉淀工艺，PTA 废水经厂区内部厌氧＋好氧处理后，污水中残存的有机物基本均较难以生物降解，处理后出水COD 约 377mg/L，SS 约 15mg/L，氨氮约 0.12mg/L。MTO 装置污水，一般情况下，污水可生化性较好，但污水中存在一定浓度的油类物质和一些较难生物降解并可能对生化产生抑制作用的物质；MTO 污水水量较大，经过厂区内部预处理后，进入海滨污水处理厂的废水可生化性较差。其他近期进入污水处理厂的污水如热电、氯碱、精细化工企业排水等，大部分含有各种有机及无机化工污染物和少量的污油，盐分高、悬浮物高、COD 和氨氮较高，属于难生化降解废水。

（2）设计进水水质

设计进水标准，见表 12-1 所列。

海滨污水处理厂设计进水标准　　　　　　表 12-1

序号	控制项目	单位	日平均浓度限值
1	化学需氧量（COD）	mg/L	≤500
2	B/C	—	≥0.25
3	氨氮（以 N 计）	mg/L	≤35
4	总氮（以 N 计）	mg/L	≤45
5	总磷（以 P 计）	mg/L	≤5
6	pH		6～9
7	TDS	mg/L	≤4000
8	悬浮物	mg/L	≤300

RO 浓水设计进水水质如下：COD_{cr} ≤200mg/L、NH_3-N ≤15mg/L、TN≤45 mg/L、SS≤200mg/L、色度≤200 倍、pH6～9。

（3）设计出水水质

出水满足国家《城镇污水处理厂污染物排放标准》GB 18918—2002 一级 A 标准，主要指标见表 12-2 所列。

主要污染物指标　　　　　　表 12-2

污染物	数值	单位
COD_{cr}	50	mg/L
BOD_5	10	mg/L
SS	10	mg/L
总氮（TN）	15	mg/L
NH_3-N	5(8)	mg/L
总磷（TP）	0.5	mg/L
色度	30	倍
粪大肠菌群数	1000	个/L
pH	6～9	—

（4）工艺流程

工艺流程如图 12-1 所示。

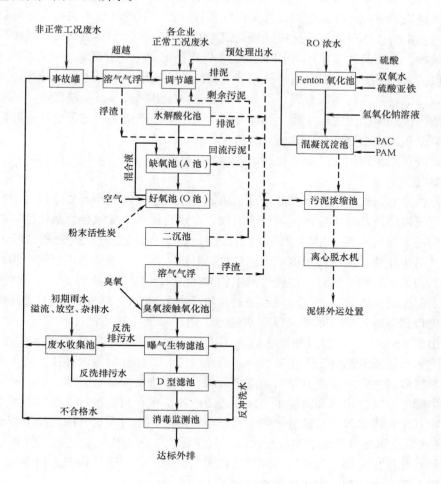

图 12-1　海滨污水处理厂工艺流程图

RO 浓水（压力流）首先进入 pH 调节池，加入硫酸溶液将 pH 调节至酸性后进入 Fenton 反应池，RO 浓水与投加的芬顿（Fenton）试剂混合，经催化氧化去除部分 COD，同时提高浓水的可生化性能；而后反应池出水加入 NaOH 溶液回调 pH 至中性后，再与投加的絮凝剂 PAC 及 PAM 混合，进入平流沉淀池进行固液分离，分离后出水经泵提升进入调节罐。

石化产业基地内各企业正常工况的废水通过管廊压力流进入调节罐进行水量的调节和水质的均和，非正常工况废水切入事故罐进行临时储存。若事故罐内污水含油浓度较高，则先经气浮后再通过泵送入均质调节罐；若油含量不高，直接通过泵小流量送入调节罐。设计将二沉池剩余污泥经 RO 浓水处理单元的提升泵送至调节罐内，对调节罐内的混合污水进行预水解酸化处理。

调节罐内的污水由循环泵送至水解酸化池，通过微生物的水解酸化作用将污水中难降解的有机物转化为易于生化降解的中间体，提高污水的可生化性。水解酸化池采用传统上向流方式，底部设布水系统，内部悬挂组合填料以强化水解酸化效果；水解酸化池出水进入缺氧池，在缺氧环境下将从 O 池回流回来的混合液中的大部分硝酸盐氮还原化成氮气；缺氧池出水进入好氧池，好氧池内设鼓风曝气装置，在好氧的环境下去除大部分有机污染物，并将进水中的大部分氨氮转化成硝酸盐氮，好氧池分泥法和膜法两段，膜法段内添加生物流化填料，采用载体流化床 MBBR 工艺，以提高好氧生化处理效率及氨氮处理效果，膜法好氧段的末端设置泥水混合液回流系统，将消化液送回缺氧段进行反硝化；而后好氧池出水进入二沉池，进行固液分离，部分污泥通过泵提升回流至前端缺氧池，其余剩余污泥去 RO 浓水预处理系统的出水池，经提升泵送至调节罐，调节罐的泥水混合液进入水解酸化池，剩余污泥经水解酸化池排出，自流至污泥浓缩池。

该污水处理厂预留生化应急强化系统，将粉末活性炭投加到生化系统中，将 AO 工艺转化为 PACT 工艺。

二沉池的出水自流进入污水深度处理系统，首先通过溶气气浮，去除污水中残余的悬浮物，溶气气浮浮渣经收集后送至污泥浓缩池；出水自流进入臭氧接触氧化池，在臭氧接触氧化池内通入臭氧对污水中残留的有机物进行氧化，对已经过 AO 处理的污水进行改性，提高其可生化性；臭氧接触池出水通过泵提升进入曝气生物滤池，曝气生物滤池内装填高比表面积的陶粒颗粒填料，以提供微生物膜生长的载体，污水自下向上流过滤料层，在滤料层下部设鼓风曝气，空气与污水接触，使污水中的有机污染物与填料表面生物膜通过生化反应得到降解，填料同时起到物理过滤作用；曝气生物滤池出水自流进入 D 型滤池，确保出水 SS 达标；D 型滤池出水进入消毒池，通过投加二氧化氯对污水进行消毒，消毒后水进入在线监测池对出水水质指标进行在线监测，达标后污水外排，当出水不达标时，通过泵将监测池内的水提升至前端的事故罐，再次进行全流程处理。

曝气生物滤池反洗出水和初滤水、D 型滤池的冲洗水和初滤水、溢流放空污水、罐区初期雨水及其他杂排水等均自流进入废水收集池，而后均通过泵提升回流至事故罐。

RO 浓水混凝沉淀池排泥、事故废水溶气气浮泥渣、污水深度处理溶气气浮浮渣、调节罐及水解酸化池排泥等，先经过污泥浓缩池重力浓缩后，再通过污泥进料泵送入离心脱水机，机械浓缩脱水处理，泥饼外运处置。

3. 炼化一体化项目概况

SH 炼化一体化项目包括 1600 万 t/a 炼油、280 万 t/a 的对二甲苯、110 万 t/a 乙烯以及储运、公用工程与相应配套设施和原油、成品油、液体化工、煤、散杂货码头及厂外工程。按照"分子炼油"理念，炼化一体统一优化，实现尽可能多产烯烃和对二甲苯的目的。炼化一体化整体排水分为三个部分：炼油化工和 IGCC、合成氨及甲醇装置。主要排水情况见表 12-3 所列。

12.1.2 接纳 SH 炼化一体化废水水质接管标准

1. 生产污水接管标准

（1）生产污水主要是各企业及装置排放的有机污染为主的污水。

（2）水污染物特别排放限值执行《石油化学工业污染物排放标准》GB 31571—2015 第 4.3 条款表 2 中的间接排放标准。

（3）按照 GB 31571—2015 表 2 注（1）规定，对间排标准未规定限值的污染物项目水质标准约定，见表 12-4 所列。

炼化一体化排水情况　　　　　　　　　　　　　　　　　表 12-3

序号	名称		水量(t/h)	水质情况(mg/L)
1	含油废水	炼油装置及其他辅助装置含油污水	正常量 347,最大量 421	含油量≤200
2				
3		化工装置含油污水	正常量 349,最大量 393	含油量≤200
		IGCC 装置含油污水	正常量 328,最大量 410	COD≤300,氨氮≤250
4	含盐有机废水		366	COD 在 200 左右,TDS≤3500
5	高含盐无机废水		再生水处理设施 1:145	COD 约为 150,TDS 约 4500
			再生水处理设施 2:90	COD 约为 60,TDS 约 7000

主要污染物指标　　　　　　　　　　　　　　　　　　表 12-4

指　　标	单　　位	限　　值
pH	—	6~9
悬浮物(SS)	mg/L	≤200
化学需氧量(COD)	mg/L	250~750
五日生化需氧量(BOD_5)	mg/L	75~300
氨氮(NH_3-N)	mg/L	≤45
总氮(TN)	mg/L	≤55
总磷(TP)	mg/L	≤6

（4）有机特征污染物排放限值执行《石油化学工业污染物排放标准》GB 31571—2015 第 4.4 条款表 3 标准。

（5）苯并（a）芘、铅、镉、砷、镍、汞、铬等特征污染物执行《石油化学工业污染物排放标准》GB 31571—2015 第 4.3 条款表 2 标准。

（6）以上标准适用于正常情况下 TDS≤3500mg/L 的常规污水。

2. 含盐废水接管标准

（1）含盐废水主要是各企业及装置排放的以无机污染为主的废水，包括循环冷却水排水（不含炼油装置）、除盐水站排水等。

（2）如企业自建含盐废水处理装置，含盐废水排放限值执行《城镇污水处理厂污染物排放标准》GB 18918—2002 中表 1 一级 A 标准。

（3）如企业委托海滨污水处理厂进行预处理，含盐废水排放限值规定如下：

1）水污染物特别排放限值执行《石油化学工业污染物排放标准》GB 31571—2015 第 4.3 条款表 2 中的间接排放标准。

2）按照 GB 31571—2015 表 2 注（1）规定，对间排标准未规定限值的污染物项目水质标准约定，见表 12-5 所列。

3）有机特征污染物排放限值执行《石油化学工业污染物排放标准》GB 31571—2015 第 4.4 条款表 3 标准。

4）苯并（a）芘、铅、镉、砷、镍、汞、铬等特征污染物执行《石油化学工业污染物排放标准》GB 31571—2015 第 4.3 条款表 2 标准。

主要污染物指标 　　　　　　　　　　　　　　　　　　　　表 12-5

指　标	单　位	限　值
pH	—	6～9
悬浮物(SS)	mg/L	≤200
化学需氧量(COD)	mg/L	≤150
五日生化需氧量(BOD₅)	mg/L	≤100
氨氮(NH₃-N)	mg/L	≤15
总氮(TN)	mg/L	≤20
总磷(TP)	mg/L	≤5

12.1.3　接纳 SH 炼化一体化项目炼油废水水质接管标准

1. 生产污水接管标准

（1）生产污水主要是各企业及装置排放的有机污染为主的污水。

（2）水污染物特别排放限值执行《石油炼制工业污染物排放标准》GB 31570—2015 第 4.3 条款表 2 中的间接排放标准。

（3）按照 GB 31570—2015 表 2 注（1）规定，对间排标准未规定限值的污染物项目水质标准约定，见表 12-6 所列。

主要污染物指标 　　　　　　　　　　　　　　　　　　　　表 12-6

指　标	单　位	限　值
pH	—	6～9
悬浮物(SS)	mg/L	≤200
化学需氧量(COD)	mg/L	250～800
五日生化需氧量(BOD₅)	mg/L	75～350
氨氮(NH₃-N)	mg/L	≤45
总氮(TN)	mg/L	≤55
总磷(TP)	mg/L	≤6

（4）以上标准适用于正常情况下 TDS≤3500mg/L 的常规污水。

2. 含盐废水接管标准

（1）含盐废水主要是各企业及装置排放的以无机污染为主的废水，包括循环冷却水排水、除盐水站排水等。

（2）水污染物特别排放限值应按《石油炼制工业污染物排放标准》GB 31570—2015 第 4.3 条款表 2、《石油化学工业污染物排放标准》GB 31571—2015 第 4.3 条款表 2 中的间接排放标准的严者执行。

（3）对间排标准未规定限值的污染物项目水质标准约定，见表 12-7 所列。

（4）有机特征污染物排放限值执行《石油化学工业污染物排放标准》GB 31571—2015 第 4.4 条款表 3 标准。

主要污染物指标　　　　　　　　　　　　　　　表 12-7

指　标	单　位	限　值
pH	—	6～9
悬浮物(SS)	mg/L	≤200
化学需氧量(COD)	mg/L	≤150
五日生化需氧量(BOD$_5$)	mg/L	≤100
氨氮(NH$_3$-N)	mg/L	≤15
总氮(TN)	mg/L	≤20
总磷(TP)	mg/L	≤5

12.2　联动调试咨询

联动调试期间，选择了一个经验丰富的公司作为咨询监理，协助管理调试工作。

12.2.1　概况

1. 目标

对海滨新区海滨污水处理厂开车调试方案及调试过程提供审核、审查和咨询等技术服务，协助海滨污水处理厂按照预定计划顺利调试至出水水质达标，促使海滨污水处理厂顺利投入正常运营；为保障海滨新区水环境安全和上游生产企业正常生产、落实环保法和"三同时"制度做出积极贡献。

2. 工作依据

(1)《城镇污水处理厂污染物排放标准》GB 18918—2002

(2)《海滨新区海滨污水处理厂初步设计》

(3)《海滨新区海滨污水处理厂环境影响评价报告》

(4)《海滨新区海滨污水处理厂试运行计划》

(5)《海滨新区海滨污水处理厂开车调试方案》

(6)《HG 石化污水处理厂开车调试方案》

(7) 其他相关政策与文件。

3. 工作思路

对调试准备过程和调试实施过程进行监督、审核并提出可操作的合理化建议。

(1) 工作阶段：调试准备阶段、调试实施阶段和调试验收阶段。

(2) 沟通对象：HG 石化、SEB、海滨污水处理厂调试等。

(3) 咨询内容：调试方案审查、调试过程监督、调试验收预审。

12.2.2　服务内容

1. 海滨新区污水处理现状调研

(1) XW 污水处理厂运行现状调研与处理能力分析。

（2）HG 石化污水处理厂运行现状调研与处理能力分析。

2. 海滨新区上下游污水处理厂调试方案审查与衔接审查

（1）HG 石化污水处理厂调试方案审查。

（2）海滨污水处理厂调试方案审查。

（3）上下游污水处理厂调试方案一致性与协调性审查。

3. 海滨污水处理厂开车联动调试技术路线设计

（1）HG 石化污水处理厂排放废水水量水质分配技术路线设计。

（2）海滨污水处理厂开车调试技术路线设计。

（3）海滨污水处理厂进水水量水质条件设计。

（4）XW 污水处理厂进水水量水质条件设计。

（5）异常进水与异常运行情况下上、下游污水处理厂的协调沟通机制与责任设计。

4. 海滨污水处理厂调试过程质量监督与审查

（1）调试过程质量监督，及时发现调试过程中存在的各种问题。

（2）调试进度滞后原因分析与建议。

5. 海滨污水处理厂调试过程问题咨询

（1）调试过程中技术难题解决方案审查与论证。

（2）调试异常情况下参与制定解决方案。

6. 海滨污水处理厂调试验收预审查

（1）污水处理厂验收方法文件审查。

（2）污水处理厂调试运行数据和运行效果预审查。

12.2.3 考核指标

（1）提出的调试方案审查意见得到相应调试方的认可。

（2）调试方案一致性审查意见重点突出，能够促使上下游污水处理厂最终调试方案的协调一致。

（3）设计的海滨污水处理厂开车调试技术路线和异常情况沟通机制在海滨污水调试实施过程中得到检验，能够规避调试中出现的重大异常。

（4）调试过程监督工作认真负责，调试中发现的问题为实现调试结果做出了贡献。

（5）调试异常情况下及时参与制定解决方案，避免了异常情况的加剧，及时扭转了不利局面。

（6）协助海滨污水处理厂调试按照预期计划顺利达标验收。

（7）服务期限。根据海滨污水处理厂业主的要求，积极配合开展上述各项工作，直至整个项目的完成。

12.3 设备仪表

12.3.1 设施设备

主要工艺设施、设备，见表 12-8 所列。

主要工艺设施/设备一览表　　　　　　　　　　　　　　表 12-8

序号	代号/名称	数量/规格/工艺参数/控制方式
1	461A/B 调节罐	钢制立式圆筒形固定顶储罐 2 台：$\phi \times H = 42m \times 21.5m$，有效容积 20000$m^3$、停留时间 19.2h；高浓度废水循环卧式离心泵(P461A1-6)6 台(4 用 2 备)，$Q = 1500m^3/h$，$P = 0.06MPa$
2	462 事故罐	钢制立式圆筒形固定顶储罐 1 台：$\phi \times H = 44m \times 25.5m$，有效容积 30000$m^3$、停留时间 14.4h；调节罐及事故罐进水管上均设置气动阀门
3	463 事故废水溶气气浮装置	半地下式钢筋混凝土气浮出水池 1 座：$L \times B \times H = 4m \times 5m \times 4.5m$；半地下式钢筋混凝土浮渣污泥池 1 座：$L \times B \times H = 4m \times 5m \times 4.5m$；溶气气浮成套设备(M463A1)1 套：$L \times B \times H = 5362mm \times 3836mm \times 4200mm$，处理能力 200$m^3/h$，配套：管式反应器、溶气泵、溶气水箱、刮泥机、刮渣机等；污泥卧式离心泵(P463A1-2)2 台(1 用 1 备)：$Q = 80m^3/h$，$P = 0.15MPa$；气浮出水提升卧式离心泵(P463B1-2)2 台(1 用 1 备)：$Q = 200m^3/h$，$P = 0.2MPa$；立式折桨式搅拌机(M463B1) 1 台：叶轮直径 $\phi420mm$，功率 $N = 3.0kW$
4	464 RO 浓水预处理系统单元	地上式钢筋混凝土结构中和反应池 1 座(分 2 个系列)：$L \times B \times H = 18m \times 14m \times 5.0m$；地上式钢筋混凝土结构混凝沉淀池 1 座(分 2 个系列)：$L \times B \times H = 22.8m \times 14m \times 5.0m$；pH 调节立式桨叶搅拌机(M464A1-2)2 台，功率 $N = 5.5kW$；Fenton 反应一级立式桨叶搅拌机(M464B1-2)2 台：功率 $N = 5.5kW$；Fenton 反应二级立式桨叶搅拌机(M464C1-2)2 台，功率 $N = 11kW$；立式框式絮凝搅拌机(M464D1-2)2 台，功率 $N = 0.55kW$；立式框式絮凝搅拌机(M464D3-4)2 台，功率 $N = 0.37kW$；沉淀池排泥桁车式吸泥机(M464E1-2)2 台，电机功率 $N = 5.5kW$，配套电控柜、移动电缆；RO 浓水预处理提升卧式离心泵(P464A1-2)2 台(1 用 1 备)：$Q = 420m^3/h$，$P = 0.22MPa$
5	465 反冲洗废水收集池	地下式钢筋混凝土池 1 座：$16m \times 14m \times 3.5m$；废水提升潜污泵(P465A1-3) 3 台(2 用 1 备)：$Q = 400m^3/h$，$H = 0.32MPa$；潜水搅拌机(M465A1) 1 台：搅拌机叶轮直径 $\phi = 620mm$
6	470 水解池	地上式钢筋混凝土结构池 1 座(分 8 格)：57m×28m×8.7m，水力停留时间 6h；PE 材质组合填料 8500m^3
7	471 AO 池	地上式钢筋混凝土结构池 1 座(分 2 个系列)：57m×119m×7.1m，缺氧段停留时间 5h，好氧段停留时间 16h(其中泥法段停留时间 10h，膜法段停留时间 6h)；缺氧池潜水搅拌机(M471A1-8)8 台，搅拌机叶轮直径 $\phi = 620mm$；混合液回流泵(P471A1-6)6 台(4 用 2 备)：$Q = 1000 \sim 1200m^3/h$，$P = 0.006 \sim 0.01MPa$；EPDM 材质管式微孔曝气器 3000 根，设备规格：$\phi70mm \times 1000mm$，曝气量 $Q = 8 \sim 9m^3/h \cdot m$，标准状态、6.5m 水深供氧效率≥18%，气泡尺寸 0.8～1.9mm，充氧动力效率 6～8kgO_2/kW，空气压降＜5.5kPa；PE 材质流化填料 5000m^3
8	472 二沉池及回流泵站	地上式钢筋混凝土辐流速沉淀池 2 座：$\phi48m \times 4.5m$，表面负荷 0.58 $m^3/(m^2 \cdot h)$，停留时间 3h，污泥回流比 200%；地上式钢筋混凝土污泥回流池 1 座：14m×5.5m×6.5m；双周边传动刮泥机(M472A1-2)2 台：$\phi48m$；污泥回流卧式离心泵(P472A1-3)3 台(2 用 1 备)：$Q = 1050m^3/h$，$P = 0.08MPa$
9	481 深度处理溶气气浮	地上式钢筋混凝土气浮池 2 座：18.6m×9m×3.65m，气浮停留时间 18min；混合搅拌机(M481A1-2)2 台；一级絮凝搅拌机(M481B1-2)2 台；二级絮凝搅拌机(M481C1-2)2 台；三级絮凝搅拌机(M481D1-2)2 台；压力溶气罐(V481A1-2)2 座：$\phi \times H = 1.2m \times 4m$；溶气释放器 TV 型 32 个：直径 250mm；行车式刮渣机(M481E1-2) 2 台：池宽 $B = 9m$(分 2 格)，行走速度 $v \leqslant 5m/min$；溶气水泵(P481B1-4) 4 台(2 用 2 备)：$Q = 104m^3/h$，$H = 0.6MPa$；空压机(C481A1-2) 2 台(1 用 1 备)：$Q = 0.2m^3/min$，$H = 0.6MPa$；浮渣泵(P481A1-2) 2 台(1 用 1 备)：$Q = 18m^3/h$，$H = 0.30MPa$

序号	代号/名称	数量/规格/工艺参数/控制方式
10	482 臭氧接触池	半地下钢筋混凝土结构池底 1 座(分 2 个系列):49m×18m×5m,臭氧接触时间 0.6h,缓冲时间 1.2h;出水提升泵(P482A1-3) 3 台(2 用 1 备):$Q=1050\text{m}^3/\text{h}$,$H=0.14\text{MPa}$
11	483 曝气生物滤池	地上式钢筋混凝土池 1 座(分 8 格):37m×16m×7.3m,COD 负荷 0.86 kgCOD/(m³滤料·d);反洗用罗茨风机(C483A1-2) 2 台(1 用 1 备):$Q=34\text{m}^3/\text{min}$,$P=78.4\text{kPa}$;曝气用罗茨风机(C483B1-10) 11 台(10 用 1 冷备):$Q=10\text{m}^3/\text{min}$,$P=63.7\text{kPa}$;滤板、长柄滤头、单孔膜空气扩散器等 8 套;BAF 专用长柄滤头(材质:ABS 工程塑料,数量:20160 个),BAF 专用单孔膜空气扩散器(材质:ABS 工程塑料,数量:27440 个),BAF 高精度滤板(规格:990m×990m×102mm,材质:钢筋混凝土,数量:571 块),陶粒滤料(粒径:$\phi=5\text{mm}$,数量:2100m³),卵石(粒径:$\phi=2\sim16\text{mm}$,数量:168m³)
12	484 D 型滤池	地上式钢筋混凝土池 1 座(分 6 格):15.6m×6m×4.2m,滤速 $v=14.5\text{m/h}$,单格反冲洗时滤速 $v'=16.9\text{m/h}$;气动闸门 6 套:$B×L=500\text{mm}×500\text{mm}$,滤板 288 套:$B×L=980\text{mm}×490\text{mm}$;长柄滤头 8064 套:直径 DN15;多功能拦截板 72 套:$B×L=1988\text{mm}×994\text{mm}$;纤维滤料 180m³
13	485 消毒及监测池	半地下钢筋混凝土池 1 座:42.7m×20m×4.3m,消毒接触时间 0.5h,监测池停留时间 1h;出水提升卧式离心泵(P486A1-3) 3 台(2 用 1 备):$Q=1050\text{m}^3/\text{h}$,$H=0.1\text{MPa}$;反洗水卧式离心泵(P486B1-2) 2 台:$Q=520\text{m}^3/\text{h}$,$H=0.15\text{MPa}$
14	491 污泥浓缩池	地下钢筋混凝土池 2 座:$\phi20\text{m}×4.8\text{m}$,污泥固体通量 1.6kg 干固体/(m²·h);中心传动浓缩机(M491A1-2) 2 台:浓缩机直径 $\phi=16\text{m}$
15	492 污泥脱水间	离心脱水机 2 套:单套离心脱水机处理能力 $Q=45\text{m}^3/\text{h}$,进泥含水率 99.2%,泥饼含水率 80%;螺杆污泥进料泵(P492A1-3) 3 台(2 用 1 备):$Q=45\text{m}^3/\text{h}$,扬程 $P=0.4\text{MPa}$,配电机功率 $N=11\text{kW}$;污泥切割机 3 台:45m³/h,配电机功率 $N=5.5\text{kW}$,水平螺旋输送机(L492A1)1 台:$Q=1\sim3\text{m}^3/\text{h}$,$L\approx8\text{m}$,螺旋直径 280mm,功率 4kW;倾斜螺旋输送机(L492B1)1 台:$Q=1\sim3\text{m}^3/\text{h}$,$L\approx9\text{m}$,螺旋直径 320mm,$N=4\text{kW}$,安装角度 25°;PAM 一体化加药装置 1 套:溶药能力 10kg/h(干粉),电机总功率 $N=1.75\text{kW}$;成套带 PAM 加药泵 2 台:$Q=0\sim1000\text{L/h}$,$P=0.1\sim0.4\text{MPa}$,$N=0.75\text{kW}$
16	493 臭氧制备间	臭氧发生器(M493A1-3) 3 台:单台臭氧发生量 $Q=20\text{kg/h}$,额定浓度 30g/Nm³;板式换热器 3 台:换热功率≥320kW,水流量≥80m³/h;循环水泵 3 台:$Q=80\text{m}^3/\text{h}$,$P=0.21\text{MPa}$;尾气破坏系统 1 套
17	494 加药间	(1)PAM 三厢式一体化加药装置(M494A1)1 套:制备能力 $Q=15\text{kg/h}$(粉剂),配置溶液浓度 0.2%,外送溶液浓度 0.1%。成套包括:①自动加药料仓、漏斗 1 套;②箱体 1 台;③搅拌机 1 台;④PAM 输送泵 6 台。 (2)PAC 加药装置机(M494B1)1 套:PAC 投加浓度 5%。成套包括:①立式搅拌罐 2 台,单台有效容积 $V=10\text{m}^3$;②计量泵 6 台。 (3)硫酸加药装置(M494C1)1 套:硫酸投加浓度 50%。成套包括:①硫酸储罐 1 台;②卸料泵 1 台;③加药泵 3 台。 (4)氢氧化钠加药装置(M494D1)1 套:氢氧化钠投加浓度 32%。成套包括:①立式搅拌罐 1 台;②计量泵 3 台。 (5)硫酸亚铁加药装置(M494E1)1 套:硫酸亚铁投加浓度 5%～10%,成套包括:①立式搅拌罐 1 台;②计量泵 3 台。 (6)过氧化氢加药装置 1 套:过氧化氢投加浓度 30%～35%,成套包括:①立式搅拌罐 1 台;②计量泵 3 台。 (7)粉末活性炭投加装置(M494G1)1 套。成套包括:①立式搅拌罐 1 台;②偏心螺杆泵 2 台

续表

序号	代号/名称	数量/规格/工艺参数/控制方式
18	495 加氯间	二氧化氯发生器（M495A1-2）3 台（2 用 1 备）：有效氯产量 $Q=10kg/h$。成套包括：①盐酸计量泵 3 台；②氯酸钠计量泵 3 台；③盐酸卸料泵 1 台；④氯酸钠化料器 1 台；⑤盐酸储罐 1 台；⑥氯酸钠储罐 1 台；⑦水射器 3 台
19	451 鼓风机房	单级高速离心鼓风机（C451A1-4）4 台（3 用 1 备）：风量 $Q=150m^3/min$，$P=73.5kPa$，$U=10kV$ 监测控制：离心鼓风机的运行、故障、电流及进风口导叶开度信号送至中控室，风机进风口导叶开度通过 O 池内溶解氧在线调节
20	452 除臭装置	生物除臭装置（M452A1-2）2 套：单台处理能力 30000m^3/h。成套包括：①一体化生物除臭设备 1 套；②玻璃钢离心风机 2 台；③洗涤循环泵 2 台；④过滤循环泵 2 台；⑤排气筒 1 只

12.3.2　电气自控系统

1. 电气系统

厂区内设有一座 10kV 变电所（301），按两回路 10kV 电源设计，两路电源一主用一备用，均由市电引来。共有 10kV 电机 4 台（套）、380V 电机 107 台（套），单台电机最大功率为 300kW。全厂装机容量为 4773.18kW，常用设备容量 3463.98kW，备用容量 1309.20kW，需要容量 2720.02kW。

供电方式如下：在 301 变电所内设高、低压配电装置，10kV 母线采用单母线分段接线，母联设手、自投装置，向变电所内的 4 台干式变压器（4×1250kVA）以及现场各 10kV 用电设备供电，变电所 0.4kV 母线采用单母线分段接线方式，母联设手、自投装置，就近分别向各工号的低压用电设备供电。

301 变电所设 10kV 配电室、低压配电室、电气机柜间和仪表机柜室。

中置式高压开关柜、高压电容补偿柜均双列布置在高压配电室，变压器柜及低压配电柜双列布置在低压配电室内。

301 变电所采用无人值班，10kV 电源进线、母联、电力变压器采用在高压开关柜上控制；电气机柜间设微机监控后台，将 10kV 的信号引入本后台，变电所内通信管理机可以通信方式将本装置有关电气数据上传至上级变电所综合自动化系统；10kV 配电设备采用分散式微机保护装置。

除工艺要求的用电设备采用控制室 PLC 控制外，其余用电设备均采用就地控制。

生产装置内所有用电设备除现场成套控制箱外，均采用操作箱或电磁（手力）启动器操作。

在中央控制室进行遥控开停用电设备，现场为每台用电设备设有遥控、就地转换开关，当现场有紧急情况发生时，现场操作人员可操作现场停车开关，停止有关设备的运行。上述用电设备的运行信号送到 PLC 系统。

2. 压缩空气系统

压缩风系统供全厂仪器、仪表及阀门等设备气动执行器用净化风，空压站工艺流程为：常压空气经消声、过滤进入水冷螺杆空气压缩机，压缩后的排气压力达 0.75 MPa

（表压）、排气温度不大于 40℃。压缩空气经仪表空气储气罐进一步除去少量的残油、粉尘后，再进入无热再生吸附干燥装置，含有一定水分的湿空气在干燥器里沿干燥床层上升脱水干燥后进入粉尘过滤器，从而得到理想的空气品质。设 2 台排气量为 10.4m³/min 的水冷螺杆空气压缩机（1 用 1 备），2 台无热再生吸附式干燥器（1 用 1 备），额定处理气量为 11m³/min 及配套主管路前、后置过滤器与粉尘过滤器，10m³、5m³ 仪表空气储气罐各 1 个。

3. 控制系统

综合楼设中控室，操作站、工程师站、服务器等设在中控室内。污水处理厂采用 DCS 对各生产单元过程参数、电气参数及机泵运行状况进行监视、控制、联锁和报警；对系统内报警事件和各类报告、报表进行打印输出，DCS 控制站设在配电室机柜间内。

鼓风机、除臭装置、溶气气浮装置、脱水机、臭氧发生器、加药系统、加氯系统等 PLC 控制系统设备成套供货，其他主项监控采用 1 套 DCS 系统来实现。

DCS 操作站、DCS 控制站、溶气气浮、污泥浓缩脱水、二氧化氯发生器、臭氧发生器等成套单元 PLC 通过单模光纤，构成环形网络。

12.3.3　仪表

1. 压力仪表

就地压力指示根据介质情况选用耐振压力表或隔膜耐振压力表。电信号压力测量采用压力变送器。滤料上下水头损失采用远传差压变送器来测量。

2. 流量仪表

测量污水和污泥流量的检测仪表主要选用电磁流量计。压缩空气流量、臭氧流量测量采用热式气体质量流量计。

3. 液位仪表

水池液位采用分体式超声波液位计，参与调节的滤池液位采用雷达物位计。

4. 分析仪表

pH 分析仪采用差分电极 pH 分析仪。

ORP 分析仪采用金针电极，带测量、参考、温度补偿功能 ORP 分析仪。

污泥浓度计采用自清洗装置的散射光原理污泥浓度计。

溶解氧采用荧光法溶解氧分析仪。

NH_3-N 分析采用氨气逐出比色法氨氮分析仪来测量。

COD 分析采用碘化钾碱性高锰酸钾法 COD 分析仪来测量。

硝氮在线分析采用 210nm 紫外光吸收法硝氮分析仪。

泥位在线测量采用超声波泥位计。

水中油含量分析采用脉冲式紫外荧光法水中油分析仪。

为了便于 NH_3-N、COD、亚硝酸盐、水中油含量分析仪的统一管理和维护，设计两座自动分析器室（即进水自动分析器室、出水自动分析器室）。将进、出水 COD、NH_3-N、亚硝酸盐、水中油含量分析仪及 TOC 分析仪安装在相应的自动分析器室内，自动分析器室设照明、空调、供暖设施，并统一设置进水、排水、仪表空气、压缩空气等设施。

为了便于中控室及时掌握各分析仪的状况，上述在线分析仪与 DCS 系统通信。

12.4　托管运营调试

12.4.1　调试准备及保障

1. 调试前工程现场条件准备

（1）工艺调试启动前，必须完成工程联动调试及调试遗留问题整改。

（2）检查确认各类设备润滑剂按设备使用说明添加完毕，各类水泵、泥泵、药剂泵、风机、搅拌器、压缩机、刮泥机、阀门等传动设备完好无损。

（3）对工艺管线进行全面检查，安装质量符合要求；管线畅通，阀门开启灵活，各种管道必须按规定试压、试漏合格。

（4）检查电气设备、照明系统是否做好接地工作，符合使用条件；仪表进行全面校正，达到使用灵活、指示准确；电信系统可靠畅通；防腐保温符合规范要求。

（5）清除各构筑物内的杂物，包括建筑垃圾，达到使用要求，做到场地整洁，道路畅通。

（6）消防水带、水枪、灭火剂等消防设施、水池救生设备，按设计要求配置配备齐全。

（7）电气安全操作设施（绝缘手套、绝缘靴、毯）、岗位生产工具和防护用品、调试操作运行记录等准备就绪。

（8）参与调试机构组建、调试的人员到岗。

2. 分析化验准备

分析化验室（化学分析室、生化仪器室、无菌室、药剂库等）及化验设备准备就绪。

（1）化验室任务

负责对进入污水处理厂各污水处理工艺段、处理后的排放水进行常规水质分析；负责全厂水质自动分析仪表的日常使用和数据采集。

（2）化验分析项目：COD_{Cr}、BOD_5、pH、石油类、$NH_3\text{-}N$、TN、SS、MLSS、SV、污泥含水率、出水大肠杆菌、菌落总数等水质指标；污泥镜检分析等。

（3）分析标准、方法及频次

日常分析见表 12-9 所列（根据实际情况调整），调试前期根据调试需要增、减分析项目及频次。

日常分析项目　　　　　　　　　　　　　　　　　　　表 12-9

序号	取样地点	分析内容及控制指标	分析频率	分析方法
1	调节罐	pH：6～9	1 次/班	酸度计测定
		温度：0～50℃	1 次/班	水温计测定
		COD_{Cr}：0～1g/L	1 次/天	COD 测定仪测定
		BOD_5：0～1g/L	1 次/周	BOD 测定仪测定
		SS：0～400mg/L	1 次/天	过滤干燥重量法
		氨氮：0～100mg/L	2 次/周	纳氏试剂分光光度法

续表

序号	取样地点	分析内容及控制指标	分析频率	分析方法
1	调节罐	总氮:0~100mg/L	2次/周	过硫酸钾氧化紫外分光光度法
		色度:0~500倍	1次/天	比色法
		油:0~100mg/L	1次/天	红外油分析仪测定
		溶解性总固(TDS):500~6000mg/L	1次/天	蒸干重量法
2	事故罐	pH:6~9	2次/周	酸度计测定
		CODcr:0~2g/L	2次/周	COD测定仪测定
		氨氮:0~100mg/L	1次/周	纳氏试剂分光光度法
		SS:0~500mg/L	2次/周	过滤干燥重量法
		油:0~200mg/L	2次/周	红外油分析仪测定
3	水解酸化池出水	温度:0~50℃	1次/班	水温计测定
		CODcr:0~1g/L	1次/天	COD测定仪测定
		BOD$_5$:0~1g/L	1次/周	BOD测定仪测定
		SS:0~400mg/L	1次/天	过滤干燥重量法
		氨氮:0~100mg/L	2次/周	纳氏试剂分光光度法
		色度:0~500倍	2次/周	比色法
4	曝气池	DO:0~8mg/L	1次/天	溶解氧测定仪测定
		MLSS:1~5g/L	1次/天	MLSS测定仪测定
		SV:30%	1次/天	过滤干燥重量法
		油:0~10mg/L	1次/天	红外油分析仪测定
5	二沉池出水	COD$_{cr}$:0~1g/L	1次/天	COD测定仪测定
		BOD$_5$:0~2g/L	1次/周	BOD测定仪测定
		SS:0~100mg/L	1次/天	过滤干燥重量法
		色度:0~300倍	1次/天	比色法
		油:0~200mg/L	1次/天	红外油分析仪测定
6	BAF出水	pH:6~9	1次/班	酸度计测定
		CODcr:0~1g/L	1次/天	COD测定仪测定
		BOD$_5$:0~1g/L	1次/周	BOD测定仪测定
		氨氮:0~100mg/L	2次/周	纳氏试剂分光光度法
		总氮:0~100mg/L	2次/周	过硫酸钾氧化紫外分光光度法
		SS:0~100mg/L	1次/天	过滤干燥重量法
7	出水监测池	pH:6~9	1次/班	酸度计测定
		CODcr:0~1g/L	1次/天	COD测定仪测定
		BOD$_5$:0~1g/L	1次/周	BOD测定仪测定
		氨氮:0~50mg/L	2次/周	纳氏试剂分光光度法
		总氮:0~50mg/L	2次/周	过硫酸钾氧化紫外分光光度法
		总磷:0~10mg/L	2次/周	磷钼酸比色法

序号	取样地点	分析内容及控制指标	分析频率	分析方法
7	出水监测池	SS：0～5mg/L	1 次/天	过滤干燥重量法
		色度：0～50 倍	1 次/天	比色法
		浊度：0～5mg/L	1 次/天	浊度仪测定
		油：0～5mg/L	1 次/天	红外油分析仪测定
		溶解性总固：100～8000mg/L	1 次/天	重量法
8	污泥脱水间	含水率：80%	1 次/周	烘干重量法
9	加药间	有效含量：大于 90%	1 次/批料	

注：污水处理厂水质分析采用相应的国家标准。

3. 调试水量、接种污泥准备

调试水量及接种污泥，见表 12-10 所列。

调试水量及接种污泥　　　　　　　　　　　　　表 12-10

序号	名称	数量	时间	主要来源
1	进厂污水	2500m³/d	2016-10-20	PTA 排水
2	进厂污水	10000m³/d	2016-12-01	MTO 排水
3	进厂污水	4500m³/d	2017-01-10	其他污水
4	AO 系统一次接种活性污泥	300t（含水率 15%）或 3000t（含水率 98.5%）	2016-10-20～2016-11-20	同类性质污水处理厂脱水污泥或浓缩污泥
5	AO 系统二次接种活性污泥	150t（含水率 15%）或 1500t（含水率 98.5%），根据调试情况调整	2016-10-20～2016-11-20	同类性质污水处理厂脱水污泥或浓缩污泥
6	调节罐及水解系统接种污泥	200t（含水率 15%）或 2000t（含水率 98.5%），根据调试情况调整	2016-10-25～2016-10-30	同类性质污水处理厂脱水污泥或浓缩污泥

4. 调试药剂、原料准备

调试药剂及原料，见表 12-11 所列。

5. 调试人员培训

2016 年 10 月 21 日～10 月 25 日，工艺调试方案宣贯培训，现场工艺流程培训、设施设备培训、操作安全培训。

12.4.2　调试目标、任务、机构及进度计划

1. 工艺调试期限

自 2016 年 10 月 20 日开始，至 2017 年 4 月 20 日结束。

2. 调试组织机构及分工

调试组织机构设置，如图 12-2 所示。

调试药剂及原料 表 12-11

序号	名　称	重量(t)	到货时间
1	PAC	65	2016 年 11 月 1 日前第一批 10t，其余视情况分期到厂
2	PAM	5	2016 年 11 月 1 日前
3	硫酸溶液(50%)	30	2016 年 11 月 1 日前第一批 5t，其余视情况分期到厂
4	双氧水溶液(50%)	1500	2016 年 11 月 1 日前第一批 10t，其余视情况分期到厂
5	七水硫酸亚铁固体	500	视情况分期到厂
6	NaOH 溶液(32%)	1800	2016 年 11 月 1 日前第一批 10t，其余视情况分期到厂
7	浓盐酸(31%)	45	2016 年 11 月 10 日前第一批 5t，其余视情况分期到厂
8	氯酸钠	70	2016 年 11 月 10 日前第一批 10t，其余视情况分期到厂
9	消泡剂	1	2016 年 10 月 22 日前
10	液氧	1000	2016 年 11 月 5 日前第一批 10t
11	面粉	50	2016 年 10 月 20 日前第一批 10t
12	尿素	5	2016 年 10 月 20 日前
13	磷酸氢钾	1	2016 年 10 月 20 日前
14	甲醇	10	2016 年 11 月 5 日前第一批 5t

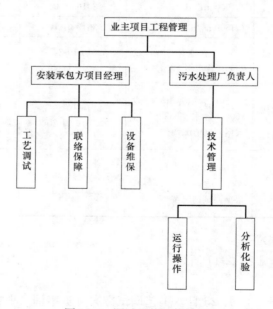

图 12-2　调试组织机构设置

（1）受托方组建对石化污水处理厂运行管理经验丰富的给水排水或环保专业工程师（高级工程师 2 名、工程师 1 名、助理工程师 1 名）共 4 人组成的调试小组，分批派驻现场，负责调试方案的实施，指导协助工程工艺调试，根据调试情况随时增减现场调试指导人员，确保调试工作的正常进行。

（2）受托方指派工程项目经理 1 名、技术管理人员 1 名，负责提供项目现场调试条件，负责联系设备、自控、仪器仪表供货商、安装单位等相关人员，及时到场配合调试，解决调试过程中出现的设备、管道、电气、自控、仪器仪表故障问题,做好项目调试的保障工作。

(3) 委托方组织管理人员 3 名、调试操作人员 12 名 (后期 16 名)、化验人员 3 名进行调试操作与管理;管理人员负责监督、协调、协助受托方及参与调试的所有人员的相关工作,协调污水处理厂上游企业保证进水水质、水量满足设计及调试要求,协调保证调试生产所需用电、用水、接种活性污泥、原材料、药剂、劳动保护用品等,并负责贯彻执行工艺调试方案要求;调试操作人员负责所有工艺、设备、仪器仪表的运行、维护操作、加药操作及操作现场和工艺、设备、仪器仪表的清洗、卫生保洁工作,并负责做好记录、报表等;调试操作人员实行四班一运转,并保证白班调试操作人员有 4 人以上在岗;化验人员负责工艺调试所需各项相关水质指标、原材料药剂性能指标的化验分析,保证工艺调试的顺利实施。

3. 工艺调试目标

在污水处理厂进水水质指标基本符合设计要求、进水水量不低于项目单一序列设计水量 70% (1.8 万 m^3/d)、不高于项目设计水量 10% (5.5 万 m^3/d) 的条件下,确保调试期间 (自 2016 年 10 月 20 日开始至 2017 年 4 月 20 日) 全厂工艺设备性能得到实际工程运行检验,并在调试期间探索、总结适合本项目实际进水水质水量特性的运行操作工艺流程与方法,优化各项工艺参数,确保在调试期限内项目运行出水水质达到设计要求,污水处理厂实现向正式投产运行平稳过渡。

4. 工艺调试工作主要任务

(1) 培养、驯化水解酸化、AO 生化及 BAF 生物膜等生化系统的微生物活性污泥系统,使污水处理厂生化系统等主要工艺尽快进入试生产状态,发挥工程环保效益。

(2) 对全厂各工序的工艺设备进行操作调试、验证、考核、实现设备设计工艺性能。

(3) 对均值调节、芬顿氧化、气浮、臭氧氧化、过滤、二氧化氯消毒、污泥处理、加药系统等辅助工艺设施进行系统调试、验证、考核、实现其设计工艺性能。

(4) 探索、优化、确定各工序符合实际进水水质水量的运行控制方式和工艺参数,编制试运行工艺操作规程。

(5) 对技术人员进行技术管理培训、操作人员进行岗位培训、指定人员进行安全培训等,逐步建立全套污水处理厂生产管理制度、报表,包括操作、维护、保养规程及岗位制度等。

(6) 协助电气、自控、仪表等专业同步完成试运行调试,提供自控系统所需的工艺、设备运行参数及报表,确保在调试结束后业主将该工程全面正式投入正常运行;宗旨在解决影响系统连续运行的各种工艺设备技术问题,做好调试期间的各种记录、报表;根据调试期间进厂水质水量情况及时调整运行方式、优化工艺参数;协助自控厂商完成项目自控调试。

5. 调试进度计划

(1) 调试前工作准备

2016 年 10 月 19 日前:

1) 联动调试结束,完成联动调试整改,所有工艺构筑设施 (管理用房、工艺用房、罐、池) 准备就绪,卫生清洁状况良好;所有工艺设备、阀门及管道完好可用,调试现场道路清洁、畅通无障碍。

2）接种污泥泵、管、阀、运输车辆等系统准备就绪，调试所需生产用电、用水到位。

3）调试生产所需办公、值班场所及办公用品准备就绪。

4）调试需用药剂、耗材采购准备。

5）各方参与调试人员到岗。

（2）调试培训

调试培训时间内容，见表12-12所列。

调试培训时间内容 表12-12

序号	调试培训时间	调试培训内容
1	2016 年 10 月 21 日～10 月 25 日	工艺调试方案宣贯培训
2	2016 年 10 月 27 日	安全培训
3	2016 年 11 月 1 日～11 月 4 日	工艺技术知识培训
4	2016 年 11 月 5 日～11 月 15 日	设备操作培训（根据设备单元调试进度调整）
5	2016 年 11 月 20 日～11 月 22 日	岗位职责培训
6	2016 年 11 月 25 日～12 月 30 日	技术及管理培训

（3）生化系统工艺调试

生化系统工艺调试安排，见表12-13所列。

生化系统工艺调试安排 表12-13

序号	时间	内　　容
1	2016 年 10 月 20 日～12 月 30 日	生化系统微生物培养、驯化，包括：AO 生化系统污泥接种、培养、驯化；水解酸化系统污泥挂膜、培养、驯化；BAF 生物膜系统的微生物培养、驯化
2	2017 年 1 月 1 日～2 月 28 日	生化系统负荷提升调试
3	2017 年 3 月 1 日～4 月 20 日	生化系统运行调试

（4）辅助工艺系统操作调试

辅助工艺系统操作调试，见表12-14所列。

辅助工艺系统操作调试时间及内容 表12-14

序号	时间	内容
1	2016 年 11 月 1 日～11 月 4 日	RO 浓水芬顿氧化系统调试
2	2016 年 11 月 5 日～11 月 10 日	气浮系统调试
3	2016 年 11 月 5 日～11 月 10 日	臭氧接触氧化系统调试
4	2016 年 11 月 5 日～11 月 10 日	D 型滤池系统调试
5	2016 年 11 月 11 日～11 月 15 日	二氧化氯消毒系统调试
6	2016 年 11 月 16 日～11 月 26 日	污泥浓缩脱水系统调试

（5）工艺设备自控联动调试

2016 年 12 月 1 日～2017 年 2 月 5 日。

（6）全厂整体试运行

2017 年 2 月 6 日～2017 年 4 月 20 日。

12.4.3　主要工艺调试步骤及操作要点

1. AO 系统污泥接种及培养

微生物是污水净化的主体，污水处理厂的工艺调试核心工作是生化系统中微生物的接种、培养与驯化。接种就是从系统外向生化系统引入一定数量的微生物菌种；培养是指在本系统水质的条件下通过控制曝气、进出水操作方式，必要时添加一定数量的营养剂，创造微生物生长繁殖的条件，在生化系统逐渐形成处理水所需要浓度和种类的微生物（污泥）的过程；驯化就是在污水处理系统逐步加大水量负荷的条件下连续运行，驯化、选择适应本系统的微生物，使生化系统逐步向试运行过渡。

启动生物处理系统第一个重要步骤是培养数量足够的细菌族群（污泥）并加以驯化，以便能够有效地处理污水，当污泥尚未适应污水性质且数量不足以分解污水中有机污染物之前，处理出水往往不能达到设计排放标准。因此，尽可能在最短时间内使得污泥数量达到设计要求，成为启动生物处理系统的首要步骤。

虽然在污水中适当的细菌族群可以自然生长且增加数量，但通常需要一段相当长的时间，因此根据实际情况，或通过进入污水直接培养，或直接从其他污水处理厂"接种"污泥至新建系统，有效缩短污泥培养时间。在试运行阶段，进入处理装置的污水，水量和水质均不能达到设计要求，因此，在这段时间内，应能满足培养系统中的生物量。

在污泥接种阶段，所有设备，除曝气系统外均应关闭，防止污泥排放，影响系统的生物量。以下列举两种接种方式的操作步骤。

自然接种：即通过原有污水自带有机物及菌种，通过正常处理，进入生活污水和工业废水，并对其进行常规曝气，在一定的时间内会生长出微生物。每天投加一定数量生活污水，以后每天投加的生活污水逐渐减少，工业废水量逐渐增加，生物处理系统中的 MLSS 将逐步增加。此时，生物系统可接纳符合设计要求的进水，并达到设计处理要求。一旦在污泥接种过程中，出现不正常情况，操作人员必须采取必要的应变措施。

人工接种：当系统由于其他原因，无法承受长时间培养足够污泥，此时需采用人工接种方式，通常方法是将其他污水处理厂的浓缩污泥通过环卫槽车或管道直接植入污水处理装置并激活。激活方式可采用封闭式曝气，即设备不接纳污水，也不排放污水。当生物接种基本完成后，可采用分批少量进水并逐步增大进水量的方式完成污泥驯化过程，直至进入的污水量达到设计要求时为止。

为了在接种初期有效了解系统的增长及处理情况，可采取一些必要的观察及检测，以便于适时采取调整措施。

本项目采取加入其他污水处理厂的接种污泥方法进行污泥培养、驯化。首先对曝气池进行活性污泥培养。本污水处理厂的培菌考虑采用闷曝法。这时，AO 池不能按正常程序运行，其进水、出水需手动操作。向 AO 曝气池充放一定水位的低浓度污水（一般 COD 小于 500mg/L）和接种活性污泥（为提高初期营养物浓度，可投加一定数量的营养剂等）。开启曝气系统，在不进水曝气数小时后，停止曝气并沉淀换水。经过一定时间的曝气、沉淀换水（视 SV30 的体积、污泥性状等的变化）之后即可低水量连续进水，并开启曝气池和二沉池，污泥回流系统连续运行，视污泥性状、出水水质、DO、污泥浓度等工艺参数的情况，逐步加大进水量，提高负荷。

(1) 生化池内的水位保持在一定水位，以便投加接种污泥。

(2) 从接种污泥厂（活性污泥浓缩池、生化二沉池或机械脱水生化污泥）用泵送或车送的方式向 A 池接种，脱水污泥 300t（含水率 85%）或浓缩污泥 3000t（含水率 98.5%）；脱水后的污泥可用编织袋或汽车装运，浓缩污泥可用管道输送或槽罐车装运，连续每天的投加量为 50t（500t）左右，并视情况辅以投加一定量营养剂。AO 系统污泥接种目标浓度：1000～2000mg/L。根据前期污泥培养情况，必要时可进行二次污泥接种。

(3) 连续启运 A 池系统搅拌机，间断内回流泵，使 AO 池系统内污泥混合液适当循环流动。

(4) 间断启运 O 池系统鼓风机，控制 AO 系统 DO 分别在 0.5mg/L 以下和 2mg/L 左右，对 O 池进行闷曝，曝气 8h，停 4h（暂定），连续若干天，并在生化池膜法段内分批加入填料。

(5) 在曝气时间内，开启调节罐循环泵经水解池缓缓注入一定数量原水，直至加入原水达到设计标高，在生化池停曝期间，将静沉的上清液排放至二次沉淀池。

(6) 根据原水的水量，保持调节罐在一定的水位和调节余量，持续闷曝一定时间，系统开始少量连续进水（100m³/h 以下）、连续曝气，控制 AO 系统 DO 分别在 0.5mg/L 以下和 2mg/L 左右，维持系统活性污泥浓度 1500mg/L 左右。AO 系统污泥培养期间不排泥，处理污水不外排，静沉上清液自流进入后续系统调试或回流调节罐，视系统泡沫情况投加消泡剂抑制系统泡沫生长，进水流量按计划逐步增加。

(7) 根据水量情况，开启二沉池，开启污泥外回流泵将污泥回流，并视污泥浓度等情况将剩余污泥经气浮出水泵提升至调节罐，污泥进入调节、水解系统。

(8) 活性污泥培养期间营养剂的添加。本系统污水中各种有害物质和难降解物质的浓度较高，需进行较长时间的厌氧分解过程，水解工艺启动慢。AO 系统在调试阶段进水 B/C 比低，而所需营养最佳比例应按 C：N：P＝100：5：1 衡量，本系统在调试阶段是否需要投加营养剂，应根据实际测定结果分析，如营养不均衡，应考虑人工投加方式补充。

2. 调节罐及水解池系统污泥培养

为加快水解池污泥培养进度，从外厂经气浮池出水泵分批（连续每天 30t 左右脱水污泥或 300t 左右浓缩污泥）向调节罐接种活性脱水污泥 200t（含水率 15%）或浓缩污泥 2000t（含水率 98.5%），启动调节罐泵循环系统，保持调节罐泵循环系统连续运行，调节罐系统污泥接种目标 MLSS 浓度：200～300mg/L，Eh 控制在＋50mv 以下，一般 pH 维持在 5.5～6.5 之间。调试期间保持水解池连续小量（100m³/h 左右）进水，并逐步加大进水负荷；调试期间连续开启水解池排泥阀排泥，排泥水经浓缩池集泥池排空阀进入全厂废水系统回收进入调节罐。调试后期根据 AO 系统污泥培养情况，从 AO 系统经剩余污泥系统回流补充活性污泥进入调节罐。调试期间维持水解系统污水 MLSS 浓度 500mg/L 左右，至水解池组合填料污泥成功挂膜。调试期间根据情况，定期向水解系统补充营养剂，以加快培育速度。

3. 曝气生物滤池的填料挂膜

为加快曝气生物滤池陶粒的挂膜速度，与系统调试同步，调试前期将滤池满水间断闷曝，控制 DO 在 1～2mg/L；同时，在调试指导下，向系统定量地投加一定比例的营养剂；一段时间后，开始连续少量进水，逐步加大水量，直至挂膜成功后，开始反洗调试，转入正常试运行。具体方案另行编制。

4. 污泥驯化与系统试运行

在各生化系统污泥接种、培养、挂膜基本完成后，系统转入连续进出水污泥驯化与系统试运行阶段。

第一阶段污泥驯化：2016 年 11 月 10 日～11 月 30 日，系统连续进水，水量为 100m³/h 左右。

第二阶段污泥驯化：2016 年 12 月 1 日～12 月 10 日，系统连续进水，逐步将水量加大到 300m³/h 左右。

第三阶段污泥驯化：2016 年 12 月 11 日～12 月 30 日，系统连续进水，逐步将水量加大到 600m³/h 左右。

第四阶段生化系统负荷提升调试：2017 年 1 月 1 日～2 月 28 日，逐步将水量加大到 750m³/h 左右。

第五阶段生化系统运行调试：2017 年 3 月 1 日～4 月 20 日，水量加大到设计负荷运行。

以上各阶段工艺参数控制主要根据设计参数参考确定，并根据实际运行水质水量情况加以调整和优化，调试最后阶段最终提出各工序工艺最优控制参数。调试阶段生化系统主要关注、调整、优化的各工序工艺参数及指标有：COD、BOD、氨氮、总磷、总氮、SS、pH、MLSS、MLVSS、SV、DO、Eh 及污泥内、外回流比等。

调试期间，水质分析工作非常重要，准确的分析数据能指导调试工作正常进行、缩短调试周期、及时发现调试中的异常情况。在调试前期污泥接种培养阶段，需监测的指标和检测频率原则上见表 12-15 所列。表中检测项目和频率仅作为参考，实际中，由现场情况调整决定。

需监测的指标和检测频率

表 12-15

监测指标	检测频率	监测指标	检测频率
氨氮	每 4h 检测 1 次	SV	每 4h 检测 1 次
CODcr	每 4h 检测 1 次	生物镜检	每 4h 检测 1 次
pH	每 4h 检测 1 次	溶解氧	每次进水 30min 后测 1 次
MLSS	每 2 天检测 1 次		

5. 辅助工艺系统手动操作调试及关键工艺控制参数

各辅助系统调试主要参考设备供应商操作使用说明书及其现场指导意见，主要考核指标及工艺参数如下：

（1）RO 浓水芬顿氧化系统调试

氧化反应 pH：3～5，最优双氧水与硫酸亚铁投药比，B/C 提升率等。

（2）气浮系统调试

SS、COD 去除率，溶气压力：0.35～0.45MPa，各系统最优的溶气回流比，最优絮凝剂、助凝剂投加浓度等。

（3）臭氧接触氧化系统调试

臭氧转化率，臭氧投加浓度，BC 比提升率等。

（4）D 型滤池系统调试

浊度、COD 去除率等。

（5）二氧化氯消毒系统调试

盐酸/氯酸钠投加比例，二氧化氯产率，消毒投加浓度，出水大肠菌指数及菌落总数等。

（6）污泥浓缩脱水系统调试

脱水污泥含水率、上清液含固率、污泥药剂投加量等。

6. 设备及自控联动操作调试

（1）调节罐、事故罐

设计 HY 热电、XRT 码头排水主管上设置流量计、COD 在线分析指示报警联锁各 1 套，HG 石化 PTA 排水主管上设置流量计、COD 在线分析指示报警联锁、油类在线分析指示报警联锁各 1 套，原油储备项目排水主管上设置流量计、油类在线分析指示报警联锁各 1 套，DB 化工排水主管上设置流量计、COD 在线分析指示报警联锁、氨氮在线分析指示报警联锁各 1 套。调节罐内设置液位指示连锁调节高位报警 1 套。循环泵出口总管上设置温度在线分析指示记录、COD 在线分析指示报警、氨氮在线分析指示报警各 1 套。

调节罐设有循环泵四台，3 用 1 备。用以对调节罐进水水质水量进行循环并向水解池输水。

调节罐内设有液位指示联锁报警，循环泵出水总管设流量计和气动调节阀，可根据调节罐内液位联锁调节调节罐出水总管流量，并通过总管流量串级调节出水总管调节阀开度。

事故罐内设有液位指示、报警和油类指示、记录、联锁。

（2）事故废水溶气气浮装置

本工号设溶气气浮成套设备及配套电控柜（含 PLC）I 套，用以除去事故罐出水废水中的油类和细小悬浮物，溶气气浮成套范围包括：气浮箱体、管式加药反应器、斜板、刮渣机、刮泥机、溶气罐、溶气释放系统和溶气泵等；溶气气浮成套设备通过压力开关、液位开关运行控制：①确定设备内充满水。开机，混合搅拌机、絮凝搅拌机全开，溶气泵和空压机开启。②当溶气罐内压力达到压力开关设定值（0.5MPa），关闭空压机。③当溶气罐内水位达到液位开关设定值时，开启空压机。④开机后每过 120 分钟，同时开启刮渣机，运行 10 分钟。⑤当检测到刮渣机链条断裂，发出信号，停机检修。

本工号设有气浮出水提升泵（P463B1-2）2 台，1 用 1 备；污泥泵（P463A1-2）2 台，1 用 1 备；立式搅拌机（M463B1）1 台。

气浮出水池中设有液位指示、高位报警、低位联锁停止气浮出水提升泵（P463B1-2）。污泥池中设有污泥池液位指示、高位报警、低位联锁停止污泥泵（P463A1-2）。

（3）RO 浓水预处理系统

RO 浓水直接进入 RO 浓水预处理系统，系统调酸池中设置混合搅拌机 2 台：M464A1-2，常开；Fenton 反应一级搅拌机 2 台：M464B1-2，常开；Fenton 反应二级搅拌机 2 台：M464C1-2，常开；絮凝反应搅拌机 2 台：M464D1-2，常开；桁车式吸泥机两台：M464E1-2，常开；污水提升泵 2 台：P464A1-2，1 用 1 备，用于将 RO 浓水预处理出水提升至调节罐（461 工号）进行处理。

RO 浓水进水管上设流量计和 COD 监测仪；调酸池中设 pH 计；氧化池中设 ORP 指示；调碱池中设 pH 在线指示和联锁。当调酸池 pH≤3 时，关闭酸液管气动球阀；当调碱池 pH＞9 时，关闭调碱池碱液管气动球阀。在线监测：RO 浓水预处理系统进水主管上设置流量计、COD 在线分析指示各 1 套，调酸池、调碱池中各设置 pH 在线分析仪表各 1 套，氧化池中设置 ORP 在线分析仪表 1 套，出水池中设置液位计 1 套。出水池高液位联锁开启备用污水提升泵，低液位联锁停所有出水提升泵。

（4）反冲洗废水收集池

本工号收集反洗排水、各池放空水和初期雨水。设废水提升泵 2 台：P465A1-2，1 用 1 备；潜水搅拌机（M465A1）1 台。池内设置液位指示、联锁控制废水提升泵（P465A1-2）的启停。高液位报警开备用泵，低液位报警停所有泵。

（5）水解酸化池

本工号用于提高废水的可生化性。水解酸化池共 8 格，池中设组合填料，每格设置 ORP 在线分析、指示，其中 2 格设有污泥浓度在线分析仪表。

水解酸化池底设有排泥管，根据实际运行情况，定时打开排泥闸阀。

（6）AO 池

本工号是去除有机污染物及氨氮的核心装置，包括缺氧池、好氧泥法段和好氧膜法段。

缺氧池的污泥分配井内设置手动闸门 2 台：M4HA1-2，用于平衡两个系列生化段的回流污泥量，来自二沉池的回流污泥（污泥回流比约为 100％）经分配后进入缺氧池，与来自水解酸化池的进水和来自生化池末端回流回来的混合液（通过混合液回流泵 P4HA1-6 控制混合液回流比约为 200％）混合后在缺氧状态下进行反硝化反应，将好氧生化处理后混合液中的硝态氮转化为氮气，并能去除进水中的部分 COD，回收部分碱度。在运行中，根据实际进水的氨氮浓度、脱氮要求以及处理效果，适当调整混合液的回流比。

缺氧池内设置潜水搅拌机 8 台：M4HB1-8；用于对缺氧池内的泥水进行混合、搅拌，防止污泥沉降。

两个系列缺氧池中各设置 ORP 在线分析仪表 1 套。

鼓风机房（451 工号）设有单级高速离心鼓风机（C451A1-4）4 台（3 用 1 备）：风量 $Q=150 \mathrm{m}^3/\mathrm{min}$，$P=73.5 \mathrm{kPa}$，用于向生化池好氧泥法段和好氧膜法段提供空气，并小量地向 RO 浓水预处理系统（464 工号）供气搅拌。离心鼓风机的运行、故障、电流及进风口导叶开度信号送至中控室，风机进风口导叶开度通过 O 池内溶解氧在线调节。

在好氧池（泥法）底部设有管式微孔曝气器，用于对泥水混合液进行曝气供氧，以去除污水中的有机污染物和氨氮；两个系列好氧池（泥法区）中各设置 2 套 DO 在线分析仪表和 1 套污泥浓度在线分析仪表，为保证好氧的良好运行，曝气池内的溶解氧浓度应维持在 2～3mg/L；两个系列好氧池（泥法区）空气总管上各设流量计 2 台。

好氧池（膜法区）底部设有中孔曝气管，用于对泥水混合液进行曝气供氧，以实现有机污染物的最终降解和氨氮的最终硝化，提高出水水质；膜法区投放流化填料，供微生物附着生长，延长污泥龄；两个系列好氧池（膜法区）中各设置 DO 在线分析仪表、硝酸盐在线分析仪表、pH 在线分析仪表和氨氮在线分析仪表各 1 套，用于监测池内的溶解氧和 pH，以保证微生物在池内有良好的生活环境。好氧池（膜法区）空气总管上设流量计 1 台。

好氧池各池底空气管设有排污管，排污管的顶部设有排污阀。根据实际运行情况，定时打开排污阀。

整个生化池内的污泥浓度设计要求控制在 3000～4000mg/L。

曝气系统调试、运行时可能产生泡沫，可采用定期人工投加消泡剂（有机硅系列消泡剂）和使用冲洗水相结合的方式进行消泡。

（7）二沉池及回流泵站

本工号设置 2 座二沉池，1 座污泥回流泵站，二沉池配置双周边传动刮泥机 2 台：M472A1-2；回流泵站进泥管上装设手电两用闸门 2 套：M472B1-2，同时设有污泥回流泵 3 台：P472A1-3，2 用 1 备，将污泥回流至 A 池，剩余污泥经气浮池出水泵提升至调节罐。二沉池浮渣管、放空管均接至全厂放空管网。

每座二沉池内均设泥位计 1 套，污泥池内设液位指示、联锁控制污泥提升泵（P472A1-3）的启停。高液位报警开备用泵，低液位报警停所有泵。

（8）深度处理溶气气浮

本工号通过溶气气浮用以去除污水中残余的悬浮物，提高后续臭氧氧化效率。设溶气气浮成套设备及配套电控柜（含 PLC）1 套，成套范围包括：溶气泵（P481B1-4）、溶气罐（V481A1-2）、空压机（C481A1-2）、溶气释放器（M481F1-32）等。气浮设有混合搅拌机（M481A1-2）2 台，常开；一级絮凝搅拌机（M481B1-2）2 台，常开；二级絮凝搅拌机（M481C1-2）2 台，常开；三级絮凝搅拌机（M481D1-2）2 台，常开；刮渣机（M481E1-2）2 台，常开；浮渣泵（P481A1-2）2 台，1 用 1 备。

浮渣池中设有液位指示、高位报警、低位联锁停止浮渣泵（P481A1-2）。

溶气罐上设压力开关、液位开关各 2 个，当溶气罐内压力达到压力开关设定值（0.4MPa）时，关闭空压机；当溶气罐内水位达到液位开关设定值时，开启空压机。

（9）臭氧制备间、臭氧接触缓冲池

利用臭氧对污水中残留有机物进行强氧化，改善污水可生化性。

臭氧制备间设有液氧站、臭氧制备成套系统及配套电控柜（含 PLC）1 套，用于制备臭氧气体供臭氧接触缓冲池用于臭氧氧化，成套范围包括：臭氧发生器（M493A1-3），3 台；热交换器（M493B1-2），2 台；循环水泵（P493A1-3），3 台；液氧罐（M493C1），1 套；尾气破坏器（M493D1-2），2 套。

臭氧接触池每根臭氧投加支管上各设置流量计 1 台，出水提升泵（P482A1-3）3 台，2 用 1 备。

（10）曝气生物滤池

本工号用于使污水中的有机污染物与填料表面生物膜通过生化反应得到降解，同时起到物理过滤作用。

本工号设有反冲洗用罗茨风机（C481A1-2）2 台，1 用 1 备；曝气用罗茨风机

（C481B1-11），10 常用 1 冷备用；曝气生物滤池成套设备 1 套，成套范围包括：陶粒滤料、卵石、BAF 专用长柄滤头、BAF 专用空气扩散器、BAF 高精度滤板等。

每格曝气生物滤池中设在线溶解氧分析、指示、报警和滤料上下水头损失指示、记录、调节。每格曝气生物滤池的排气管上设置压力指示报警仪表 1 台，每格进水管、进气管、反冲洗进水管、反冲洗进气管、反冲洗出水管、排气管上各设气动切断阀 1 台。

曝气生物滤池控制步骤：

1）启动前

滤池初始状态阀门为全闭。

2）正常运行启动

开启曝气生物滤池正常进水管切断阀，开启曝气生物滤池进气管切断阀，启动曝气风机。

3）反冲洗过程启动

曝气生物滤池共分 10 格，反冲洗周期 48h，10 格滤池按顺序间隔 2h 反冲洗，过程如下。

① 关闭单格曝气生物滤池正常进水管切断阀，关闭单格曝气生物滤池进气管切断阀，开启单格曝气生物滤池反冲洗出水管切断阀。

② 开启反冲洗进气管切断阀，5s 后启动反冲洗风机（C481A1-2），2 台反冲洗风机依次启动，间隔启动时间 20s，气洗 5min。

③ 开启反冲洗进水管切断阀，5s 后启动反冲洗水泵（P485B1-2），2 台反冲洗水泵依次启动，间隔启动时间 20s，同时启动 2 台废水提升泵（P465A1-2），废水提升泵 P465A3 的开启根据水位控制，气水联合反冲洗 5min。

④ 停反冲洗风机（C481A1-2），关闭反冲洗进气管切断阀，单独用水反冲洗 5min。

⑤ 停反冲洗水泵（P485B1-2），关闭反冲洗进水管切断阀，10s 后开启排气管切断阀。

⑥ 10s 后关闭排气管切断阀。

⑦ 冲洗后滤池进入正常运行启动状态，开启正常进水管切断阀、曝气生物滤池进气管切断阀，120s 后关闭反冲洗出水管切断阀，此时完成对一格滤池的一个反冲洗过程，该格滤池进入正常运行工作状态。

⑧ 依次对其他格滤池进行反冲洗过程操作。

（11）D 型滤池

本工号通过纤维滤料过滤进一步去除污水中 SS，确保水质达标。

滤池共分 6 格，每格 D 型滤池设有进水气动闸门、出水气动调节阀、反冲洗进水气动切断阀、反冲洗进气管气动切断阀、反冲洗出水气动切断阀、初滤出水气动切断阀、排气管气动切断阀各 1 台。

每格 D 型滤池中设滤料上下水头损失指示、记录、调节；滤池液位指示、联锁，滤池液位与出水气动调节阀联锁，以保持滤池液位恒定。

1）设定次序对滤池进行反冲洗，要求滤池中最多只有一格滤池在进行反冲洗。

2）滤池液位达到设定值（初始设定 2.0m）、过滤持续时间达到设定值（初始设定

12h），进入反冲洗工作程序。

3）正常过滤阶段，滤池进水调节闸门、滤池出水调节阀处于全开状态，反冲洗进水切断阀、反冲洗进气管切断阀、反冲洗出水切断阀、初滤出水切断阀、排气切断阀处于关闭状态。

4）反冲洗阶段程序分三阶段：①气冲阶段：开启反冲洗出水切断阀，待滤池液位降低至 2.5m 时（应可调），关闭滤池进水气动闸门，关闭滤池出水调节阀，而后联锁开启反洗罗茨风机，并开启反冲洗进气管切断阀，开始进行气洗，气洗时间 4min（可调）。②气水联合冲洗阶段：联锁开启反冲洗水泵，2s（可调）后开启反冲洗进水切断阀，进行气水同时反冲洗，气水反冲洗 8min（可调）。③单独水洗阶段：联锁开启排气切断阀（60s 后关闭），关闭反洗罗茨风机，关闭反冲洗进气管切断阀，单独水洗 4min 后（可调），联锁关闭反冲洗水泵，并关闭反冲洗进水切断阀；30s 后关闭反冲洗出水切断阀，并开启进水气动闸门，开启初滤出水切断阀；等滤池液位达到设定水位 1.6m 时（可调），关闭初滤出水切断阀，并开启滤池出水调节阀，开始正常过滤程序。

5）进入下一格滤池反冲洗。

D 型滤池反洗共用 BAF 反洗罗茨风机。

（12）加氯间、消毒及监测池

本工号用于向消毒池投加制备二氧化氯气体以对污水处理厂最终出水进行杀菌消毒，并对处理出水水质进行在线检测，确保外排水质达标。

设成套加氯系统及配套电控柜（含 PLC）1 套，用于现场制备二氧化氯气体并投加至消毒池，成套范围包括：复合型二氧化氯发生器（M495A1-3）3 台；盐酸储罐、氯酸钠原料罐、盐酸计量泵、氯酸钠化料器、氯酸钠计量泵、酸雾吸收器、盐酸卸料泵、水射器、动力水泵等。

消毒及监测池设有出水提升泵（P485A1-3）3 台，2 用 1 备；反冲洗泵（P465B1-3），3 台，2 用 1 备。

消毒及监测池内设置液位计 1 台，COD、氨氮、总氮、总磷、SS、pH 在线分析指示报警联锁各 1 套。消毒及监测池出水管、不合格回流管上各设置 1 台气动切断阀。

消毒及监测池低液位联锁停出水提升泵、反洗水泵，出水总管切断阀常开，不合格回流管切断阀常闭，当上述水质指标超过设定值，则关闭出水总管切断阀，开启不合格回流管切断阀。

二氧化氯发生器成套自带 PLC 系统，与中控室通信。

（13）污泥浓缩池、污泥脱水间

通过重力浓缩降低污泥含水率，通过离心脱水机对浓缩污泥进行机械浓缩脱水处理。

共设 2 座浓缩池，配有中心传动浓缩机（M491A1-2），2 台；手动圆闸门（M491B1-2），2 台；浓缩脱水系统成套系统及配套电控柜（含 PLC）1 套，成套范围包括：离心脱水机（M492A1-2），2 台；污泥切割机（M492B1-3），3 台；水平螺旋输送机（L492A1），1 台；倾斜螺旋输送机（L492B1），1 台；PAM 一体化加药装置（M492C1），1 台；冲洗水泵（P492B1-2），2 台。

每座污泥浓缩池中各设置泥位指示计 1 套，污泥储池中设置液位计 1 套。

污泥储池低液位联锁停所有污泥进料泵（P492A1-3），污泥脱水机成套自带 PLC 系统，与中控室通信。

（14）加药间

本工号设成套加药系统及配套电控柜（含 PLC）1 套，成套范围包括：过氧化氢加药装置（M494A1）1 套，用于 RO 浓水芬顿氧化；PAC 加药装置（M494B1）1 套，用于 RO 浓水处理及气浮池絮凝投加；硫酸亚铁加药装置（M494C1）1 套，用于 RO 浓水芬顿氧化；氢氧化钠储罐（M494D1）和氢氧化钠加药装置（M494H1-2）1 套，用于 RO 浓水芬顿氧化和生化 A 池投碱；硫酸储罐及加药装置（M494E1）1 套，用于 RO 浓水芬顿氧化投酸；PAM 絮凝剂制备装置（M494F1）1 套，用于 RO 浓水处理及气浮池助凝剂投加；活性炭加药装置（M494G1）1 套，用于生化池应急投加粉末活性炭。

12.4.4　工艺调试难点问题分析及对策

1. 难点问题分析

（1）石化企业所排放的废水种类及成分较为复杂，本项目污水中还含有大量对甲基苯甲酸、对苯二甲酸以及其他苯类、酚类、氰化物类等难生物降解污染物，可生化性本身就较差，经各企业厂区内污水处理站预处理（一般以厌氧＋好氧生化处理为主体工艺）后，大部分生物可降解、部分难降解污染物已被除去，排放污水可生物降解的有机污染物含量极低，残余的基本上是难以生化降解和不可生化降解的可溶性有机物，虽然排入污水处理厂的 COD、BOD 及 SS 等污染物含量均不高，但可生化降解有机物占总有机物的比例已经相当低，设计进水 B/C 比小于 0.25，整体上属于难生化降解废水。

另外，本项目主要污水来源于 PTA、MTO 装置，进水缺少氮、磷及其他营养元素，存在 C、N、P 比例失调，N、P 营养物质不足的问题。事故状况企业还可能存在一些排放污染物浓度高或毒性物质废水的情况，部分 Co、Mn 金属离子和部分难降解物质，对微生物有较强的毒害和抑制作用。

本项目设计进水 TDS≤4000mg/L，盐含量较高，也为生化系统高效运行带来不利影响。

工程设计出水水质要求满足国家《城镇污水处理厂污染物排放标准》GB 18918—2002 一级 A 标准，其 COD、BOD 指标分别为 50mg/L、10mg/L，对于城市污水处理厂而言已是最高标准，达标也需提升改造。根据同类工程一般经验，化工工业难生化污水，其低浓度下生化降解去除率随浓度的降低而大幅度下降，因此城镇污水处理厂一级 A 标准对工业污水处理厂的达标是一个挑战性任务。

因此，本项目进水水质可生化性差，出水水质要求高，生物系统的调试、出水水质达标是最大的难点。

（2）本项目设计规模 5 万 m^3/d，目前因园区工业开工项目少、规模未达预期，实际进水水量较低，只有数千吨，委托方预期在本项目调试期内，污水处理厂进水量只能逐步提高，但调试末期最高也仅能达到 1.8 万 m^3/d 左右，只能满足设计规模单个运行序列的 70%。调试水量少，特别是调试后期进水量负荷低，运行工况与设计工况相差很大，增加了工艺设备调试操作难度，影响生化污泥系统培养、增殖、驯化的速度和质量。因此，调试水量低是本调试项目面临的较大困难。

（3）本项目调试期为 2016 年 10 月 20 日～2017 年 4 月 20 日，处于冬季前后，气温低，生化污泥培养、增殖缓慢，这也给在规定调试期内完成污水处理厂的调试带来不利影响，成为本项目调试的一个显而易见的难点问题。

（4）本项目从均质调节开始至二氧化氯消毒监测池水处理工序结束，包括污泥脱水在内共计11道工序，工艺流程长，工艺设备设施复杂，而施工现场道路、绿化等扫尾工程进度滞后，前期现场操作条件较差，增加了本调试项目按期完成的难度。

（5）本项目工艺运行过程中使用的原料、药剂种类多、数量大，硫酸、盐酸、液碱、双氧水、氯酸钠、臭氧、二氧化氯等均属危险化学品，硫酸亚铁、PAM、PAC、消泡剂、液氧等原料均具有不同程度的危险、危害性，成为调试运行过程中最大的安全隐患。这些原料药品安全、正确地运输、接卸、储存、使用至关重要，是调试过程中需要高度重视的问题。

2. 对策

针对以上问题，本调试项目必须抓好以下几项关键工作，以减少其不利影响：

（1）加快调试前期准备工作，尽早开始活性污泥接种、培养，充分准备污泥来源和接种手段，必要时采取投加营养剂、重复接种污泥等措施，加快污泥培养速度，在严寒冬季到来之前基本完成生化系统的启动。

（2）将调节罐、水解酸化池厌氧污泥的培养、选择和驯化作为本调试项目最重要的技术攻关课题，充分利用工程已有条件、必要时采取临时污泥回流等工程技术措施，解决厌氧生化系统启动慢、效率低的业内普遍存在的技术问题，运行好生化厌氧工艺，提高B/C比，以提升生化系统的降解效率。

（3）采取强化臭氧接触氧化工艺和补充碳源等技术措施，加快曝气生物滤池的陶粒挂膜速度，强化曝气生物滤池的工艺性能，挖掘最后一道生物降解工序的把关潜力，确保COD、BOD指标的达标。

（4）充分利用RO浓水系统调试、试运期间的工程潜力，尽可能利用芬顿氧化工艺以氧化系统来水中不可生物降解和难生物降解的物质，提升进水B/C比，为水解和AO工艺在调试期间改善水质条件，加快系统启动速度，并在本项目进水水质异常、可生化性差、系统工艺难以达标的情况下，探索利用芬顿氧化作为本项目重要的前处理措施的运行方式。

（5）按照调试工艺要求统筹协调好调试期间进厂污水水量和水质，确保接种污泥数量、质量和及时进厂，按调试要求做好来水和各工序相关水质指标、污泥性能、工艺参数的化验分析，为工艺调试创造良好条件。

（6）加强调试工作的计划性和执行力，科学合理安排调试工序和步骤，使调试工作紧张有序，忙而不乱，稳步推进，按期完成。

（7）高度重视全体调试人员的安全教育、安全培训，针对各类危险化学品、原料、设备的安全隐患，用电伤害安全隐患，溺水安全隐患，机械伤害安全隐患等，分门别类、科学严谨地制定实用可行的安全操作、管理制度并严格贯彻执行，力争调试工作无任何安全事故。

（8）加强技术培训、岗位培训，注重提高全体操作、技术管理人员的岗位技能，提升调试工作质量和效率。

参 考 文 献

[1] 施汉昌. 污水处理技术的研究与发展 [J]. 给水排水，2013，39 (2)：1-3.

[2] 张春苹. 北京城镇污水处理厂运行监管措施研究 [D]. 北京：北京工业大学环境学院，硕士论文，2010.

[3] 王芙蓉，苏波. 基于 DEA 技术的污水处理厂运行效率评估模型研究 [J]. 西华大学学报（自然科学版），2007，26 (4)：5-9.

[4] Barnett Harold. Scarcity and growth revisited [M]. Baltimore：The Jones Hopkins University Press，1979.

[5] 任杰等. 环境保护投融资机制课题组报告（内部资料）. 北京：国家环境总局，2003.

[6] European Commission. EU focus on clean water [M]. German：Office for official publications of the European Communities，2001.

[7] Owen E. ，Hughes. Public Administration and Public Management Classics [M]. Beverly：Wadsworth Publishing CoMPany，2007.

[8] Stover E. L. ，CaMPaa C. K. . Computerized biological treatment operational process control [J]. Water Science and Technology，1991，24 (6)：323-330.

[9] Katharina Marr，Christopher Wood. A coMParative analysis of EIA practice for wastewater treatment plants in great Britain and Germany [J]. International Planning Studies，1996.

[10] 吴今明. 德国污水处理管理及技术考察 [J]. 净水技术，2011，20 (1)：47.

[11] 张明生. 德国水资源管理的启示 [J]. 科技通报，2008，24 (2)：192-197.

[12] Bavaria. Land of Water [M]. Bavarian State Ministry for Regional Development and Environmental Affairs. 2007.

[13] 孙骁. 世界经济一体化形势下中国城市水务产业投融资问题研究 [D]. 青岛：青岛大学经济学院，2010.

[14] 张永吉. 美国城市污水处理的现状和发展趋势 [J]. 环境科学动态，1984，2：24-27.

[15] 王一莀. 美国《水污染法》和中国《水污染防治法》比较研究 [C]. 武汉大学环境法研究所（中国法学会环境资源法学研究会秘书处）水污染防治法和循环经济立法研究—2005 年中国环境资源法学研讨会. 武汉：中国法学会环境资源法学研究会. 2005.

[16] Kenneth M. Murchison. Learning from more than five and a half decades of federal water pollution control legislation [J]. Boston College Environmental Affairs Law Review，2005，32.

[17] 徐祥民，于铭. 美国水污染控制立法所确立的调控机制 [C]. 武汉大学环境法研究所（中国法学会环境资源法学研究会秘书处）水污染防治立法和循环经济立法研究—2005 年中国环境资源法学研讨会. 武汉：中国法学会环境资源法学研究会，2005.

[18] 聂梅生等. 废水处理及再用 [M]. 北京：中国建筑工业出版社，2002.

[19] Council of the European Economic Communities. Directive Concerning Urban Wastewater Treatment. J. Eur. Communities，1991.

[20] Diane Garvey，Carmen Guarion，Robert Davis. Sludge Disposal Trends Around the Globe [J]. Water Engineering & Management，1993，120 (12)：17-20.

[21] Hall J. E. . Sewage Production，Treatment and Disposal in the European Union [J]. Water and Environment Journal，1995，9 (4)：335-343.

[22] Process Design Manual-Land Application of Sewage Sludge and Domestic Septage. U. S. EPA，1995.

[23] Biosolids generation，Use and disposal in The United States. U. S. EPA 1999. The safe sludge

matrix guideline for the application of sewage to agriculture land，3rd edition，April 2001.

［24］ 汪洪生. 国外污泥处理技术进展［J］. 污染防治技术，1998，11（1）：32-33.

［25］ 郭淑琴，孙孝然. 几种国外城市污水处理厂污泥干化技术及设备介绍［J］. 给水排水，2004，30（6）：34-37.

［26］ 许世梁，陈季华，郑景文. 剩余污泥减量化的初步研究［J］. 东华大学学报（自然科学版），2003，29（5）：81-83.

［27］ 叶芬霞，陈英旭，冯孝善. 化学解耦联剂对活性污泥工艺中剩余污泥的减量作用［J］. 环境科学学报，2004，24（3）：394-399.

［28］ 张华. 利用微生物促进污泥减量技术的研究现状及动态［J］. 安徽建筑工业学院学报（自然科学版），2007，2（15）：49-52.

［29］ Low，et al. Uncoupling of metabolism to reduce biomass production in activated sludge process［J］. Water Res，2000，34（12）：3204-3212.

［30］ Stand，et al. Activated sludge yield reduction using chemical uncouplers［J］. Water Environ. Res，1999，71（4）：454-458.

［31］ Chen，et al. Utilization of a metabolic uncoupler 3,3,4,5-tetrachlosalicylanilide（TCS）to reduce sludge growth in activated sludge culture［J］. Water Res，2002，36（8）：2077-2083.

［32］ Yu Liu，et al. Strategy for minimization of excess sludge production from the activated sludge process［J］. Biotechnology Advances，2001，19（1）：97-107.

［33］ S. Saby，et al. Effect of low ORP in anoxic sludge zone on excess sludge production in oxic-settling-anoxic activated sludge process［J］. Water research，2003，37：11-20.

［34］ 何圣兵等. 厌氧—好氧生物膜处理污水、污泥的研究［J］. 中国给水排水，2002，18（9）：39-41.

［35］ Liu Y.. Effect of chemical uncoupler on the observed growth yield in batch culture of activated sludge［J］. Water Research，2000，34（12）：2025-2030.

［36］ Chen G. H.，Mo H. K.，Liu Y.. Utilization of a metabolic uncoupler 3,3,4,5-tetra chloro-salicylanilide（TCS）to reduce sludge growth in activated sludge culture［J］. Water Research，2002，36（13）：2077-2083.

［37］ Liu Y.. Bioenergetic interpretation on the S_o/X_o ratio in substrate-sufficient batch culture［J］. Water Research，1996，30（11）：2766-2770.

［38］ Liu Y.，Chen G. H.，Paul E.. Effect of the S_o/X_o ratio on energy uncoupling in substrate-sufficient batch culture of activated sludge［J］. Water Research，1998，32（12）：2883-2888.

［39］ Liu Y.. Reduced growth yield of activated sludge in organic protonophore containing batch culture［J］. Microbial Ecol，2000，39：168-173.

［40］ Xie M. L.. Utilization of 8 kinds of metabolic uncouplers to reduce excess sludge production from the activated sludge process［D］. Beijing：Beijing Technology Business University，2002.

［41］ A. Tiehm，K. Nickel，M. Zellhorn，et al. Ultrasonic waste activated sludge disintegration for improving anaerobic stabilization［J］. Wat. Res，2001，35（8）：2003-2009.

［42］ 杨顺生，高晓勇. 超声波技术在污泥处理利用中的应用现状及前景预测［J］. 四川环境，2006，25（1）：61-65.

［43］ Neis U.. Intensification of biological and chemical processes by ultrasound［J］. TU Hamburg-Harburg Reports on Sanitary Engineering，2002，35：79-90.

［44］ Nickel K.. Was können wir von der Schlammdesintegration mit Ultraschall erwarten［J］. Ultraschall in der Umwelttechnik III，Technische Universitat Hamburg-Harburg，Berichte zur Siedlungs-wasserwirtschaft，2005，50：123-138.

［45］ Mason T. J.. Ultrasound in environmental protection-an overview［J］. Ultrasound in Environmental Engineering. TUHH Reports on Sanitary Engineering, 1999, 25: 1-9.

[46] Nickel Klaus. Intensivierung der anaeroben Klarschlammstabilisierung durch vorgeschalteten Zellaofashluss mittels Ultraschall [D]. Hamburg: TU Hamburg-Harburg, 2005.

[47] Shimizu T., et al. Anaerobic waste-activated sludge digestion-a bioconversion mechanism and kinetic model [J]. Biotechnology and Bioengineering, 1993, 41: 1082-1091.

[48] Piskorz J. D., Scott D. S., Westerbeg I. B.. Flash pyrolysis of sewage-sludge [J]. Industrial and Engineering Chemistry Process Design and Development, 1986, 25: 265-270.

[49] Bridle T. R., Pritchard. D.. Energy and nutrient recovery from sewage sludge via pyrolysis [J]. Water Science and Technology, 2004, 50 (9): 169-175.

[50] Shen L., Zhang D. K.. An experimental study of oil recovery from sewage sludge by low-temperature pyrolysis in a fluidized-bed [J]. Fuel, 2003, 82: 465-472.

[51] Yagmur E., Ozmak M., Aktas Z.. A novel method for production of activated carbon from waste tea by chemical activation with microwave energy [J]. Fuel, 2008, 87: 3278-3285.

[52] Li W., Peng J., Zhang L., et al. Preparation of activated carbon from coconut shell chars in pilot-scale microwave heating equipment at 60kW [J]. Waste Management, 2009, 29: 756-760.

[53] Wang T. H., Tan S. X., Liang C. H.. Preparation and characterization of activated carbon from wood via microwave-induced $Zncl_2$ activation [J]. Carbon, 2009, 47: 1880-1883.

[54] Liu Q. S., Zheng T., Wang P., Guo L.. Preparation and characterization of activated carbon from bamboo by microwave-induced phosphoric acid activation [J]. Industrial Crops and Products, 2010, 31: 233-238.

[55] 国家环保总局环境经济与政策研究中心. 创新环境保护投融资机制 [M]. 北京: 中国环境科学出版社, 2004.

[56] 滕有正, 刘钟龄等. 环境经济探索: 机制与对策 [M]. 呼和浩特: 内蒙古大学出版社, 2001.

[57] 天则研究所. 第四届中国公用事业市场化 (PPP) 论坛主题报告. 广州, 2004.

[58] B. A. 萨缪尔森, W. D. 诺斯豪斯. 经济学 [M]. 北京: 中国发展出版社, 1998.

[59] 杨刚. 西方高级财务管理学 [M]. 深圳: 海天出版社, 2004.

[60] 国家环境保护总局. 国合会环境保护投融资机制课题组报告 (内部资料). 北京, 2003.

[61] 黄慧诚. 城市污水处理厂建成一年仍未运行. 珠江环境报, 2005-10-19 (3).

[62] 李江文. 当前城市污水处理厂市场化存在的问题 [J]. 中国经济时报, 2002-06-04 (4).

[63] Van Limbergen H., Top E. M., Verstraete W.. Bioaugmentation in activated sludge: current features and future perspectives [J]. Appl. Microbiol. Biotechnol, 1998, 50: 16-23.

[64] Winkler J., Timmis K. N.. Tracking the response of burkholderia-cepacia-G4-5223 Prl in aquifer microcosms [J]. Appl Environ Microbiol, 1995, 61 (2): 448.

[65] 李而炀, 程洁红等. 工程菌处理印染废水工艺条件的研究 [J]. 化工环保, 2002, 22 (3): 135-137.

[66] Siqing Xia, Junying Li, Rongchang Wang. Nitrogen removal performance and microbial structure dynamics response to carbon nitrogen ratio in a coMPact suspended carrier biofilm reactor [J]. Ecological Engineering, 2008, 32: 256-262.

[67] Xinping Yang, Shimei Wang, Lixiang Zhou. Effect of carbon source, C/N ratio, nitrate and dissolved oxygen concentration on nitride and ammonium production from denitrification process by Pseudomonas stutzeri D6 [J]. Bioresource Technology, 2012, 104: 65-72.

[68] Ian W. Oliver, Camerron D. Grant, Rober S. Murray.. Assessing effects of aerobic and anaerobic conditions on phosphorus sorption and retention capacity of water treatment residuals [J]. Journal of Environmental Management, 2011, 92: 960-966.

[69] Yongzhen Peng, Hongxun Hou, Shuying Wang, et al. Nitrogen and phorsphorus removal in pilot-

scale anaerobic-anoxic oxidation ditch system [J]. Journal of Environmental Sciences, 2008, 20: 398-403.

[70] 周苞, 周丹, 张礼文等. 活性污泥工艺的设计计算方法探讨 [J]. 中国给水排水, 2001, 17 (5): 45-49.

[71] 张冰, 周雪飞, 任南琪. 新型城市污水脱氮除磷工艺的试验研究与优化设计 [J]. 环境科学, 2008, 29 (6): 1518-1526.

[72] 张杰, 臧景红, 杨宏等. A²/O 工艺的固有缺欠和对策研究 [J]. 给水排水, 2003, 29 (3): 22-25.

[73] 张自杰. 排水工程 [M]. 北京: 中国建筑工业出版社, 2003.

[74] 王凤, 刘峻. 污水处理厂能耗分析与节能技术研究进展 [J]. 四川有色金属, 2011, 9: 59-65.

[75] 崔明选. 中国能源发展报告 (2010) [M]. 北京: 社会科学文献出版社, 2010.

[76] Water Environment Federation, Energy conservation in water and waste water facilities MOP 32 [M]. Virgina: WEF, 2009.

[77] Urbain V., Wright P., Thomas M.. Performance of the full-scale biological nutrient removal plant at Noosa in Queensland, Australia: nutrient removal and disinfection [J]. Wat Sci & Technol, 2001, 44 (2-3): 57-62.

[78] Winkler S., Matsche N., Gasser M., et al. Upgrading of wastewater treatment plants for nutrient removal under optimal use of existing structures [J]. Wat Sci & Technol, 2008, 57 (9): 1437-1443.

[79] U. S. EPA. Ensuring a sustainable future: an energy management guidebook for wastewater and water utilities, http://www. Epa. gov/water infrastructure/pdfs/guidebook _ si _ energy management.

[80] Srensen J., Andersen J., Andreasen K., et al. Experience with the upgrading of 14 treatment plants to N & P removal in the municipality of Aarhus [J]. Wat Sci & Technol, 1998, 37 (9): 201-208.

[81] 朱五星, 舒锦琼. 城市污水处理厂能量优化策略研究 [J]. 给水排水, 2005, 31 (12): 31-33.

[82] 高旭. 城市污水处理工艺能量平衡分析研究和应用 [D]. 重庆: 重庆大学环境学院, 2002.

[83] 林荣枕, 李金河. 污水处理厂泵站与曝气系统的节能途径 [J]. 中国给水排水, 1999, 15 (1): 21-23.

[84] 吕乃熙. 城市污水处理厂节能技术及其发展主要趋向 [J]. 建筑选刊, 1990, 1: 15-23.

[85] 孟德良, 刘建广. 污水处理厂的能耗与能量的回收利用 [J]. 给水排水, 2002, 28 (4): 18-20.

[86] 杨淑霞, 丁志强, 曹瑞钰. 曝气池中曝气器布置方式改进的研究 [J]. 工业用水与废水, 2003, 34 (6): 55-57.

[87] Fayolle Y., Coclx A., Gillot, et al. Oxygen transfer prediction in aeration tanks using CFD [J]. Chemical Engineering Science, 2007, 62: 7163-7171.

[88] 李尔, 范跃华. 采用气水比评价微孔曝气系统性能 [J]. 给水排水, 2006, 32 (增刊): 32-34.

[89] 刘春, 张磊, 杨景亮等. 微气泡氧传质特性研究 [J]. 环境工程学报, 2010, 4 (3): 585-589.

[90] 欧阳云生, 贺玉龙, 倪明亮. 邛崃市污水处理厂 A2O 微曝氧化沟系统的设计 [J]. 中国给水排水, 2008, 24 (22): 30-33.

[91] 张志峰, 虞伟权, 薛秀燕. 微孔曝气器合理选用探讨 [J]. 给水排水, 2007, 33 (8): 101-103.

[92] 吕乃熙. 城市污水处理厂节能技术及其发展主要趋向 [J]. 建筑选刊: 给水排水, 1990, 1: 17-23.

[93] 牛克胜, 牟晋鹏, 戴新等. 浅谈橡胶膜片式微孔曝气装置的日常维护及保养 [J]. 给水排水, 2005, 31 (05): 96-97.

[94] Onnerth T., Nielsen M., Stamer C.. Advanced computer control based on real and software sen-

sors [J]. Water Sci & Technol, 1996, 33 (1): 237-245.

[95] 张自杰. 排水工程下册（第四版）[M]. 北京：中国建筑工业出版社，2000.

[96] Mark A. Jordan, David T., Welsh Peter R., Teasdale, et al. A ferricyanide-mediated activated sludge bioassay for fast determination of the biochemical oxygen demand of wastewaters [J]. Water Research, 2010, 44: 5981-5988.

[97] Henze M., Harremoes P., Lacour Jansen, et al. Wastewater Treatment Biological and Chemical Processes, 3rd ed [M]. Springer, Berlin, 1995.

[98] Olsson G., Newell B.. Wastewater Treatment Systems [M]. IWA Publishing, New York, 1999.

[99] Ingildesn P., Olsson G., Yuan Z.. A hedging point strategy-balancing effluent quality economy and robustness in the control of wastewater treatment plants [J]. Water Sci. Technol, 2002, 45: 317-324.

[100] 夏季春，陈冠益. 江南污水处理厂托管运营维修方案介绍 [J]. 给水排水，2013，39 (2): 115-118.

[101] Yong Ma, Yongzhen Peng, Shuying Wang. Feedforward-feedback control of dissolved oxygen concentration in a predenitrification system [J]. Bioprocess and Biosystems Engineering, 2005, (27): 223-228.

[102] Wenjun Liu, George Lee. 应用工艺智能优化控制系统降低污水处理厂能耗 [J]. 中国给水排水，2006，22 (16): 29-32.

[103] Bridds R., Davies F. S., Dyke G. V.. Use of wide-bore dropping-mercury electrode and zinc reference electrode for continuous polarography [J]. Chem. Ind, 1957, 8: 223.

[104] Briggs R. K., Oaten A. B.. Monitoring and Automatic Control of Dissolved Oxygen Level in Activated Sludge Plants. Effluent and Water Treatment Convention, London, 1967.

[105] Briggs R.. Instrumentation and control in sewage treatment. In: ICA, 1973.

[106] Meredith W. D.. Dissolved oxygen control of activated sludge process. In: ICA, 1973.

[107] Brouzes P.. Automated activated sludge plants with respiratory metabolism control [M]. Advances in Water Pollution Res. Pergamum Press, New York, 1969.

[108] Petersack. J. R., Stepner D. E.. Computerized data management and control of a secondary wastewater treatment plant. In: ICA, 1973.

[109] Iwaki H., Ohto T., Nogita S., et al. Preliminary of dissolved oxygen control of a diffused air aeration plant [J]. Prog Water Technol, 1977, 9 (5-6): 393-397.

[110] Brackenb D., Flanagan M. J.. Design recommendations for automatic dissolved oxygen control [J]. Prog. Water Technol, 1977, 9 (5-6): 551-555.

[111] M. Fikar, B. Chachuat, M. Alatifi. Optimal operation of alternating activated sludge processes [J]. Control Engineering Practice, 2005, 13: 853-861.

[112] Yu R., Liaw S., Chang C., et al. Monitoring and control using on-line ORP on the continuous-flow activated sludge batch reactor system [J]. Wat Sci & Technol, 1997, 35 (1): 57-66.

[113] Li Y., Peng C., Peng Y., et al. Nitrogen removal from pharmaceutical manufacturing wastewater via nitrite and the process optimization with on-line control [J]. Wat Sci & Technol, 2004, 50 (6): 25-30.

[114] 杨岸明，王淑莹等. 以 pH 和 ORP 作为脉冲 SBR 工艺的实时控制参数 [J]. 环境污染治理技术与设备，2006，7 (12): 32-36.

[115] 林叶华. 集散型控制系统在大型污水处理厂的应用 [J]. 中国给水排水，2006，22 (22): 66-68.

[116] 王华强，宣浩. 污水处理厂自动控制系统 [J]. 仪器仪表用户，2006，4: 46-47.

[117] 夏文辉，刘芬，周苞. 污水处理厂曝气控制研究 [J]. 给水排水，2009，35 (1): 121-125.

［118］ 赵冬泉，佟庆远，李宁，等. 基于节能的鼓风曝气系统溶解氧稳定智能控制方法［J］. 给水排水，2008，34（7）：116-119.

［119］ 刘月月. 三全力争北京城区污水全收集全处理全回用［N］. 中国建设报，2012，2（27）：6.

［120］ Eyup Debik，Gul Kaykioglu，et al. Reuse of anaerobically pre-treated textile wastewater by UF and NF membranes［J］. Desalination，2010，256：174-180.

［121］ L. S. Tam，T. W. Tamg，G. N. Lau，et al. A pilot study for wastewater reclamation and reuse with MBR/RO and MF/RO systems［J］. Desalination，2007，202：106-113.

［122］ 薛万新. 城市污水处理厂的能耗分布与节能管理对策探析［J］. 资源环境，2009，32（6）：72-73.

［123］ Robert Deurer. Pumping systems opportunities for Power savings［J］. Water Engineering & Management，1983，（8）：27-29.

［124］ 杨博，杨长军. 城市污水处理厂的节能降耗［J］. 华北水利水电学院学报，2011，32（4）：148-151.

［125］ 李亚峰，马学文. 浅谈城市污水处理厂的节能［J］. 1998，1：35-37.

［126］ 沈小函. 污水处理厂运营成本管理问题与对策［J］. 企业研究，2011，12：390（24）.

［127］ 刘峰等. 北方某市污水处理厂运行效果综合评价与分析. 中国环境科学学会学术年会论文集（2011）. 806.

［128］ 章北平，刘礼祥等. 城市污水生物生态处理工艺与能效分析［J］. 中国给水排水，2008，24（5）：69-71.

［129］ 刘礼祥，张金松. 城市污水处理厂全流程节能降耗优化运行策略［J］. 中国给水排水，2009，25（16）：11-15.

［130］ 戈舒昱等. 城市污水处理厂节能技术研究进展［J］. 能源与环境，2012，1：37-38.

［131］ 陈功等. 城市污水处理厂节能降耗途径［J］. 水处理技术，2012，38（4）：12-15.

［132］ 马棚良. 城市污水处理厂的能耗［J］. 江苏环境科技，2000，13（1）：10-12.

［133］ 杨凌波等. 我国城市污水处理厂能耗统计规律的分析与定量识别［J］. 给水排水，2008，34（10）：42-45.

［134］ 王琦等. 城市污水处理厂能耗优化数学模型研究［J］. 环境保护科学，2009，35（2）：22-24.

［135］ 赵庆良，胡凯. 城市污水处理厂污泥处理的能耗分析［J］. 给水排水动态，2009，2：15-20.

［136］ 高廷耀等. 水污染处理工程（下册）3 版［M］. 北京：高等教育出版社，2007.

［137］ 翁奕华. 污水处理厂电气设备的维护和维修. 电工技术，2007，8.

［138］ 刘斌等. 对污水处理厂备件管理现状的分析. 设备管理与维修，2011，S1.

后 记

    污水处理厂托管运营，是未来的一个发展趋势，也是时下髦得合时的 PPP 模式之一，通过这种商业模式，能使政府加强监管，合理配置市场资源，完成减排目标；能使专业性的环保公司发挥作用，提高污水处理行业的管理水平、技术水平；能使公众享受到污水在得到高效处理后带来的良好水环境；还能在环境治理过程中，降低全社会的总体消耗，节约资金。

    20 世纪 80 年代，作者之一夏季春读大学期间，学的就是现在的华中科技大学的给水排水专业，当时，对这个专业的认识懵懵懂懂。后来由于不断继续学习，包括通过在南京大学 MBA 的深造，拓宽了拥有该专业的知识面；通过天津大学环境工程博士的攻读，又解决了如何向该专业向纵深研究和发展的问题。在近 30 年的职业生涯发展过程中，一直辛勤耕耘在环保领域，有在节约用水办公室这种政府部门的历练，也有在大型国有水务公司的实战，更有在世界 500 强最顶尖环境公司（欧洲）的市场开发和运营管理经验，当前仍拼博在水务公司管理及石化废水处理技术研发前沿。通过这些学习和实战，对给水排水专业的认识，逐渐清晰起来。

    写这本书的初衷，源于以前从事的水务投资并购工作，发现很多污水处理厂经托管运营后，无论从管理层面，还是技术层面，都有很大的进步，正面效应非常显著。为此，系统地研究污水处理厂托管运营这种商业模式，对已托管的，将要托管的，或者没有托管的污水处理厂的运营管理，都有非常重要的指导和促进意义。

    在实际写作过程中，对托管运营污水处理厂衍生的污泥堆肥项目、衍生的中水回用项目以及协同海绵城市与黑臭水体项目，逐一做了介绍；对苏州水星环保工业系统有限公司的 ESM 模式，做了理论上的研究和实践中的探讨；对托管运营调试海滨污水处理厂案例进行了剖析。这些有益尝试，都是对托管运营模式的一种很好的创新，同时，也对当前PPP 项目的发展推陈出新。

    针对时下严峻的环境污染问题，近年来，天津大学环境科学与工程学院同中国环境保护产业协会合作做了一件非常有意义的事，举办了环境产业领军人才、精英人才和环境工程、人力资源管理人才高端培训，聚集了全国很多环保企业的董事长、总经理等管理领军人才和精英人才，教学相长，有益互动，产生了巨大的正能量。作者之一夏季春有幸参与其中，讲授《环保行业投资并购创新与实战》课程，其中，就包括了污水处理厂托管运营的相关内容。

    时下，追求青山碧水、白云蓝天之美好环境，任重道远，需要吸引很多有识之士加入环保队伍行列。本书作者之一夏天同志，学的也是环境工程专业，从生物学角度给出了许多建设性的建议，付出了很多心血，也正是有这些后起之秀的勤奋和崛起，让我们看到了环保行业的希望和光明的未来。

掩卷而思，思绪万千，学得越多，越觉无知。因此，更需博览群书，哲学思辨，统帅思想，引领行动。呜呼！上善若水，作为一名环保人，还得沉淀急躁，过滤无知，消毒鄙薄，深度处理，达标排放。

在写作过程中，要感谢家人、老师、领导、同事，正是您们的无私帮助，才使本书得以顺利完成。鉴于作者水平有限，书中难免会存在一些不足之处，还请大家多多包涵。

夏季春　夏天
2018 年 1 月于海州